U0197480

栅栏技术及其在食品加工和安全质量控制中的应用

Hurdle Technology
Food Processing，Safety and Quality Control

王 卫 著

科学出版社

北 京

内 容 简 介

栅栏技术(hurdle technology)对食品防腐保质技术的理论根基及其应用实践进行了独特的创建,随着研究的深化,该技术已不仅仅是针对食品中微生物的控制,还涉及产品感官和营养特性的保持、产品质量提升、新产品开发、产品加工成本的控制等,囊括了食品加工贮运的整个环节。本书对这一技术进行了深入浅出的解读,以此为基础对国内外众多专家多年来有关栅栏技术研究和应用结果进行了提炼概述。本书共分 7 个章节,主要涉及栅栏技术与食品质量和安全控制的基本原理,中国传统 IMF 肉制品加工中栅栏技术的应用,西式肉制品加工中栅栏技术的应用,肉制品加工优化及肉类屠宰分割中栅栏技术的应用,以及将栅栏技术扩展到果蔬、水产、调味品加工及贮运包装等的应用等。

本书可作为食品科学与工程专业领域的专家学者,从事食品加工、储运流通、质量检测、安全控制等的工程师和从业人员,以及高校研究生、本科生等进行科学研究和实践工作重要的参考书籍。

图书在版编目(CIP)数据

栅栏技术及其在食品加工和安全质量控制中的应用/王卫著 .—北京:科学出版社,2015

ISBN 978-7-03-046314-2

Ⅰ.①栅… Ⅱ.①王… Ⅲ.①栅栏技术-应用-食品加工 ②栅栏技术-应用-食品安全 Ⅳ.①TS205②TS201.6

中国版本图书馆 CIP 数据核字(2015)第 267628 号

责任编辑:丛 楠 韩书云 / 责任校对:李 影
责任印制:赵 博 / 封面设计:铭轩堂

科 学 出 版 社 出版
北京东黄城根北街 16 号
邮政编码: 100717
http://www.sciencep.com

北京厚诚则铭印刷科技有限公司印刷
科学出版社发行 各地新华书店经销

*

2015 年 11 月第 一 版 开本:787×1092 1/16
2023 年 2 月第七次印刷 印张:15
字数:353 000

定价:98.00 元
(如有印装质量问题,我社负责调换)

序　言

　　人类将各种各样传统的或现代的方法用于食品防腐,这些防腐方法的主要功效是杀灭或抑制食品中污染的微生物。长期以来,人们通过经验式获得对这些方法的理解。但自 20 世纪 80 年代开始,随着人们对防腐方法学的基本原理,如对温度、水分活度、pH、氧化还原值、防腐剂等及其相互作用的逐步揭示,一种系统科学的认知已经逐步形成,这些新的认知为栅栏技术(hurdle technology)概念的形成和发展奠定了基础。

　　莱斯特教授(Prof. Dr. Lothar Leistner)在职业生涯中曾长期从事食品加工与贮藏研究,尤其是食品微生物与产品安全控制的研究,通过在实际生产中对大量研究成果的应用和总结,提出了栅栏控制的基本概念,并原创性地将通过栅栏控制实现食品防腐的综合方法命名为"栅栏技术"。栅栏技术包含了将各种具体防腐方法结合应用于与之相关的食品类型的智慧化结晶,栅栏技术这一概念涉及对几乎所有食品类型和具体产品中致病性微生物、腐败性微生物,以及其他影响产品质量特性因子的控制。栅栏技术实际上早已传统式应用于所有国家和地区,尽管在不同国家和地区依据其历史和社会文化特性及发展阶段,其重要性和特点差异较大,也未上升到理论层面和主动式实践性,但经验式栅栏控制在实际生产中已不乏范例。例如,在发达国家可获得充足的能源,冰箱广泛普及,低温食品、冷藏和冻结食品得以占据主要地位;而在许多发展中国家,大多为简单加工、常温可贮的食品,以尽可能减少其加工和贮运中的能源消耗,中间水分食品、较低 a_w 的食品广为加工。因此栅栏因子的选择及其在食品防腐保质中所扮演的角色也就各有侧重。

　　栅栏技术奠定了食品防腐保质的理论根基,通过数十年的研究与应用,已成为食品工程上实用成熟的技术。随着对其研究的深化与拓展,这一技术已不仅针对食品中微生物的控制,还与产品感官和营养特性的保持,产品加工和贮运的成本控制等相关。因此,浅显理解和简单应用栅栏技术较为容易,但其高效应用涉及庞大的系统工程。例如,需要食品微生物学家、工艺学家、营养学家、工程技术人员,甚至市场营销专家的通力合作。

　　莱斯特教授长期致力于栅栏技术的研究及成果的应用。从德国肉类研究中心退休后,仍然继续对这一技术进行总结和深化,通过该技术在发达国家和发展中国家进一步应用而推进了其改进和完善。莱斯特教授原创的栅栏技术及其研究成果丰富了食品科学理论,通过该技术的研究和应用对食品产业发展和食品安全保障作出的卓越贡献,已得到国际的广泛认可。

　　作者早年留学德国,在德国肉类研究中心从师于莱斯特教授,并参与了有关栅栏技术的研究。1987 年担任莱斯特教授的专业翻译,在中国畜产加工研究会主办的中德食品加工与安全学术研讨会上,首次将这一技术引入中国食品界。此后在长期从事食品,尤其是肉品研究开发工作中又多次赴德国研修或参与国际合作项目,得到莱斯特教授的教诲和帮助。尤其在将栅栏技术应用于中国传统肉制品的研究中得到莱斯特教授的悉心指导,这些研究结果在莱斯特教授和古尔德教授合著的美国食品工程经典系列丛书《栅栏技术:食品防腐保质和安全控制综合技术》(*HURDLE TECHNOLOGY* :*Combination Treatments for Food Stability,Safety and Quality*)一书中得到多次引用。

　　本书是对莱斯特教授栅栏技术研究成果的领会,以及作者自身研究的沉积和国内外涉及栅栏技术研究与应用成果的提炼,特别是引用的许多原始资料为我国食品界众多专家多年有关栅栏技术研究的心血集成,在此一并深表谢意。本书可为从事食品开发、食品工艺控制的专家,以及涉及该领域的人员,如食品微生物、食品工程、食品工艺等的研究者、工程技术人员和高等院校学生等,提供必要参考;也希望本书对食品加工、贮运流通、产品安全和质量控制等的从业人员具有普遍指导意义。

　　谨以本书献给导师莱斯特教授,感谢他近 30 年来给予作者的教诲、指导和帮助,更感谢他在栅栏技术及其在食品领域的研究和应用上作出的杰出贡献。

肉类加工四川省重点实验室

食品加工四川省高校重点实验室

成都大学肉类食品工程技术研究中心

主任 教授 　王 　卫

2015 年 5 月

Preface

A variety of traditional or modern methods in food preservation has been used to control or kill the contaminative microorganisms in food. For a long time, the mythological understanding of the functions of these methods is acquired by experiments. However, since the 1980s, through the gradual revealing of the fundamental principles of preservation methodology such as the interaction among temperature, water activity, pH, Eh, preservative, etc, systematically new scientific notions have been established which lay a solid foundation for the formation and the development of hurdle technology.

Prof. Dr. Lothar Leistner has been engaged in food processing and preservation for a long time, especially in food microorganism and product safety control. Based on the application and the conclusions drawn from his study results in real production, Prof. Lothar Leistner puts forward the basic concepts of hurdle control. In addition, he named the comprehensive method "hurdle technology" concerning the realization of food preservation through hurdle control. Hurdle technology manifests the wisdom in the combination of various preservation methods and their application in relevant food types. Meanwhile it runs through almost all food types, through the disease-causing microorganisms and the spoilage organisms, and through the control of the factors that affect the product quality. Actually, hurdle technology has been applied in almost all countries and regions in a traditional way for a long time despite the fact that huge differences in both the significance and the characteristics of hurdle technology exist due to different historic, social and cultural distinctiveness in different countries and regions as well as the different development stages. Moreover, hurdle technology hasn't been discussed theoretically and put into active practice, but experience-based hurdle technology has been widely applied in real production. For example, in industrialized countries, thanks to their adequate energy, refrigerators are widely used; meanwhile low-temperature food, chilled and frozen food are dominating. However, in many developing countries, the simple-processed and normal-temperature-storage food accounts for the majority so as to reduce the energy consumption during the processing and transportation. In addition, half-dried food and products with comparatively lower a_w are also extensively processed. Therefore, special attention should be paid to the selection of hurdle factors and their role in food preservation and quality guarantee.

Hurdle technology has laid a theoretical foundation for food preservation and quality guarantee. With a decades-long research on it as well as its application, hurdle technology has become a mature and practicable technology in food engineering. Through the deepening and broadening of the research on it, this technology is focused on the control of microorganisms and meanwhile closely related to the maintaining of products' organoleptic quality and their nutritional characteristics, and the control of the cost for products' processing, storage and transportation. Hence, a simple comprehension and application of hurdle technology is easily achieved, but a highly efficient application of it involves a sophisticated system, which, for example, requires the joint efforts of food microbiologists, technologists, nutritionists, engineering technicians and even marketing specialists.

Prof. Leistner has been engaged in the research on hurdle technology and the application of its research achievements for a long time. After his retirement from the German Meat Research Center, he is still devoted to summarizing and deepening the technology in order to promote the improvements of this technology through its further application in industrialized and developing countries. It is internationally acknowledged that the hurdle technology created by Prof. Leistner and its research achievements have contributed a lot to the enrichment of the food science theory and the development of food industry as well as food safety guarantee and hence have been internationally acknowledged.

The author first got access to hurdle technology during his study in Prof. Leistner's laboratory in German Meat Research Center in 1986. In 1987, the author, working as Prof. Leistner's professional interpreter, introduced this concept and the specific technology into China's food industry for the first time in a seminar named China-German Food Processing and Safety and sponsored by Chinese Society for Animal Products Processing. Thereafter, the author has been engaged in food, especially food research and as a result he went to Germany several times to do academic research while joining international collaborative projects with the help of Prof. Leistner. When the author applied the hurdle technology in the research on China's traditional meat products, Prof. Leistner provided him with his meticulous guidance. These research results are quoted many times in one of the series of the American Food Engineering series written by Prof. Dr. Lothar Leistner and Prof. Dr. Grahame Gould and entitled *HURDLE TECHNOLOGY: Combination Treatments for Food Stability, Safety and Quality.*

This book finally came into being on account of the comprehension of the research results from Prof. Leistner's hurdle technology, the author's independent study, and the research done at home and abroad on the technology as well as the application achievements of hurdle technology. Moreover, the author is profoundly grateful for the experts in food industry for their long-term research on hurdle technology which serves as the original resources that are quoted by the author in this book. This book can provide references for experts in food development, food process control, and the people related to these two realms, including researchers on food microorganisms, food engineering, food process, engineering technicians, university students etc. Finally, this book is supposed to be of great guiding significance for people engaged in food processing, storage and transportation, product safety, quality control etc.

The author dedicates this book to his supervisor Prof. Lothar Leistner for his 30-year-long instruction, guidance and help. What's more, he wants to show his heartfelt gratitude to his supervisor for his outstanding contributions to both his study on hurdle technology and the application of hurdle technology in the food industry.

Meat Processing Key Laboratory of Sichuan Province

Food Processing Key Laboratory of Sichuan Universities

Meat Food Engineering Technology Research Center of Chengdu University

Prof. & Dir. Wang Wei

May 2015

目　录

第一章　栅栏技术与食品质量和安全控制

第一节　栅栏效应与栅栏技术

　　优质食品应具备微生物稳定性、卫生安全性、良好的感官特性和富于营养性。无论是在传统食品还是在新型食品中,都采用了各种不同的尽可能保持这些特性的防腐保质方法。现今可用于食品防腐保质的方法多种多样,但按其基本原理采用的主要方法仅为高温或低温、调节酸度、降低水分活度、脱氧、添加防腐剂等少数几类,可将每一类方法看作食品防腐保质的一个因子(factor)。食品的微生物稳定性、卫生安全性及总的质量特性取决于产品内不同抑菌、防腐和保质因子的相互作用。Leistner(1978)将这些因子比拟为"栅栏"或"障碍"(hurdle),将这些因子在食品内的相互影响称为栅栏效应(hurdle effect),将通过不同的栅栏效应而达到有效抑菌、防腐、保质目的的作用命名为栅栏技术(hurdle technology)。

　　Leistner 等在对食品加工防腐保质长期研究和总结的基础上,提出了栅栏效应和栅栏技术的概念,又通过近 30 年的研究和应用,使栅栏技术理论不断丰富和完善。至今,栅栏技术作为现代防腐保质基础理论和实用技术已在食品领域得到广泛认同,其应用首先是在非冷藏可贮食品[又称耐贮存产品(shelp stable product,SSP)、易贮存食品、耐贮存食品]的改进与加工优化方面,又延伸到冷链食品、易腐食品等不同类型的产品类型,并逐步深入到与食品相关的产品特性分析、产品质量改进、加工工艺优化、新产品开发、产品可贮性预测等各个方面。无论在发达国家还是发展中国家,栅栏技术在食品加工及其防腐保鲜中发挥着越来越重要的作用。

一、栅栏效应

　　食品的微生物稳定性、卫生安全性及总的质量特性取决于产品加工所采用的防腐保质方法,包括传统的腌制、干燥、烟熏、发酵等方法,和现代的低温或超高温、速冻、脱氧包装、气调包装、添加微生物制剂、辐照等方法。现今可用于食品防腐保质的方法多种多样,但按其基本原理大致可分为温度调节(高温或低温)、酸度调节(酸化或碱化)、降低水分活度、降低氧化还原值、添加防腐剂、优势菌群作用、压力调节、辐照、微结构调节、物理加工法、特型包装十一大类,每一类方法在机制上属于防腐保质的一个因子。例如,干燥以降低水分活度为 a_w 因子,低温冷却为 t 因子,高温加工为 F 因子,自然或添加发酵菌发挥乳酸菌等有益性优势菌群作用为 c. f. 因子,添加防腐剂或烟熏为 Pres. 因子等。现今已确认的防腐保质因子类型及采用的相应方法如表 1-1 所示。

表 1-1　食品主要防腐保质方法及其防腐保质栅栏分类

类型	防腐保质栅栏	相应的方法
1	F 或 t	高温加工、处理，或低温冷却、冻结
2	pH	高酸度（碱化）或低酸度（酸化）
3	a_w	降低水分活度（干燥脱水或添加水分活度调节剂）
4	Eh	高氧化还原值（充氧）或低氧化还原值（真空脱氧，二氧化碳、氮气等气调阻氧或添加抗氧剂）
5	c. f.	自然或添加发酵菌发挥乳酸菌等有益性优势菌群作用
6	Pres.	添加防腐剂[有机酸、乳酸盐、乙酸盐、山梨酸盐、抗坏血酸盐、异抗坏血酸盐、葡萄糖醛酸内酯（GDL）、磷酸盐、丙二醇、联二苯、壳二糖、游离脂肪酸、碳酸、甘油月桂酸酯、螯合物、美拉德反应生成物、乙醇、香辛料、亚硝酸盐、硝酸盐、臭氧、次氯酸盐、匹马菌素、乳杆菌素等]或烟熏
7	特型包装	活性包装、无菌包装、涂膜包装等
8	压力	高压或低压
9	辐照	紫外线、微波、放射性辐照等
10	物理加工法	阻抗热处理、高电场脉冲、高频能量、振动磁场、荧光灭活、超生处理等
11	微结构	乳化法、固态发酵等

Leistner 将各种防腐保质因子比拟为有效抑制腐败菌和病原菌生长繁殖，阻止不利因素对食品质量的影响，从而保证食品的微生物稳定性、卫生安全性及总的质量特性的"栅栏"或"障碍"。一种安全、可贮、优质的食品，是产品内不同抑菌、防腐和保质的栅栏因子（hurdle factor）相互作用的结果。如果这些栅栏不足以有效抑菌防腐，也就是说食品内栅栏过少或强度太弱（高度太低），食品在加工或贮藏过程中不利微生物已成功逾越了这些栅栏，则产品为不可贮食品，会很快腐败变质。因此，食品的可贮与不可贮及质量的优与劣，取决于这些栅栏因子在食品内的相互影响，即取决于栅栏效应的作用结果。Leistner（1978）提出了栅栏效应的概念，并通过图 1-1 对栅栏效应的基本原理予以简要描述。

图 1-1 列举了 8 个例子，以描述食品中不同栅栏数量及不同强度间的作用模式。1 是理论化栅栏效应模式。某一食品内共含有具同等强度的 6 个栅栏因子，残存的微生物最终未能逾越这些栅栏，因此该食品是可贮和卫生安全的。2 则较为贴近实际食品的真实状况，其中起主要作用的栅栏因子是 a_w（干燥脱水、添加 a_w 调节剂）和 Pres.（亚硝酸盐等防腐剂），5 个栅栏因子互作已能保证食品的可贮性。

如果食品内初始菌量很低，如无菌包装的冷却鲜肉，则只需少数栅栏因子即可有效抑菌防腐，这就是 3 的情形。反之，如果卫生条件恶劣等造成高初始菌量如 4，或食品富含维生素（V）及其他营养物质（N）导致微生物具有较强生长势能如 5，产品内的栅栏因子就不足以有效抑菌防腐，必须增强栅栏因子强度或增加新的抑菌因子。

6 是一些经过加热处理的不完全杀菌食品内的情况，这时细菌芽孢尚未受到致死性损害，但已丧失了活力，因而较少而作用强度较低的栅栏就能起到有效抑制作用。然而食品的稳定性还与加工和贮藏密切相关,如果食品在加工或贮藏时逐渐干燥,则 a_w 栅栏随时间推延而作用强度增强,于是产品微生物稳定性逐步改善。而有的产品中的栅栏又可能随时间推延逐渐减弱。例如,听装的腌肉制品在贮存过程中,其亚硝酸盐的消失导致 Pres. 栅栏的抑菌效能不复存在。在不同食品中,其微生物稳定性是通过加工及贮存阶段各栅栏因子之间以不同顺序作用来达到的,7 是研究得出的发酵香肠中栅栏效应顺序图。食品中各栅栏因子之间具协同作用,简言之,两个或两个以上因子的作用强于这些因子单独作用的累加,8 所表明的就是这种协同作用的例子。

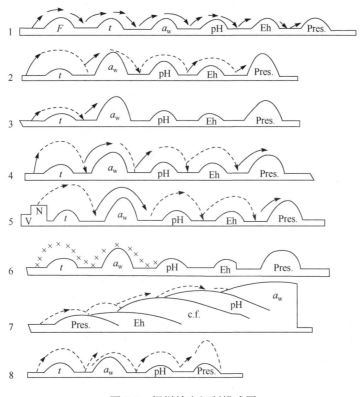

图 1-1　栅栏效应机制模式图

二、栅栏技术及其防腐保质机制

Leistner 对大量的研究结果分析后认为,栅栏效应是食品防腐保质的根本所在,不同的食品有其独特的抑菌防腐栅栏的相互作用,两个或两个以上栅栏的作用不仅仅是其单一栅栏作用的累加。食品的可贮性可通过两个或更多个栅栏因子的相互作用而得到保证,这些因子中任一单一存在,不足以抑制腐败性微生物或产毒性微生物。对一种可贮而优质的食品,其中 F、t、a_w、pH、Pres. 等栅栏因子的复杂交互作用控制着微生物腐败、产毒或有益发酵,这些因子互作对食品的联合防腐保质发挥作用,Leistner 等将其命名为栅栏技术,或称为障碍技术。通过微生物的内平衡、代谢衰竭、应激反应和多靶共效防腐,以及栅栏因子的天平式效应和魔方式效应等模式,Leistner 等从不同角度对栅栏技术防腐保质机制进行了阐述。

1. 微生物的内平衡

食品防腐中值得注意的一个重要现象是微生物的内平衡(homeostasis)。内平衡是微生物处于正常状态下内部环境的统一和稳定。例如,无论是对高等细菌还是一般微生物,将内部环境 pH 自我调节,使之处于相对小变化范围,是保持其活性的先决条件。如果其内环境,即内部平衡被食品中防腐因子(栅栏)所破坏,微生物就会失去生长繁殖能力,在其内环境重建之前,微生物生长将处于停滞期,甚至死亡。因此,食品防腐就是通过临时或永久性打破微生物生长的内平衡而实现的。

Gould 指出,微生物在进化过程中已形成在一定范围或多或少的迅速反应机制(例如,在食品内的反渗调节以平衡不利的水分活度),这一功能可使微生物即使在外部环境发生极不利变化的情况下,也能保持重要生理系统的运作、平衡和不受扰乱。在大多食品中,微生物正以自动平衡调式运作来适应通过加工防腐工艺施以的环境应激。因此,食品加工防腐上最值得推荐的有效工艺是尽可能克服微生物形成的各种抵御特殊环境应激的内平衡机制。被破坏的内环境的修复需要更多的能量,因此能量提供的限制阻止了微生物的修复机制,使得防腐保质栅栏因子间的协同效应成为可能。微生物修复内环境时能量的限制可通过无氧条件(如食品的真空或气调包装)等所导致。因此,低 a_w、低 pH 和低 Eh 之间具协同作用性。这为通过扰乱微生物及其微生物菌群内环境来实现食品防腐提供了可能,该项技术也将受到广泛关注。

2. 微生物的代谢衰竭

在实际生产中具重要意义的另外一个重要现象是微生物的代谢衰竭(metabolic exhaustion)。微生物的代谢衰竭可导致食品的"自动杀菌"。这一现象在早年的研究中首先被观察到,这就是热加工至中心温度 95℃,再通过添加不同量的食盐和脂肪调节 a_w 的中温肉制品肝肠(liver sausage)。对可贮性肝肠产品进行肉毒梭状芽孢杆菌接种实验,在37℃条件下贮存,结果热加工后仍残存的杆菌芽孢逐渐死亡。梭状芽孢杆菌的这种在产品贮存阶段因代谢衰竭而逐步死亡的现象,在耐贮存肉制品,特别是以热加工作为主要抑菌防腐因子的耐贮存食品(F-SSP)中经常被观察到。最相似的说明是经热加工后仍残存在食品内的细菌芽孢在不利环境下仍易增殖,而营养菌在同等条件下较难繁殖。但产品贮藏期内由残存芽孢增殖形成的新芽孢或营养细胞逐渐死亡。因此,通过栅栏因子有效互作而使产品可贮性极佳的栅栏技术食品(hurdle technology food,HTF),尤其是非冷藏可贮的食品,在贮藏时残存的芽孢菌逐渐减少。对中国传统肉干制品的研究也证实了微生物的代谢衰竭现象普遍存在。将优质可贮的肉干成品接种上葡萄球菌、沙门氏菌或酵母菌,非冷却贮藏条件下接种菌迅速减少,尤其是 a_w 接近于细菌不利生长值的产品,接种菌下降速度更快。拉丁美洲的研究者在 pH、a_w、Pres.(山梨酸盐)等栅栏互作保鲜的高水分水果产品中也观察到这一现象,非冷却贮藏阶段通过中温热处理,使残存的各种细菌、酵母和霉菌迅速减少。

对微生物的代谢衰竭现象的解释是:不能够继续生长的营养性细菌将死亡。如果稳定性接近于微生物生长限,提高贮藏温度,有抗菌物质的存在,细菌通过热处理等方式受到尚不致命的损害,则细菌死亡速度更快。显而易见,在可贮性栅栏技术食品内各种残存菌都在通过每一个可能的修复机制调节其内环境,以试图在不利的外界环境条件下生存,为此必然耗尽能量而衰竭死亡。这也可以说是食品的自动式杀菌。

因此,对于具微生物稳定性的自动杀菌性的栅栏技术食品在贮藏期间,尤其是常温下贮藏,更具卫生安全性。典型例子是发酵香肠,非冷却条件下贮藏时发酵后仍残存的沙门氏菌迅速死亡,而冷藏时反而易于长时间残留而导致危害。另外一个熟知的例子是蛋黄酱,冷藏时沙门氏菌比常温贮藏更易残存。Vlaardingen 的 Unilever 实验室在水油相乳化液中也观测到了类似现象。在人造黄油中接种上李斯特菌,此菌因代谢衰竭而死亡的速度比较是:25℃贮藏时比 7℃时快;产品 pH4.25 时比 pH4.3 快,pH6.0 又比 pH4.3 快;乳化细度高的比细度低的快;无氧比有氧快。该实验再次证实了食品中的栅栏越多,微生物代谢衰竭越迅速。这很可能是微生物在受到较多栅栏阻碍,处于应激条件时需增加能量消耗以调节内环境之故。

3. 微生物的应激反应

栅栏技术食品成功的一个限制因素很可能是微生物的应激反应。在应激状态下,某些可产生抗应激蛋白(stress shock protein)的细菌变得对环境条件(如高温)有更强的抵抗力或更强的毒性。保护性抗应激蛋白是细菌在热、pH、a_w、乙醇等不利环境,或者处于饥饿状态诱导下产生的。细菌的这一应激反应有可能影响食品的防腐性,且为应用栅栏技术防腐保质带来问题。另外,如果细菌同时面临多种应激条件,合成有助于帮助细菌应付不利环境的抗应激蛋白的基因活性将处于更为艰难的状态。在同时应付多种应激时细菌需合成数倍,至少是多得多的抗应激蛋白,因而需耗用更多的能量,这也就促使细菌代谢衰竭。因此,食品的多靶共效防腐就可通过阻止影响栅栏技术食品微生物稳定性和卫生安全性的细菌的抗应激蛋白的形成而实现。

4. 多靶共效防腐

食品的多靶共效防腐将是食品防腐根本而有效的最终目标。栅栏技术应用于食品防腐,其可能性不仅仅是根据食品内不同栅栏所发挥的累加作用,而是根据这些栅栏因子的交互作用与协同效应性。如果某一食品内的不同栅栏是有效针对微生物细胞内不同目标,即不同靶子,如针对细胞膜、DNA 或酶系统,以及针对 pH、a_w 或 Eh 等内环境条件,从数方面打破其内环境平衡,使细菌抗应激蛋白的形成更为困难,则可实现有效的栅栏交互作用。因此,在食品内应用不同强度并缓和的防腐栅栏,通过这些栅栏的互作效应使食品达到微生物稳定性,比应用单一而高强度栅栏更为有效,更益于食品防腐保质,这就是建立于栅栏技术之上的"多靶共效防腐"技术。

在多靶效应方面,医学领域早已走在前列,例证之一是对杀菌剂杀菌机制的研究。至少已有 12 类杀菌剂对微生物细胞的多靶效应作用被揭示。细胞膜常常是受到进攻的第一个靶子,使细菌变得千疮百孔甚至四分五裂,同时杀菌剂又可阻止酶、蛋白质和 DNA 等的合成。多靶效应性药剂已在抗细菌性传染病(如布氏杆菌病)和病毒性传染病(如艾滋病)上得到成功应用。其原理在食品微生物学及食品防腐保质上大有启迪。

5. 栅栏因子的天平式效应

近年的研究表明,各种食品内都有不同的栅栏共同作用,达到一种保证微生物稳定性的平衡。这一平衡如同天平一样,哪怕是其中一个栅栏发生微小变化,都可对食品中总的微生物稳定性的平衡产生影响(图1-2)。例如,对于肉制品的安全可靠性条件是:F 为 0.3 或 0.4,a_w 为 0.975 或 0.970,pH 为 6.4 或 6.2,Eh 可时高时低。这些栅栏相互作用达到一个平衡状态,其中天平一端是栅栏作用结果,另一端是产品可贮性。栅栏作用端某一栅栏的小小提高或降低,都会使天平的另一端产品在可贮或不可贮性上发生变化。如何使这些对食品微生物稳定性影响的因素数量化,或许会成为当前富有竞争性的研究领域。对食品中 F、a_w、pH 和 Eh 等各栅栏微调的实现,可能在实际生产中产生重大成果和显著效益。

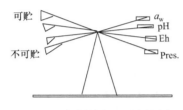

图 1-2　栅栏效应天平式控制

对于实现食品生产的天平式控制,需食品加工工艺学家和微生物学家的密切合作。例如,在使用添加剂提高食品中抑制微生物生长的栅栏时,工艺学家必须从毒理学、感官质量、营养特性及饮食习惯上判断此法是否可行。例如,Hammer 和 Wirth(1984)研究了多种添加剂对肉制品 a_w 有影响后认为,肝肠的 a_w 可通过添加脂肪(约 30%)和食盐(1.6%～2.0%)而调节到低于 0.96,这一添加量是可接受的。而微生物学家则要考虑,对某一食品中,各栅栏应达怎样的高度,才能保证其微生物稳定性。例如,Hechelman 和 Leistner(1984)对工业化生产蒸煮香肠饮罐头的研究,以及 Luecke(1984)对小型加工厂生产的肉罐头制品的研究就是为此目的。经过他们的研究得出,在室温下贮藏时,这类罐头制品达到可贮的栅栏相互作用条件是 F 大于 0.4,a_w 小于 0.97(如果产品中加入了亚硝酸盐防腐)或 a_w 小于 0.96(未加亚硝酸盐),pH 小于 6.5,以及 Eh 应在很低的值(但仍未数量化)。

6. 栅栏的魔方式效应

从理论和实践的观点出发,应用栅栏技术对经加热处理生产的肉制品的 F、a_w 和 Eh 栅栏进行调节,是最有现实意义的,这样可生产出经中热处理而可非冷保存的耐贮存产品(SSP)。这一观点最初是由 Fox 和 Loncin(1982)提出的,Leistner(1986a)将其发展比拟为"魔方式控制"。德国最常见的蒸煮香肠罐头就是以此为原理生产的。这类产品只经过中热处理(F 约为 0.4),就能有效抑制所有营养性微生物的活性,而对细菌芽孢尚未造成致命性损伤,但这些受损的杆菌芽孢再发芽的繁殖力减小,只需通过 a_w 和 pH 两道栅栏已能将其抑制,而无损于肉制品的感官质量。当然 Eh 也是影响产品的微生物稳定性的因素,当 Eh 低(氧残余量少)时,不仅好氧菌,甚至兼性厌氧菌也不会很好地生长,因此在 Eh 很低的情况下,一些 a_w 耐受性高,在实验室培养基上中度有氧条件下,a_w 为 0.86 时仍生长的杆菌,在香肠中 a_w 为 0.97～0.96 时可受到抑制。基于 Eh 对肉制品中好气性芽孢杆菌起到重要的抑制作用。pH 栅栏因子,以及与 pH 直接或间接相关的 F、a_w 和 Eh 因子,如魔方式变幻构成了肉制品的微生物稳定性,这 4 个因素通常是食品的必需栅栏,每一栅栏的变化均如同魔方变幻对整体产生重大影响(图1-3)。根据魔方式控制原理设计肉制品生产,调节控制其最佳的栅栏因子,就需要可靠的有关其 F、a_w、pH 和 Eh 的数量化资料。

7. 栅栏效应与食品的总质量

从栅栏技术概念上理解食品防腐技术,似乎仅侧重于保证食品的微生物稳定性,然而栅栏技术还与食品的总质量密切相关。正如动物或植物细胞脂质氧化受大量正负性内在和外在因素影响一样,栅栏技术不仅仅保证食品卫生安全性,也保证其总质量。有的栅栏,如在美拉德产品中的美拉德反应,就对产品的可贮性和质量都具重要性。食品中可能

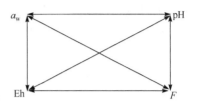

图 1-3　栅栏效应魔方式控制

存在的栅栏将影响其可贮性、感官质量、营养性、工艺特性和经济效益。当然,存在的栅栏对产品的总质量可能是正影响,也可能是负影响,同一栅栏强度不同对产品的作用也可能是相反的(图1-4)。例如,t(低温冷藏)作为水果的防腐保质栅栏时,过快过低有损于水果质量,而和缓冷却则有利。在发酵香肠中,pH 需降至一定限度才能有效抑制腐败菌,但过低则对感官质量不利。为保证产品总质量,栅栏及其强度应调控在最佳范围。

8. 栅栏交互作用序列性

在图1-1所举的8个例子中,1~7是各种情况下的栅栏序列相互独立不固定。但在某些食品,如在生熏火腿和发酵香肠中,其栅栏序列则是按一定程序固定不变的,在这些肉制品生产和贮藏的各阶段,各栅栏相继发挥作用或消失。8是 Leistner(1986b)作出的生熏火腿栅栏作用序列图。熏腿可贮性的必要条件是:初始菌数少,pH 低于6,加工开始的温度低于5℃,在用腌制剂(含盐量4.5%)腌制前,低温是主要栅栏,随后盐逐渐渗透到火腿内,使 a_w 降至0.96以下,然后进一步发酵成熟和烟熏,通过酶解使产品生出特有风味。而发酵香肠(萨拉米香肠)的栅栏序列要复杂得多。在这类产品

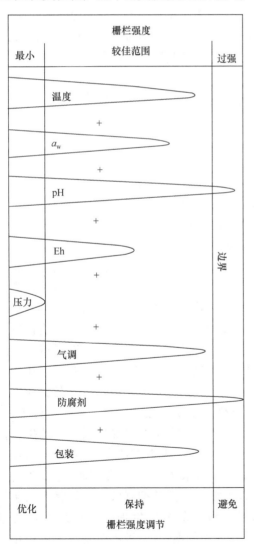

图 1-4　栅栏效应对食品总质量的影响

的生产中,栅栏分别按图 1-1 中的序列发生作用,在某一阶段,某一栅栏能最有效地抑制
使产品腐败的微生物(沙门氏杆菌、肉毒杆菌、金黄色葡萄球菌)及其他导致食物中毒的细
菌、酵母菌和霉菌的繁殖,同时又能有利于对香肠的风味和可贮性起重要作用的竞争性菌
落(乳酸杆菌、非致病性葡萄球菌)的生长。

　　图 1-1 中 7 即 Leistner(1986b)所绘的萨拉米(Salami)发酵香肠作用序列图。萨拉米
加工及贮存中栅栏及其交互效应图示,清楚地表明了抑制腐败菌和病原菌,同时又容许所
选择的有益菌(乳酸菌)生长的栅栏顺序。萨拉米香肠早期发酵阶段最重要的抑菌栅栏是
Pres.(亚硝酸盐、食盐),未抑制菌的生长耗氧又使 Eh 逐渐下降,利于好氧菌的抑制和乳
酸菌的生长,于是 c. f. 栅栏继 Eh 之后发生作用,乳酸菌不断增多,产酸导致酸化,pH 栅
栏强度随之上升。对长期发酵加工生产的萨拉米香肠,随 Eh 和 pH 栅栏增强,亚硝酸盐
逐渐耗尽,乳酸菌渐减,Pres. 和 c. f. 栅栏随时间推移而减弱,唯 a_w 栅栏始终呈增强态
势,因此是长期发酵香肠最重要的防腐抑菌栅栏。由于萨拉米香肠栅栏作用顺序的揭示,
其加工控制、工艺优化和产品质量改善已成为可能。其他发酵食品(干酪等)也很可能存
在特异的栅栏顺序,对这些顺序的揭示将成为食品安全控制研究中富有挑战性的项目。

第二节　食品中主要防腐保质栅栏及其调控

一、主要栅栏因子及其调控

　　尽管可应用于保证食品微生物稳定性及改善产品质量的栅栏因子总计已在 40 个以
上,但食品防腐上最常用的栅栏因子,无论是通过加工工艺还是添加剂方式设置的,仅为
F(高温处理)、t(低温冷藏)、a_w(降低水分活度)、pH(调节酸度)、Eh(降低氧化还原值)和
Pres.(应用亚硝酸盐、山梨酸盐等防腐剂或烟熏)等少数几个。

　　优质食品应具备高营养性、卫生安全性和可贮性。卫生安全性意味着这一食品不含
有害物,不会导致食品中毒;可贮性是指在所要求的贮存期内不会腐败变质。防腐保鲜是
食品加工的主要目的之一。防腐保鲜技术贯穿于不同的加工工艺,通过加工以保证产品
具有特有感官及营养特性、可贮性和卫生安全性。导致食品腐败的原因有物理性和化学
性的,但最主要的是微生物性的,当微生物在食品内大量生长,增殖至较高量时,食品即腐
败变质。如果食品有高蛋白质及较高水分特性则易于腐败,尤其是在其贮存过程中易腐
败变质而失去食用价值。导致食品腐败的微生物在其中具极强增殖势能。在食品中通过
工艺设置的 F、t、a_w、pH、Eh、c. f. 和 Pres. 等防腐保质栅栏因子的作用,即有效针对宜于
微生物生长的较高 pH、较湿环境、较热温度等条件。主要是在严格加工卫生条件下,尽
可能减少食品中微生物的初始菌量并避免被污染的前提下,抑制食品中微生物的生长代
谢和酶的活性,阻止或抑制残存的微生物在食品处理、加工和贮存阶段的生长繁殖,保证
产品的安全性和可贮性。首选方法是通过冷藏、干燥脱水、酸化等方法去除利于微生物生
长和酶代谢的温度、湿度、pH 等条件,也可辅以添加剂增强其抑制效能。防腐方法包括
腌制、干燥、热处理、烟熏或添加防腐剂等,是导致食品内发生理化变化来实现防腐
(Downey,1987);而保鲜常用方法是冷却、常规冻结和低温速冻,可不改变食品内理化状
态而延长产品贮存期。

1. 控制初始菌量

对食品中主要防腐保质栅栏进行调控,首要条件是尽可能减少食品中微生物的初始菌量并避免加工中的再污染。由于活体畜禽肉基于自身防御体系基本上是无菌的,只有在病态或屠宰时应激状态下才可发生内源性微生物对畜肉的污染,因此原料肉卫生质量(污染菌量)主要取决于屠宰、加工过程的卫生条件。在常规所要求的卫生条件下,鲜肉表面污染菌量很低,加工处理时间越长,污染菌量越高,至分割肉出售时,表面污染菌已相当高。

尽可能低的初使菌量是加工贮性佳的制品的首要条件。除严格控制原料肉屠宰、分割加工中卫生条件外,有效的不中断的冷链是防止污染菌生长的最佳方法。此外,可适当采用一些减少屠体表面污染菌的方法,如热水冲淋、蒸汽喷淋、有机酸处理等,脱菌量可达20%以上。

在严格的加工处理卫生条件中,与原料接触的加工设备、器具表面的消毒和灭菌尤为重要,为此可应用符合卫生标准的清洁剂、消毒剂,并结合物理法来消毒和灭菌。另一基本要求是随时保持加工设备、器具、加工场地表面的干燥和冷却。

严格控制原料获取及产品加工各个环节的卫生条件,是保证食品可贮性的先决条件。早期研究就已表明,初始菌量低的食品保存期可比初始菌量高的产品长1~2倍,食品中污染的微生物越多,生长繁殖活力及对加工中各种杀菌抑菌工艺的抵抗力就越强,食品也就越容易变质腐败。在现代食品加工管理中,原料质量和加工卫生条件对产品的影响更为重要。以此为前提,仅通过对主要栅栏因子的调控就极易达到产品的优质可贮。

2. 低温控制

一般微生物生长繁殖温度是5~45℃,较适温度是20~40℃,嗜冷菌是−1~5℃,特耐冷菌是−18~−1℃,45℃以上及−18℃以下微生物一般不再具生长势能(表1-2)。有效控制温度,采用低温冷藏或冻结,可有效抑制食品中残存的微生物的生长繁殖,而从防腐保鲜的意义上讲,低温法是食品保鲜最重要,也是最主要的方法,其他方法则是防腐法。这也是发达国家在保证食品可贮性和卫生安全性上主要采用低温法的原因之一。

表1-2　几种食品不同温度下的保质期

食品	贮藏温度/℃	货架期
鲜肉	20	2 天
	0	10~15 天
	−20	6~10 个月
西式蒸煮香肠	1~2	31 天
	8	22 天
	20	7 天

续表

食品	贮藏温度/℃	货架期
高温火腿肠	4	14 个月
	15	8 个月
	30	3 个月
酱卤食品 （非包装）	2～4	15 天
	15	6 天
	25	2 天

3. 高温灭菌

热加工是熟食品防腐必不可少的工艺环节。蒸煮加热的目的之一，是杀灭或减少食品中存在的微生物，使制品具可贮性，同时消除食物中毒隐患。蒸煮香肠加工各工序微生物的变化，即可反映出热加工在减少肉中存在的微生物的重要作用（表 1-3），蒸煮后产品中总菌数已降至符合卫生质量要求。

表 1-3　蒸煮香肠加工各工序微生物状况

加工工序	香肠中心温度/℃	总菌数/(cfu/g)
充填时的香肠馅	18.0	2.6×10^7
预干燥结束时	29.0	3.0×10^7
烟熏结束时	41.0	2.6×10^7
蒸煮初期	56.0	1.0×10^7
60min 蒸煮结束时	70.0	2.2×10^4
75min 蒸煮后	71.5	1.5×10^4
90min 蒸煮后	72.0	1.0×10^4
水中急冷后	54.0	4.4×10^3

一般食品的加热温度设定为 72℃以上，如果提高温度，可以缩短加热时间，但是细菌死亡与加热前的细菌数、添加剂和其他各种条件都有关系。如果热加工至食品中心温度达 70℃，尽管耐热性芽孢菌仍能残存，但致病菌已基本死亡。此时产品外观、气味和味道等感官质量保持在最佳状态。这时结合以适当的干燥脱水、烟熏、真空包装、冷却贮藏等措施，则产品已具备可贮性。在高温高压加工的罐头食品中，高温杀菌成为防腐的唯一作用因素。热加工至中心温度 120℃以上，仅数分钟即可杀灭包括耐热性芽孢杆菌在内的所有微生物，产品室温保质期 1 年以上。与此同时，食品的感官质量和营养特性或多或少要受到损害。尽管如此，加工温度越高，产品可贮性越佳（表 1-4），充分热加工温度对于保证食品安全性和可贮性是极为重要的。

表 1-4　食品加工温度与产品可贮性

肉制品	加工温度(中心温度)	可贮性
蒸煮香肠	70~75℃	冷藏可贮,2~4℃,≤20天
预煮香肠	75~80℃	冷藏可贮,4~8℃,≤25天
高温火腿肠	115~120℃	非冷藏可贮,≤6个月
罐头(软罐、硬罐)	80~95℃	非冷藏可贮,5℃,≤6个月
	100~110℃	非冷藏可贮,15℃,≤1年
	121℃,5min	非冷藏可贮,25℃,≤1年
	121℃,15min	非冷藏可贮,40℃,≤4年

4. 调节水分活度

在微生物和酶类导致的食品腐败过程中,水的存在是必要因素。水分多的食品容易腐败,水分少的食品不易腐败。食品的贮藏性与水分多少有直接关系。食品中水分由结合水和游离水构成,与食品的贮藏性有密切关系的是游离水。游离水可自由进行分子热运动,并具有溶剂机能,因此必须减少游离水含量才可以提高食品的贮藏性。减少游离水含量,就是要提高溶质的相对浓度。食品中游离水状况可由 a_w 反映出,游离水含量越多,a_w 越高。食品中的大多微生物都只有在较高的 a_w 才能迅速生长,当 a_w 低于 0.95 时,大多导致食品变质腐败的微生物的生长均可受阻。微生物对 a_w 耐受性的强弱次序是:霉菌>酵母菌>细菌。因此即使是 a_w 较低的食品,如肉干和腊肉,仍然容易霉变。

a_w 大于 0.96 的食品易腐,贮存的必要条件是低温;a_w 低于 0.96 的食品较易贮存,低于 0.90 则即在常温下也可较长期贮存。含水量 72%~75%的食品是微生物的最佳营养基,湿润的肉表 a_w 较高,宜于沾染的微生物生长,如果贮存阶段逐步干燥,则可抑制其生长而有助于产品保存。如表 1-5 所示,食品的可贮性与其水分活度,即 a_w 紧密相关,一般来讲,a_w 越低,产品越易于贮存。当然微生物对 a_w 的敏感性还取决于诸多因素,如环境温度、有无保湿剂等。表 1-6 为 a_w 对不同致病菌和腐败菌的抑制。

表 1-5　食品 a_w 与可贮性

肉品	a_w(变动范围)	贮存条件
鲜肉	0.99(0.98~0.99)	冷藏可贮(-1~1℃)
蒸煮香肠(法兰克福肠)	0.97(0.93~0.96)	冷藏可贮(2~4℃)
烫香肠(肝肠、血肠)	0.96(0.93~0.97)	冷藏可贮(2~4℃)
酱卤肉	0.96(0.94~0.98)	冷藏可贮(2~8℃)
发酵香肠	0.91(0.72~0.95)	常温可贮(<25℃)
中式腊肠	0.84(0.75~0.86)	常温可贮
腌腊肉	0.80(0.72~0.86)	常温可贮
生熏火腿(中式)	0.80(0.75~0.86)	常温可贮
生熏火腿(西式)	0.92(0.88~0.96)	常温可贮
干食品(肉干)	0.68(0.65~0.84)	常温可贮
干食品(肉松)	0.65(0.62~0.76)	常温可贮

表 1-6　a_w 对不同致病菌和腐败菌的抑制

微生物	生长抑制 a_w
弯曲杆菌 *Campylobacter species*	0.98
荧光假单胞菌 *Pseudomonas fluorescens*	0.97
嗜水性单胞菌 *Aeromonas hydrophila*	0.97
E 型肉毒梭状芽孢杆菌 *Clostridium botulinum* type E	0.96
产气荚膜梭菌 *Clostridium perfringens*	0.96
乳酸杆菌（大多数）Most lactic acid bacteria	0.95
沙门氏菌 *Salmonellae*	0.95
埃希氏大肠杆菌 *Escherichia coli*	0.95
副溶血弧菌 *Vibrio parahaemolyticus*	0.95
A 型肉毒梭状芽孢杆菌 *Clostridium botulinum* type A	0.94
蜡状芽孢杆菌 *Bacillus cereus*	0.93
单核细胞增生性李斯特菌 *Listeria monocytogenes*	0.92
某些乳酸杆菌 Some lactic acid bacteria	0.92
厌氧性金黄色葡萄球菌 *Staphylococcus aureus*（anaerobic）	0.91
某些好氧性杆菌 Some bacillus species（aerobic）	0.89
好氧性金黄色葡萄球菌 *Staphylococcus aureus*（aerobic）	0.86
嗜盐微球菌 *Micrococcus halodenitrificans*	0.85
丝衣霉菌 *Byssochlamys nivea*	0.84
黄曲霉菌 *Aspergillus flavus*	0.80
盐生盐杆菌 *Halobacterium halobium*	0.75
散囊菌 *Eurotium amstelodami*	0.70
Wallemia sebi	0.69
结合酵母菌 *Zygosaccharomyces rouxii*	0.62
耐旱双胞小菇菌 *Xeromyces bisporus*	0.61

　　降低食品 a_w 是延长其保存期常用的方法。干燥（风干、日晒、烘烤等）是降低食品 a_w 最为快速而有效的方法，中间水分食品多采用此法为主要防腐手段。添加 a_w 调节剂，包括食盐、糖、脂肪、磷酸盐、柠檬酸盐、乙酸盐、甘油、乳蛋白等均可不同程度降低食品 a_w（表 1-7），其中食盐的作用最强，糖次之，甘油最差。只有一个例外是，添加甘油降低 a_w 以抑制金黄色葡萄球菌的作用比添加食盐更强（Leistner，2000a，2000b，2000c）。不同添加剂在食品中的添加量是有限的。例如，食盐受咸味所限，添加量一般不超过 3%。因此应用于降低产品 a_w 的作用范围也就不能随心所欲。冻结贮存食品的重要机制也在于降低其 a_w，以鲜肉为例，在 -1℃ 时，a_w 为 0.99，而在 -10℃、-20℃ 和 -30℃ 时，a_w 分别降至 0.907、0.823 和 0.746。传统的食品腌制法的实质也是通过提高产品中的渗透压，降低水分活度，达到抑制微生物繁殖的目的，与此同时也可改善产品风味。

表 1-7　几种添加剂不同添加量对降低食品 a_w 的作用

添加剂	0.1%	1%	2%	3%	10%	50%
食盐	0.0006	0.0062	0.0124	0.1860		
聚磷酸盐	0.0006	0.0061				
柠檬酸钠	0.0005	0.0047				

续表

添加剂	0.1%	1%	2%	3%	10%	50%
维生素 C(抗坏血酸)	0.0004	0.0041		0.090		
葡萄糖酸内酯	0.0004	0.0040				
乙酸钠	0.0004	0.0037				
丙三醇	0.0003	0.0030	0.0060	0.015	0.030	
葡萄糖	0.0002	0.0024				
乳糖	0.0002	0.0022	0.0044	0.066		
蔗糖	0.0002	0.0019	0.0026			
乳蛋白	0.0001	0.0013	0.0012	0.039		
脂肪	0.0001	0.0006		0.019	0.006	0.031

5. 调节酸碱度

宜于微生物生长的较适 pH 是 6.5,当食品内 pH 降至一定酸度,便可比在碱性环境下更能有效抑制、甚至杀灭不利微生物。微生物适应的 pH 是 6.5~9.0。表 1-8 是根据 a_w 和 pH 对食品可贮性进行的分类及其所需的贮存温度条件。表 1-9 为 pH 对不同致病菌和腐败菌的抑制。

表 1-8 根据 a_w 和 pH 分类食品及其所需的贮存温度条件

食品类型	pH 或(和)a_w	所需的贮存温度条件
极易腐败类	pH>5.2,a_w>0.95	≤5℃
易腐败类	pH5.2~5.0,a_w 0.95~0.91 pH≤5.2,a_w≤0.95	≤10℃
易贮存类	pH<5.0,a_w<0.91	常温下可贮

表 1-9 pH 对不同致病菌和腐败菌的抑制

微生物	生长抑制 pH
蜡状芽孢杆菌 *Bacillus cereus*	5.0
产气荚膜梭菌 *Clostridium perfringens*	5.0
弯曲杆菌 *Campylobacter species*	4.9
副溶血弧菌 *Vibrio parahaemolyticus*	4.8
肉毒梭状芽孢杆菌 *Clostridium botulinum*	4.6
埃希氏大肠杆菌 *Escherichia coli*	4.4
荧光假单胞菌 *Pseudomonas fluorescens*	4.4
单核细胞增生性李斯特菌 *Listeria monocytogenes*	4.3

续表

微生物	生长抑制 pH
小肠结肠炎耶尔森氏菌 *Yersinia entertocolitica*	4.2
金黄色葡萄球菌 *Staphylococcus aureus*	4.0
沙门氏菌(大多数)Most *Salmonellae*	3.8
凝结芽孢杆菌 *Bacillus coagulans*	3.8
乳酸杆菌(大多数)Most lactic acid bacteria	3.0～3.5
葡萄杆菌 *Gluconobacter species*	3.0
蜡杆菌 *Acetobacter species*	3.0
酸热芽孢杆菌 *Bacillus acidocaldarius*	2.5
脂环杆菌 *Alicyclobacillus*	2.0
黄曲霉菌 *Aspergillus flavus*	2.0
酿酒酵母菌 *Saccharomyces cerevisiae*	1.6
克鲁斯假丝酵母菌 *Candida krusei*	1.3

在食品感官特性容许范围内降低其 pH 是有效的防腐法。通过加酸[如肉冻肠(Brawns)、荷兰猎肠(Gelderse Rookworst)]或发酵(如发酵香肠、生熏火腿)可降低食品 pH 而防腐。食品中最常使用的是乳酸,但乳酸抑菌作用相对较弱。几种常用的酸按其抑菌强度大小依次排列为:苯甲酸＞山梨酸＞丙酸＞乙酸＞乳酸。但实际生产中可添加于食品中的酸很少,常用的如乳酸、抗坏血酸等。根据食品 pH 可将其分为 3 类,即低酸度食品(pH＞4.5)、中酸度食品(pH4.0～4.5)和高酸度食品(pH＜4.0)。食品均属 pH＞4.5的食品,大多 pH 为 5.8～6.2,pH 的可调度极为有限,如何通过微调其 pH 而有效抑制微生物,延长产品保存期就显得尤为重要。如果在降低 pH 的同时又辅以调节 a_w,则可发挥较佳共效作用。例如,萨拉米等发酵食品,发酵成熟的过程同时伴随 a_w 降低,以及益生菌优势菌群(c.f.)的共效抑菌作用。

6. 降低氧化还原值

大多腐败菌均属好氧菌,生长代谢所需的氧一般来自环境大气,大气中氧含量约为20%。食品中含氧的多少也就同样影响残存微生物的生长代谢。对此可利用反映其氧化还原能力的 Eh 判定食品中氧存在的多少。氧残存越多,Eh 越高,对食品的保存越不利。Eh 越低,有害微生物生长繁殖的机会也越小。

食品生产上降低 Eh 的主要方法是真空法。例如,香肠加工中的真空绞制、斩拌、真空充填灌装,盐水火腿等加工中的真空滚揉,罐头制品的真空封罐等,均是脱氧作用;成品的真空包装,脱氧剂包装或气调包装(CO_2、N_2 单独或混合)均可起到脱氧和(或)阻氧作用,是食品加工中简易而有效的防腐法。加工中添加抗坏血酸、维生素 E、硝酸盐或亚硝酸盐,以及其他抗氧剂也在一定程度上有助于降低 Eh 和增强食品抗氧化能力。

光照可刺激腐败菌代谢,提高分解脂肪的酶类(解脂酶)的活性,而对食品贮存不利,特别是导致产品外观褪色和脂肪氧化酸败。因此食品贮藏中应尽可能避光,并选用深色避光材料包装。尤其是脂肪含量高的产品,避光包装、贮藏对防止脂肪氧化酸败极为重要。

7. 添加防腐剂或烟熏

适量卫生安全的防腐剂的添加有助于改善食品可贮性,提高产品质量,食品加工研究与实践对此早已予以了充分肯定。食品中最常用的防腐剂是硝酸盐类和山梨酸盐类。

硝酸钠、硝酸钾和亚硝酸钠是食品中应用历史最长而应用最广的添加剂,除可赋予产品良好的外观色泽外,还具出色的抑菌防腐功能,也同时具有增香和抗脂肪酸败的作用。尽管近代研究揭示了亚硝酸盐残留可能导致的致畸致癌性,但是食品加工业至今未找到另一更为卫生安全而又能发挥硝酸盐类诸多功能、更为高效的替代物。现代食品加工业的原则是严格控制其添加量和使用范围,尽可能少而又能达必需的发色、防腐、增香等作用。例如,$NaNO_2$ 添加量 20～40ppm[①] 足以满足发色所需,30～50ppm 增香,可发挥防腐功能则需 60～150ppm,控制在此范围,食品的卫生安全性完全可得到保证。

山梨酸和山梨酸钾是具良好抑菌防腐功能而又卫生安全的添加剂,已在各国广为应用。一些国家将其作为食品通用型防腐剂,最大使用量为 0.1%～0.2%。德国等地则作为干香肠、腌腊生制品的防霉剂,以 5%～10%溶液外浸使用。

对涉及面广,具一定副作用的硝酸盐类防腐添加剂,严格的加工管理和产品检测体系尤为必要。食品生产上在严格限制其使用的同时,已在积极开发可起部分替代或协同作用以减少其用量的安全防腐剂。例如,食用酸盐类(乳酸钠)、乳酸菌素类[尼生素(Nisin)]等因其良好的安全性和防腐性而应用日益广泛。此外,磷酸盐类、抗坏血酸盐类也可与其他添加剂起到协同防腐效能。

食品加工中的烟熏,除达上色、增香、改善产品感官质量外,其主要作用还在于防腐。烟熏防腐的机制是熏烟中含有可发挥抑菌作用的醛、酸、酚类化合物,且加工中烟熏工艺同时伴有表面干燥和热作用,所发挥的防腐效能特别显著。对于中间水分产品(IMF),如腊肠、火腿、腌腊肉等传统食品,烟熏是一既传统又现代的高效防腐防霉法。

烟熏工艺的卫生安全性不容忽视,熏烟中含有的 3,4-苯并芘等化合物具致癌性,特别是烟熏物燃烧温度高于 400℃时利于有害物苯并芘及其他环烃的形成。加工中应尽可能将其降低到最低程度。其有效方法是实际燃烧温度不高于 350℃,并采用间接烟熏法,通过烟发生器生烟,分离过滤再进入熏制室,同时选择优质烟熏料。

二、低温冷链控制与产品安全性

根据栅栏技术基本原理,产品的 a_w 和 pH 是决定安全性的主要因素,根据其可将产品分为极易腐败食品、易腐败食品和易贮藏食品 3 种类型(表 1-10)。对肉制品的 a_w 和 pH 进行测定,大多数产品均为前两种类型,均需要在加工和贮运中予以冷链栅栏控制。否则要么加工和贮运中极易腐败变质,要么通过极度干燥或添加防腐剂防腐。

---

① ppm 为百万分之一

表 1-10　根据 a_w 和 pH 分类食品及其所需的贮存温度条件

食品类型	pH 或（和）a_w	产品举例	所需的贮存温度条件
极易腐败类	pH>5.2，a_w>0.95	鲜肉及预调理生鲜制品、蒸煮香肠、酱卤肉	≤5℃
易腐败类	pH5.2～5.0，a_w0.95～0.91 pH≤5.2，a_w≤0.95	泡凤爪、层层脆、泡菜	≤10℃
易贮藏类	pH<5.0，a_w<0.91	肉干、腊肉、腊肠	常温下可贮

　　食品生产中的低温控制，包括处理、加工、运输、贮藏和销售的场地、空间的温度控制。温度越高，微生物繁殖越快。温度越低，对微生物和酶的抑制作用越强，食品的可贮性越佳（表 1-11，表 1-2）。

表 1-11　低温对不同致病菌和致腐菌的抑制

微生物	生长抑制温度/℃
弯曲杆菌 Campylobaceter species	32
分解蛋白型肉毒梭状芽孢杆菌 Clostridium botulinum（proteolytic strains）	12
产气荚膜梭菌 Clostridium perfringens	12
嗜温性蜡状芽孢杆菌 Bacillus cereus（mesophilic strains）	10
埃希氏大肠杆菌 Escherichia coli	7
金黄色葡萄球菌 Stapychiococcus aureus	7
嗜冷性蜡状芽孢杆菌 Bacillus cereus（psycsrotrophic strains）	5
沙门氏菌 Salmonellae	5
副溶血弧菌 Vibro parahaemolyticus	5
乳酸杆菌（大多数）Most latic acid bacteria	5
非分解蛋白型肉毒梭状芽孢杆菌 Clostridium botulinum（nonproteolutic strains）	3
单核细胞增生性李斯特菌 Listeria monocytogenes	0
某些微球菌 Some Micrococcus species	0
嗜水性单胞菌 Aeromanos hryrophila	0
小肠结肠炎耶尔森氏菌 Yersinia enterocolitica	−1
荧光假单胞菌 Pseudomonas fluorescens	−2
某些酵母菌和霉菌 Some yeasts and molds	−7

　　在西式肉制品加工贮运实际生产中，标准控制参数主要是温度，在主要产品中，低温控制是最主要的保证产品质量和安全性的栅栏，冷链控制贯穿于各类各型产品原料处理、绞制斩拌、腌制、冷却、包装、贮运全过程，涉及产品加工环境温控和原辅料及产品温控。例如，冷鲜肉、预调理保鲜肉、蒸煮香肠、盐水火腿、压缩火腿、腌腊酱卤肉等主要产品的冷却、贮藏、运输和营销环境温度均要求在稳定的不中断冷链（−1～2℃）中。可以说低温抑菌是发达国家食品防腐保鲜的主要栅栏。

　　优质食品大多数属于 pH>5.2、a_w>0.95 的易变质甚至腐败的食品，在控制食品的卫生安全性及质量特性的栅栏因子中,需要在加工和贮运中予以冷链栅栏控制,否则不可避免地要极大增强 a_w、F、Eh、c.f. 和 Pres. 等栅栏因子的作用强度,这对于产品总质量的保持是极为不利的。以冷链控制为主要栅栏的产品综合质量更佳,产品更安全,这也是发达国家在保证食品可贮性和卫生安全性上主要采用冷链控制的原因之一。作为食品生产、加工和消费大国,冷链控制尚处于起步阶段,以肉类为例,肉类冷链比例仅为 15%,产后损耗达 25%,仅仅占比例甚少的冻肉、低温肉制品注意了冷链过程控制,但也难以形成不中断控制链。在冷链管理中环节缺失不仅仅是在加工后贮运流通阶段,加工中的冷链管理缺失所造成的微生物超标、产品质量下降和腐败导致的损失难以估量,但在现阶段对其重要性的认识严重不足,所导致的产品保质问题成为困扰企业效益的关键,也是食品安全的重要隐患。为此企业不得不通过添加防腐剂、酸化、高温处理等增强其他栅栏来达到缓解的目的,但对于产品质量特性的不利影响和导致的潜在风险是显而易见的。

随着经济发展和消费水平的提高,以及安全营养意识的增强,在食品加工中,要保持产品既具有良好的感官和营养特性,又要有足够的安全性,同时加工企业需产生良好的经济效益,可更好地应用加工和贮运流通中的冷链控制这一保障产品总质量和安全性的关键栅栏因素。要充分认识冷链控制作为食品加工产业质量保持和安全保障的重要意义。加工与贮运流通的冷链必须贯通和延长,相关设施设备建设和技术提升已刻不容缓,冷链控制的相关规范和具体实施应逐步成为企业的共识。

第三节　食品栅栏控制应用进展

食品的可贮性可通过两个或更多个栅栏因子的相互作用而得以保证。这样的食品也称为栅栏技术食品(HTF)。过去,甚至今天栅栏技术在 HTF 中的应用均是融汇于经验式加工之中。现在栅栏效应理论的提出,并经大量研究的不断证实,其主动应用正逐步深入。

经验式应用栅栏技术的例证之一是传统的意大利蒙特拉香肠(mortadella),其主要原辅料为猪肉、猪肥膘、猪肚、食盐、奶粉、香辛料等。将原辅料绞制混合后灌入牛膀胱,蒸汽热加工 35h 至中心温度 78℃,失重率 10%～15%。成品 a_w 为 0.94～0.95,含盐量约为 3%。这是一种非冷藏可贮的乳化型肉制品,由于热加工温度不是很高,细菌芽孢未能被杀灭,但在添加的食盐、糖、奶粉,以及干燥脱水的共同调节下,产品 a_w 降至可抑制杆菌和梭菌的较低限,可贮性和卫生安全性得到保证。令人惊奇的是使成品 a_w 控制在 0.94～0.95,是当地加工人员不具备理论知识前提下凭经验实现的。

另一经验式应用栅栏技术的例子,是拉丁美洲的许多传统食品,由西班牙、阿根廷、巴西等十余个国家共同实施完成的一项称为 YTED-D 的研究课题,对拉美地区 266 种源于水果、蔬菜、乳、肉、鱼等的非冷藏可贮的加工制品进行了系统的分析,结果表明,这些可贮性的产品多为中间水分食品(IMF)。这一研究成果为发展中国家在传统产品的总结提高和栅栏技术的应用展现出前景。

一、非重组型整体食品

非重组型整体食品加工中若添加有较多香辛料,即可在产品外形成一层防腐膜,所含抑菌物即可成为强有力的抑菌栅栏。土耳其巴特马肉干（Pastirma）是一种伊斯兰教国家广为流行的传统生肉制品，由牛肉切条后添加食盐和硝酸盐腌制，清洗后挂晾使之干燥发酵，再涂上一层膏状料风干而成。涂料主要由大蒜、辣椒、葫芦巴组成，对肉条内沙门氏菌和外表的霉菌具出色的抑制作用。研究表明，用低 pH 防腐剂的涂膜可提高食品微生物稳定性。例如，添加山梨酸的低 pH 涂膜防腐效果极佳。热带水果已应用表面可食涂膜来延长保鲜期，但涂料必须具有足够的黏着力，含稳定性基质和抗脆性成分，同时能添加抗菌剂、抗氧剂、营养强化剂、香精或色素等，以在表面局部发挥功能特性。

对整体食品采用涂膜法防腐保鲜，其包裹的湿润型产品（水果、蔬菜、肉、干酪、鱼等）在高浓度的糖、氯化钠或其他湿润剂内，将发生脱水和渗透作用，也发生溶液向产品内的溶质传递。通过此过程，不但使水分活度较低的介质进入完整食品内，而且防腐剂、营养强化剂、pH 调节剂，以及改善产品组织结构和香味的物质也同时进入，因而进入的栅栏因子可发挥提高可贮性和改善质量的双重作用，这在诸多实例中均可得到印证。

二、发酵香肠

发酵香肠属于 $a_w > 0.90$ 的高水分食品（HMF），又具非冷藏可贮性，故在市场上很受欢迎。这类产品以往是凭经验加工，而现在无论是传统型还是新开发型，已主动应用栅栏技术。其中研究和应用较为深入的例子是发酵香肠，特别是生发酵制品萨拉米（Salami）。图 1-1 中 7 是萨拉米加工及贮存中栅栏及其交互效应图示，清楚地表明了抑制腐败菌和病原菌，同时又允许所选择的有益菌（乳酸菌）生长的栅栏顺序。萨拉米香肠早期发酵阶段最重要的抑菌栅栏是 Pres.（亚硝酸盐、食盐），未抑制菌的生长耗氧又使 Eh 逐渐下降，利于好氧菌的抑制和乳酸菌的生长，于是 c.f. 栅栏继 Eh 之后发生作用，乳酸菌不断增多，产酸导致酸化，pH 栅栏强度随之上升。对长期发酵加工生产的萨拉米香肠，随 Eh 和 pH 栅栏增强，亚硝酸盐逐渐耗尽，乳酸菌遂减，Pres. 和 c.f. 栅栏随时间推移而减弱，唯 a_w 始终呈增强态势，因此 a_w 是发酵香肠最重要的防腐抑菌栅栏。由于该栅栏作用顺序的揭示，其加工控制工艺优化和产品质量改善已成为可能。

发酵香肠另一独有特征是其微结构对不利菌的抑制和有益菌的生长产生影响，因此这一微结构是萨拉米香肠可贮性和质量保证的重要栅栏。电镜扫描发现，发酵香肠内的天然菌群和添加的发酵菌是呈非均衡性吸附于小巢穴内，巢穴间距 $100 \sim 5000 \mu m$，发酵菌只有在巢穴内能够生长，其余区域则为代谢物（亚硝还原酶、过氧化氢酸、乳酸、毒素等）占据。因此，萨拉米的发酵是一种固态发酵，该类发酵在这些单一或混合菌巢穴内，始终存在对营养物的竞争及相互间代谢物的损害作用。在混合菌巢穴内，乳酸菌由于其对 Eh、pH 和 a_w 较强的耐受性而总占优势。香肠发酵初期，乳酸菌呈现较强的活力和代谢活性，而发酵末期逐渐衰退甚至死亡。肠中质间巢穴的远近相距，有利于其发酵。内馅灌装前肥瘦肉粒的充分混合，更利于混合菌在其质中的分布。如果添加发酵菌，则用液状菌种产品更佳。

三、耐贮存食品

建立于栅栏技术之上的高水分含量，经热加工处理，而又非冷藏可贮的食品，称为耐贮存食品或易贮存食品。SSP 有如下特征:在密闭灌装物(金属罐、肠衣等)中热处理至中心温度 $70\sim110℃$,改善了产品感官及营养特性,可避免再污染,能有效抑制非芽孢菌,但残存有芽孢杆菌和核菌,对这些残存菌的抑制是通过 F、a_w、pH 或 Eh 栅栏的调节来实现。SSP 概念应用于肉制品首先是 Leistner 和 Djurdjie 对肝肠罐头的研究。根据这一研究,Reichert 和 Stiebing 确认了肝肠罐头的可贮性。在栅栏效应原理的基础上,人们现在可把耐贮存食品分为三大类,即 F-SSP、a_w-SSP 和 pH-SSP,每一类型以各自特有栅栏保证产品的微生物稳定性。第一类是以 F(中温热加工)为主要栅栏,主要是抑制产品内细菌芽孢的繁殖,但不造成致命性损伤,称为 F-SSP 产品;第二类以降低 a_w 为特征,a_w 是主要栅栏,称为 a_w-SSP 产品;第三类以 pH 为主要屏障,降低酸碱度而达到抑制产品内微生物繁殖的作用,称为 pH-SSP 产品。

传统的耐贮存肉制品(a_w-SSP 肉制品和 pH-SSP 肉制品)早已誉满市场,而新近发展起来的耐贮存肉制品,特别是 F-SSP 肉制品,则可以说是在经验式肉品生产工艺上的技术提升甚至是突破。以上各类产品的特点是能迅速被消费者所接受,大多都具有出色的可贮性。现今市场上的乳化型香肠,很多均属 Combi-SSP 产品,其可贮性是靠相对较弱的多个栅栏来保证,正如天平原理,每一栅栏均以小质量增加可贮的平衡性,决定着产品的可贮与不可贮。

1. F-SSP 肉制品

属于 F-SSP 肉制品的肉类软罐头已跻身于市场食品行列几十年,其安全性相当出色,即使这类产品加工时 F 未达 $4.0\sim5.5$,有的只到 $0.6\sim0.8$,其安全性也相当出色,这类产品应在低于或等于 $10℃$ 条件下保存。数年前德国推出了一类新型肉制品,即只经中温热加工用包装袋包装的蒸煮灌肠,在商店非冷藏条件下出售。这类产品称为 F-SSP 肉制品,其可贮性主要是通过使残存而未受到致命性损伤的细菌芽孢处于抑制状态来达到。

F-SSP 肉制品[包括肝肠、血肠和波罗维亚型香肠($100\sim500g$)]装入不透气不透水的聚氯乙烯包装袋内,包装袋直径 $30\sim45mm$,蒸煮锅压力应严格控制(升温阶段 $1.8\sim2.0bar$①,冷却阶段 $2.0\sim2.2bar$)。这类产品预计货期为非冷保存 $6\sim8$ 周。销售周转期一般只有 2 周,顾客喜欢将其存放于冰箱内慢慢食用品尝,因而冷保存时间实际上短得多。蒸煮香肠已逐渐发展为脱离单纯的科研性质而大量生产,提供给那些专门出售可非冷保存食品的商店销售,以达到节约成本的目的。这些 F-SSP 产品多年来在市场上并未出现肉毒杆菌引起中毒及肉品腐败等问题。但从科学的角度出发,还是要对这些产品的可贮性进行进一步研究,提出防止产品腐败和避免食物中毒的措施,以便少担风险。

a_w 显然也影响 F-SSP 肉制品的可贮性,Hechelmann 和 Leistner 在研究中已观察到这种现象。如果 F-SSP 肉制品的 a_w 是小于 0.97(0.96 更好),则其可贮性更佳。大多肉品加工厂调节 F-SSP 产品的 a_w,都是通过稍增加食盐(添加量 $2.0\%\sim2.3\%$)与脂肪(添加量 $30\%\sim36\%$)来实现。而亚硝酸盐对产品的稳定性似乎作用较小,因为样品中并没有多少亚硝酸盐的残留。而在波罗维亚型香肠(布里道香肠)中,亚硝酸盐对其稳定作用

---

① 1 bar $=10^5$ Pa

比肝肠和血肠更有效,因此对于保证 F-SSP 肉制品的可贮性上讲,波罗维亚香肠(布里道香肠)所必需的 a_w 栅栏(0.97)可比肝肠和血肠的(0.96)高。

2. a_w-SSP 肉制品

a_w-SSP 的可贮性主要是建立于 a_w 上,当然其他屏障对产品的微生物稳定性也起着重要作用,传统肉制品中的 a_w-SSP 类型起源于意大利,深受消费者喜爱,已流行了数十年。现在最有名的 a_w-SSP 肉制品有两类:一是意大利的莫塔德拉香肚(Mortadella),二是德国的布里道香肠(Bruehdauerwurst)。莫塔德拉香肚主要通过配方调整及加工时热处理使香肠稍干燥来达到降低 a_w 的作用。而布里道香肠则主要通过成品的干燥来降低 a_w。

莫塔德拉香肚是发达国家在栅栏技术未上升至理论化前凭经验式应用的范例。该产品主要原辅料包括猪肉、猪肥膘、猪肚、食盐、奶粉、香辛料、糖和亚硝酸盐。绞制混合后肉馅灌入大径肠衣(牛膀胱等),蒸汽热加工 35h 至中心温度 78℃,失重 10%～15%,含盐量约为 3%,这是一种非冷藏可贮的乳化型肉制品。由于热加工温度不是很高,细菌芽孢未能被杀灭,但在添加的食盐、奶粉和糖,以及干燥脱水的共同调节下,产品 a_w 降至可抑制杆菌和梭菌的较低限,其可贮性和卫生性得到保证的条件是成品 a_w<0.94。令人惊奇的是将成品 a_w 控制在 0.94～0.95,是当地加工人员不具备理论知识前提下凭经验准确调节的。

一般认为,杆菌和梭菌芽孢开始发芽所需的 a_w 显然比营养细胞生长所需的 a_w 低,因此,a_w-SSP 肉制品在贮藏时细菌芽孢减少是不足为奇的,或许是因为许多芽孢尽管发芽而其营养细胞不能增殖之故,所以 a_w-SSP 肉制品通过贮藏反而改善了其稳定性。对于 a_w-SSP 肉制品,令人麻烦的是长霉问题。如果莫塔德拉香肚和布里道香肠装入经蒸汽渗透的包装袋内,则香肠表里的 a_w 一致,因此香肠表面就为霉菌生长提供了场所。防止这些香肠表面长霉的方法是真空包装,或者将成品在 20% 山梨酸钾溶液中浸渍处理。

3. pH-SSP 肉制品

已熟知:蔬菜和水果类杀菌罐头因 pH 低于 4.5,尽管加工中仅经中热处理,但仍具有良好的微生物稳定性。在这些产品内营养性细菌经热处理受到抑制,残留下来的杆菌由于低 pH 而不能生长。这类产品的可贮性主要是以低 pH 为特征,因而称 pH-SSP 产品。对于某些 pH-SSP 产品,a_w 栅栏也是保证其可贮性的重要辅助互作因子。例如,Ja-kob-sen 和 Jensen(1975)观察到保证杀菌蚕豆罐头可贮性的条件是:pH 为 4.5 和 a_w 低于 0.97,或者 pH 为 4.0 和 a_w 为 0.97～0.98。而当这种罐头的 a_w 是 0.98～0.99 时,其 pH 甚至应低于 3.8 以下才能保证其微生物稳定性。

肉制品的 pH 小于 4.5 时即失去其鲜美性而无人问津。尽管如此,有些肉制品的可贮性仍主要建立于 pH 栅栏之上。例如,短期发酵生产的香肠就是这样,通过乳酸杆菌发酵或添加葡萄糖醛酸内酯使产品 pH 达到 4.8～5.2 的较低值。而长期发酵生产的意大利萨拉米香肠,成品 pH 为 5.9～6.0,其 a_w 也就成了保证产品可贮性的主要栅栏。但即使是快速发酵香肠也不属于 pH-SSP 产品,因为它未经热处理过程。

真正的 pH-SSP 产品,即通过热处理来抑制营养性细菌。以 pH 为主要栅栏来保证其稳定性的肉制品是肉冻肠(Brawns)和荷兰猎肠(Gelderse Rookworst)。肉冻 pH-SSP 是加乙酸使 pH 调节到 4.5~5.0 做成的一种胶质状香肠,如果经热处理工序后避免再污染,则可非冷保存。荷兰猎肠是一种波罗维亚型猪肉灌肠,加工时添加葡萄糖酸内酯将产品 pH 调节到 5.4~5.6,真空包装后在 80℃条件下杀菌 1h,则可非冷保存数周。此道处理工序抑制了香肠表面微生物的活力。细菌的芽孢显然与此产品无关紧要,因为蒸煮时芽孢已大量减少,残存下来的也由于在很低的 pH 环境及其他屏障而受到抑制。这种猎肠在荷兰颇为流行,且大量出口到英国,从感官特性的角度讲,荷兰猎肠 pH 为 5.4~5.6 是可行的,但不应低于 5.4,否则其酸味无法被消费者接受。

4. 中间水分食品

中间水分食品(intermediate moisture food,IMF)因其非冷藏可贮性而备受生产者关注和消费者青睐。这类食品的 a_w 为 0.60~0.90,其微生物稳定性和卫生安全性大多也建立于栅栏效应之上。IMF 的主要栅栏因子是 a_w,通过 a_w 与附加栅栏 t(热处理)、Pres.(添加防腐剂)、pH(酸化)和 Eh(降低氧化还原值)等的互作来防腐保质,这些产品在非冷藏条件下具有可贮性(表 1-12)。

表 1-12　传统 IMF 肉制品举例

分布地区	产品举例
欧洲	生熏火腿(raw ham),发酵香肠(fermented sausage),德国布里道香肠(Bruehdauerwurst),德式培根(Speckwurst),瑞士熏牛肉(Bundnerfleisch),土耳其巴特马肉干(Pastirma)
亚洲	中国腊肠、肉干、肉松、肉脯、腌腊肉制品,印尼 Dendeng giling 肉干
非洲	北非 klich 肉干,西非 khuodi 肉干,东非 quanta 肉干,南非比尔通牛肉干(biltong beef)
北美	北美 beef jerky 牛肉,北美 pemm-ican 肉饼,南美 carne-de-sol 肉干,巴西 chargue 肉干

当今市场上的 IMF,既有新开发的也有传统的,但新开发的 IMF 肉制品为数极少,只有那些新颖别致的 IMF 肉制品才受到青睐。新型 IMF 肉制品没能出现所期望的突破性进展,有多方面原因。例如,肉制品鲜美性不理想,价格太贵,含添加剂过多(造成食物中"化学负载"),以及新型添加剂使用的地方性限制等。

然而,有许多传统的 IMF 肉制品,在全世界不同地区被广为接受。在欧洲,a_w 为 0.60~0.90 的肉制品并不常见,但欧洲熏腿、发酵香肠、布里道香肠和瑞士干牛肉等传统肉制品如果充分干燥的话,其 a_w 也可低于 0.90。在传统肉制品中,IMF 肉制品出现最多的是在气候炎热、冷藏条件差或冷藏耗能太多的国家,发展中国家面临的肉食紧缺问题,不仅仅是因为肉畜不足,还往往是宝贵的肉品大量腐败变质所致,在这些国家需要采用可行的加工及防腐保鲜工艺。而欧洲常见的需精嵌设备生产而冷藏的肉制品引入发展中国家是极为困难的。所以易于生产,可非冷保存而又包装较简易的 IMF 肉制品对发展中国家最适用。

流行于发展中国家的传统中间水分肉制品对于发达国家也有着重要意义。如果科学工作者相互合作,对发展中国家的这些肉制品的基本原理进行研究,则可在不削弱其特有风味和营养特性的条件下改进其加工工艺,提高产品的货架期。改进后的产品配方应具有广泛性,能适应各地不同口味,则可对世界大多国家和地区有利。进一步来讲,发达国家可汲取这些传统肉制品长处,为开发新产品开辟途径。因为这些产品的加工都经历了数世纪漫长岁月不断摸索和改进的发展过程。

(1) 南非比尔通牛肉干

比尔通牛肉干是原产于南非的精美干肉制品,其生产可追溯到好望角人定居时代。其制作方法是:肉顺纹理切成长条,用腌制剂涂抹后腌制。腌制剂主要成分是食盐,也可用糖、醋、胡椒、芫荽等,有时还加入硝酸盐、亚硝酸盐和其他防腐剂(如硼酸、海松素或山梨酸钾等)。现广为推荐使用允许量为 0.1% 的山梨酸钾,牛肉腌制数小时后,用加有醋的热水过一下,挂晾 1~2 周使之干燥即成,成品可非冷保存,生吃。

对比尔通牛肉干样品的测定表明,其 a_w 为 0.6~0.93(大多样品为 0.65~0.8),pH4.8~5.8(一般约为 5.5)。在所研究的样品中,可贮性产品含盐量 6%~9%(平均约 7%),少量糖,硝酸盐残留 30~860mg/kg,但添加的硝酸相加并不能保证其微生物稳定性,因为已腐败的样品中也检出了大量硝酸盐残留。研究者认为保证比尔通牛肉干可贮性是 $a_w \leqslant 0.77$ 和 pH$\leqslant 5.5$ 共同效应的结果,凡达此栅栏的样品都未霉变。研究表明,比尔通牛肉干腐败的主要原因是耐旱的赤绿霉菌引起,酵母和细菌较少。当比尔通牛肉干含水量$\leqslant 24\%$(相当于 $a_w 0.7$)时,微生物具有稳定性。

比尔通牛肉干中最危险的是沙门氏杆菌,Prior 和 Badenhorst 对 54 个样品进行检验,有 7 个样品发现了沙门氏杆菌。Bokkenheuser 也在经长期贮藏后的比尔通牛肉干上检出了沙门氏杆菌,尤其是用病畜肉加工成的产品中大量残留,已有比尔通牛肉干通过内源性传染而导致人患沙门氏杆菌病的病例。因此,在比尔通牛肉干加工中必须选择健康畜肉并严格控制加工卫生条件。比尔通牛肉干在发展中国家的发展前景或许会因上述原因受阻,但仍可采取下列措施尽可能生产出安全可靠的产品:原料肉不含沙门氏杆菌和其他加工中易残存的微生物。添加 0.1% 山梨酸钾以抑制肠道菌和霉菌,减少在卫生上带来的危害。产品的 a_w 应通过盐腌制和干燥过程尽可能迅速降到小于 0.80。由于比尔通牛肉干是生吃,加工中尤其需要保持良好卫生条件。

(2) 土耳其巴特马肉干

巴特马肉干是用牛肉经腌制干燥加工成的肉制品,在土耳其、埃及及其他伊斯兰教国家,以及原苏联部分地区(亚美尼亚)极受喜爱。土耳其加工肉干主要是 9~10 月,在这段时间无苍蝇流行,气温也不如夏季高,而雨量少,空气温度适宜,80kg 瘦牛肉可加工出 50kg 肉干,原料肉添加食盐和香辛料腌制后风干即成。成品含水量为 30%~35%,室温下可贮藏 9 个月。

对巴特马肉干样品测定结果为:食盐 6.5%,亚硝酸钠 12mg/kg,亚硝酸钾 400mg/kg,pH5.5,$a_w 0.88$。在涂料和肉干中的微生物总量一般分别是 10^7 cfu/g 和 10^6 cfu/g,其中乳酸杆菌占绝大多数,无肠道菌和霉菌。大量有乳酸杆菌或许也就降低了 pH,而使肉干具有良好的防腐性。Berkmen 对沙门氏杆菌、炭疽杆菌、致病性梭菌等有害菌在巴特马肉干上的残留性做了研究,其结论是,这些微生物在巴特马肉干的加工过程中难以残存,这种加工对于肉具有出色的防腐性。Krause 等检验了 19 个巴特马肉干样品,其微生物主要是小球菌和乳酸杆菌,也有极少的肠道菌。在美国也出产了一种称为巴士马(Basturma)的牛肉干,其加工方法与亚美尼亚地区加工巴特马肉干相似,但这种肉干检出了沙门氏杆菌也许是为了适合美国人的口味而将盐和大蒜用量减少所致。Genigeorgis 和 Lindroth建议,从预防沙门氏杆菌病上着想,在美国,这种产品应在 52℃条件下热处理 6h 以提高防腐抑菌栅栏,但这一工序可能会改变巴特马肉干特有的风味。

巴特马肉干表面霉菌特别少,研究采用不同成分和不同大蒜量的配方涂料进行实验,观察肉制品上常出现的青霉菌在巴特马肉干上的情况,由于肉制品上常出现的青霉菌中约 70%都可能产生对人有潜在危害的毒素,必须抑制巴特马肉干上的霉菌生长。人们分析了巴特马肉干涂料的各种成分,发现只有大蒜有出色的抑制霉菌的能力。这种能力随贮藏而减弱,因为大蒜中的抑制物易挥发。另外,巴特马肉干贮藏中 a_w 的减小也对其可贮性起到补充作用,一般来讲,巴特马肉干涂料含 35%鲜大蒜,即使夏天高温季节,也可防霉菌数月。大蒜作为 Pres. 栅栏因子改进了产品的卫生性。巴特马肉干是经验式充分应用栅栏技术于传统肉制品加工的极好例子。

(3) 中国传统肉制品

栅栏技术不仅涉及复杂的食品加工工艺和新产品开发设计,还包括了实用的食品防腐保鲜技术。这一技术的要点之一,是按照栅栏效应原理,根据现有加工条件采用相应方法,尽可能改善产品感官特性和营养特性,延长保存期,保证卫生安全性,获取较佳经济效益。应用栅栏技术原理加工生产的食品可称为栅栏技术食品(hurdle technology food,HTF)。HTF 遍及发达国家和发展中国家,尽管至今大多食品加工中栅栏技术的应用仍停留于凭经验式阶段,但随着现代食品加工技术水平的迅速提高,并借助不断改进的监控设施和研究手段,对栅栏技术的研讨和应用逐步深入。栅栏技术已在发达国家食品加工中得到广泛应用,并且开始步入第三世界国家。在发展中国家的食品,特别是在非冷藏可贮性中间水分肉制品的产品质量改进和新产品开发中,栅栏技术的应用具有特别重要的意义。

中国是肉制品加工最为悠久,肉制品类型最多的国家,对世界肉制品发展产生过重要影响,特别是亚洲各国大多肉制品的基本工艺均源于中国传统肉制品加工工艺。我国地域辽阔,各民族、各地区人民的饮食习惯差异悬殊,肉制品种极为丰富,对肉制品的分类也极为复杂。例如,按所用原料可分为畜肉制品、禽肉制品和野味制品,按产品加工工艺可分为腌腊、酱卤、熏烤、干制、油炸、灌肠制品,按产品口味可分为南味和北味,按产品地方特色可分为川式、广式、京式、苏式,按产品源流可分为中式和西式。近十多年来,我国肉类工业迅速发展,对肉制品分类的统一起到了推动作用,经过广泛研究与讨论,至今公认为较为科学的分类方法是以"门类"和"类"来划分,将我国肉制品分为腌腊、酱卤、熏烤、干制、油炸、香肠、火腿、罐头和其他共九大门类,每一门类又综合考虑其加工工艺、传统习惯和产品特性等因素划分为多个类型。这一分类方法也仍在探讨和不断完善之中。

世界上所有肉制品加工工艺主要可归结于三大类,即中国式、意大利式和德国式。而历史久远、流传最广的首推中国式。发展至今,已形成涵盖九大门类的肉制品体系。其中最能代表中国传统特性的是腌腊肉制品、火腿制品、肉干制品和香肠制品。这些产品的共同特点：一是易于加工生产，不需昂贵的设备投资；二是成品在常温下也可贮存数周至数月，节省冷藏耗能；三是产品一般都经过脱水干燥，体积小，易于运输，是典型的中间水分食品，其水分活度(a_w)为 0.60～0.90。中国传统 IMF 肉制品的非冷藏可贮性对其发展和流传起到了重要的促进作用。在人口众多、能源不足、资金短缺的发展中国家，这类产品仍将在市场上经久不衰。即使在西方发达国家，节能型产品的开发也前景看好。因此，对中国传统肉制品加工方法防腐技术，以及其微生物稳定性和食用卫生安全性进行研究，分析这些产品中栅栏因子及其互作效应，并以此为依据探讨应用栅栏技术改进和优化传统加工方法，提高产品质量，对实现中国传统肉制品的现代化和科学化加工生产具有重要的理论与实践意义。

1) 肉干制品：肉干的可贮性和卫生安全性主要由 a_w 栅栏所保证，加工中极度的脱水干燥，以及添加的食盐和糖的调节，使 a_w 降至很低，而热加工（煮制、烘烤），即 F 栅栏也参与效应。在某些产品（如肉脯）中，Pres. 栅栏（硝酸盐等添加剂）可发挥一定防腐抑菌作用。正宗的传统肉干是褐色产品，即美拉德产品（Maillard product），肉干加工过程中因美拉德反应形成的氨基酸和还原糖使成品外观呈棕褐色，这对肉干保存期的延长和独特风味的形成有利，外表的氨基酸和还原糖形成一道抗污染的屏障。辅料中的香辛料也具有一定抗氧抑菌性。上述各栅栏的共同效应，使得产品可在非冷藏条件下保质贮存数月之久。然而，这一产品的不足之处正是极度脱水导致的干硬，以及褐化反应使之外观色泽欠佳。抽样分析的产品有的也不太硬，其含水量远高于 22%，但这种肉干或是过甜，或是过咸，有的硝酸盐残留量较高，显然是为了提高 a_w 或 Pres. 栅栏作用以保证其可贮性所需。

改善中国肉干质量特性的措施，一是严格控制原辅料卫生质量，控制初始菌量并尽可能避免加工中的再污染；二是较低温腌制，抑制不利菌生长繁殖；三是提高常规烘烤温度，以高温杀菌；四是真空包装产品防霉。此即 t、F、Eh 等栅栏作用的增强和相互效应。应用范例之一是 Wang 和 Leistner（1992）开发的一种称为"萨夫肉"的改进型中国肉干制品的开发，其 a_w(0.76～0.78)比传统肉干的 a_w(>0.70)高得多，而含糖量和含盐量比传统肉干低，但其外观色泽、口感、柔嫩性等感官质量均优于传统肉干。由于加工中增强了 t、H、Eh 等栅栏的强度，较高 a_w 的新产品仍达到了传统肉干非冷藏条件下 3 个月以上的货架期。

2) 腌腊肉制品：腊肉、板鸭、缠丝兔、风鸡等均为腌腊肉制品中的名产代表。传统腌腊肉制品也属典型的中间水分食品，成品 a_w 为 0.70～0.88，可贮性极佳，而脂肪氧化酸败有时不成为影响保存期的重要因素，在腌腊肉制品的栅栏效应中，pH 因子无关紧要，Pres. 因子（添加硝酸盐或烟熏）具防腐抗氧作用，由于加工中干燥脱水阶段也伴随发酵过程，某些微生物（如乳酸菌等）的生长又可抑制其他不利菌的繁殖，从而起到 c.f. 栅栏（竞争性菌群）作用。这对自然风干产品相对重要，而烘烤脱水产品的过程较短暂，但较高温度(60℃)则增强了 F 栅栏作用。然而，腌腊肉制品最重要的防腐抑菌栅栏仍是 a_w。加工干燥及添加食盐对 a_w 的调节度最大，这也是保存期长而食用安全的腌腊肉制品往往较为干硬而含盐量较高之故。

在腌腊肉制品的加工改进和质量提高上，行之有效的技术已广泛采用。对于抗酸败和防霉变,一般是应用硝酸盐类防腐剂、真空包装、避光存放等。产品改进上难题之一是如何在保持其可贮性的前提下,降低其咸度和硬度,改善感官质量。为此可在配方上保持原糖和香辛料用量,减少食盐和亚硝酸量,增添抗坏血酸等代其改质作用。工艺上一是控制腌腊温度,使之不高于 10℃,尽可能抑制不利微生物生长。二是缩短烘烤至失重率 34% 左右再较高温短时处理,通过提高 F 栅栏作用加强抑菌防腐效应。成品真空包装贮存,其 a_w 为 0.87~0.88。与传统方法比较,可使产品外观色泽、柔嫩性、口感等大为改善。尽管食盐、硝酸盐的减少及含水量的增加导致 a_w 和 Pres. 栅栏作用降低,但其他栅栏,如 t、F、Eh 等,以及新的质改剂的应用和各加工环节严格的卫生条件,使产品质量特性和可贮性得到保证,完全可达到传统产品非冷藏条件下3个月以上的保存期。

3) 香肠制品:对中式腊肠的研究表明,这一产品尽管微生物总量也与西式发酵香肠一样较高,但乳酸菌量低于 10^5 cfu/g。肉馅在较细肠衣内 60℃ 左右较高温快速干燥,无乳酸菌的大量繁殖,味酸的腊肠是腐败的标志。在川式香肠中,糖的添加量比广式腊肠少,因此产品 a_w 也比广式腊肠略高,添加的硝酸盐所起的 Pres. 栅栏作用就特别重要。如果开发低硝酸盐或无硝酸盐腊肠制品,则需应用抗坏血酸及其盐类等质改剂,以及乳酸钠等安全防腐剂,使之保持特有风味和感官特性,达到所需的保存期。

腊肠在加工中,经 10h 以上的烘烤干燥后,a_w 已下降至 0.92 以下,已足以抑制乳酸菌的生长繁殖。在此后的继续烘烤及挂晾风干发酵过程后,其 a_w 可降至 0.80,金黄色葡萄球菌等致病菌也不再生长,因此传统方法加工产品在可贮性和食用安全性上毫无问题。如果缩短时间,或减少 a_w 调节剂使用量,加工出 a_w 更高的产品,虽然其感官特性有所改善,但其防腐栅栏作用减弱,必须增强其他的栅栏因子以维持平衡,如应用乳酸钠、乙酸钠、山梨酸盐,或者工艺上的相应改进,加强 Pres. 或 F 等因子的效应及其互作。研究表明,真空包装不仅可大大增强腊肠的抑菌防腐、抗氧防霉性能,还可改善其风味特色。

栅栏技术运用于香肠制品的另一例子是中国台湾加工的一种为满足消费者需要的较高水分含量的中国腊肠,a_w 高达 0.94。传统中国腊肠 a_w 为 0.75 左右,因此台湾加工的这一产品极易因乳酸菌大量生长而酸败变质,也很可能因金黄色葡萄球菌繁衍而产毒。德国肉类研究中心为改善此产品的可贮性和卫生安全进行了研究,最终结果是通过提高 Pres. 栅栏的抑菌保质强度,添加 3.5% 乳酸钠,使之在保持产品原有风味特色的同时货架期得到延长,卫生安全性得以保证。

4) 火腿制品:测定表明,中国火腿的 a_w 在 0.88~0.79,含盐量变动范围较大,为 8%~15%。尽管有的地方在火腿中应用了硝酸盐、五香料或其他辅料,但正宗名产,如金华火腿和宣威火腿,只添加食盐,添加量也较高,成品中测定量可达 9%~11%,而西式发酵火腿仅为 5%~6%。中国火腿较高的含盐量和较为干硬的特性是非冷藏可贮性和食品安全性所属,其抑菌防腐的重要栅栏因子显然是 a_w。

近年来,一些厂家也在探索对传统火腿进行改进,如缩短加工周期以降低成本,减少食盐添加量,降低干燥程度以改善感官质量等。但前提条件是需保证这一传统产品特有风味和可贮性不受影响。市场上一种提高腌制和发酵温度,将生产期从 7~10 个月缩短为 3 个月加工出的金华火腿,其含盐量和含水量分别为 8.1% 和 49.6%,而长期发酵加工的产品成本大为下降,而其感官特性更受消费者喜爱,但其可贮性无疑大受影响,货架期缩短。研究表明,火腿在腌制发色阶段温度应尽可能低于 5℃,以便使火腿所有部位 a_w 均降至 0.96,相应的含盐量至少达 4.5%,然后才能进一步在室温下发酵,室温较高时酶解发酵过程则相当迅速。如果腌制发色阶段温度过高,时间过短(优质火腿此阶段一般需 3 个月),则在此后的发酵成熟阶段火腿中心易发生肠杆菌类致腐菌和肉毒梭状芽孢杆菌等致病菌繁衍。腌制阶段温度起伏不能过大,发酵阶段则相对无关紧要,如短时升至 30℃ 也无妨,当然只能是适时而已,否则脂肪质量首先受损。

对发酵干燥充分和优质火腿制品,其发酵成熟期应达数月之久,因此整个加工期至少应为 7 个月。这也是传统方法加工优质火腿需 12 个月,对特别大的原料甚至长达 18 个月之故。未经烟熏的火腿制品,保存阶段最大问题是霉变,在表面易滋长大量霉菌,其中许多可产生霉菌毒素,鉴于此,市场上推出的快速发酵加工的火腿产品大多采用分割小块包装,通过 Eh 栅栏(降低氧化还原值)抑菌防霉。火腿防霉变的另一有效方法是选用山梨酸盐等防腐剂对火腿进行表面处理,即增强 Pres. 栅栏作用。

5. 其他食品

(1) 热带水果保鲜

热带水果已广泛应用表面涂膜法来延长保鲜期,此法优点在于不影响食物块状完整性,但涂料必须具有足够的黏着力,含稳定性基质和抗脆性成分,同时能添加抗菌剂、抗氧剂、营养强化剂、香精或色素等,以在表面局部发挥作用。对整体食品采用涂膜法保鲜,其内包裹的湿润型产品(水果、蔬菜、肉、干酪、鱼等)于高浓度的糖、氯化钠或其他湿润剂混合物内,将发生脱水和渗透作用,也发生溶液向产品的溶质传递。通过此过程不仅使水分活度较低的介质进入完整食品内,各种添加成分也同时进入。因而进入的栅栏因子可发挥提高可贮性和改善质量的双重作用。

(2) 宠物食品加工

栅栏技术应用于生产效益较佳的是喂养猫和狗的宠物食品的加工。传统的宠物食品的防腐方法,一是降低 a_w 至 0.85,二是添加较高量防腐剂丙二醇。而现在应用栅栏技术推出的新型宠物食品,应用了新的防腐保质栅栏。产品 a_w 达 0.94,含水量较高,防腐剂添加量大为减少,因此其营养及感官特性得到改善,毒理性降低,加工经济效益提高,而其非冷藏可贮性和卫生安全性完全可得到保证。

(3) 巴里奶酪开发

印度有一种称为巴里(Paneer)的奶制品,由软奶酪、香菇汁、大蒜及其他香辛料制成,因其特有风味深受当地人喜爱,但在当地常常是高达 35℃ 的气温下保存期仅 2 天。研究者应用栅栏技术推出听装的巴里软奶酪,在保持原有产品鲜香、非褐色、质软等感官特性的前提下,将其货架期延长至数周。保证这一产品可贮性的共效栅栏是 a_w 0.97、F0.8 和 pH5.0 或者 a_w 0.96、F0.4 和 pH5.0。这一产品已在市场获得成功。

第四节　关键危险点控制管理技术、微生物预报与栅栏技术

一、关键危险点控制管理技术

栅栏技术提出的基础之一是关键危险点控制管理技术(HACCP),其源于核工业和化学工业,后在航天工业中成为必不可少的安全控制手段。HACCP 在 1973 年导入食品业后,美国食品与药品管理局(FDA)首先将其用于加工低酸食品的卫生监控,现已广泛应用于食品加工。欧盟甚至制定出强制实施 HACCP 管理的法规,HACCP 的原理,是对产品加工自始至终的整个生产过程中与产品卫生性、可贮性、感官特性、营养特性等所有质量特性密切相关的关键点进行充分评估,找出对质量造成危险的栅栏关键控制点(critical control point,CCP),然后建立消除这些危险的标准值,确定监控实施手段,将其危险限制或尽可能降低至最小。

HACCP 原理作为一种模式、一种概念,普遍适用于各个食品行业加工企业。它有 7 个基本原理,即危害分析与预防措施、确定关键控制点(CCP)、建立关键限值、监控、纠偏、记录保持、验证。HACCP 是一个非常严谨科学的体系,是一种以评估与预防从生长、收获、原材料加工制造、批发、销售、食品制备至消费者有关的安全危害为基础的最经济有效的方法。它将重点放在食品的显著危害上(显著危害是指极有可能发生的,如不加控制就有可能导致消费者不可接受的健康或安全风险的危害,包括生物的、化学的、物理的安全危害),而不是面面俱到,全面控制诸如质量危害或卫生危害等,从而可操作性强,体现了以最少的资源配置达到最佳的预防控制效果的原则。但是,HACCP 不是一个零风险的体系,将安全危害降低到可接受水平才是其唯一合理的目标。而且,HACCP 必须建立在良好操作规范(GMP)及卫生标准操作规范(SSOP)基础之上。否则,HACCP 也是空中楼阁。目前,HACCP 已经在我国的肉制品加工企业广为应用。

二、微生物预报技术

微生物预报技术(PM)是一建立于计算机基础上的对食品中微生物的生长、残存和死亡进行的数量化预测方法,其目的是通过计算机和配套软件,在不进行微生物检测的条件下,分析控制的栅栏因子,快速对产品货架期进行预测。为实现这一目的需要两个信息库:一是食品内各种微生物在不同温度、a_w、pH、有无防腐剂等条件下的特性信息库;二是对某一条件下对这些微生物进行判断和预测的数字化信息库。此外,还需对这两种信息资料进行交互作出智能判断。

然而,在微生物预报技术中信息库的建立,有许多与食品安全和质量相关的栅栏因子需要考虑,而所有栅栏甚至其中主要的栅栏也绝非在一个简单的预报模式中所能包括。目前这一模式仅依据于温度、pH、a_w(盐或保湿剂)、Pres.(亚硝酸盐、乳酸及其他防腐剂)等几种主要栅栏因子及其相互作用。因此微生物预报技术尚不能成为通向栅栏技术的数量途径。但可以以数个最重要的栅栏因子为基础,建立模式,预测食品内微生物生存的情况。由于很多相辅栅栏尚未纳入预报系统,故预报结果也应更为谨慎。

英国已出现了食品主要致病菌和致腐菌的信息库,称为食品微型模特(food micromodel)。欧盟的夫拉尔(FLAIR)研究项目,也是致力于此信息库的建立。这些信息最终将制成软盘售给加工者,加工者可根据计算机提供的栅栏,预测未成型产品的可贮性。

微生物预报技术通过对食品中各种微生物的基本特征,如营养需求、酸碱度、温度条件、需厌氧程度,以及对各种阻碍因子的敏感程度进行研究,然后将这些特性输入计算机,并编制各种细菌在不同条件下生长繁殖情况的程序。在一种食品的设计之后、加工之前,人们就知道了该食品中有哪些成分,制作过程,保存及运输、销售条件,这样计算机就会预测食品中微生物的生长情况,明确哪一种或哪一类微生物将是优势微生物,从而可以有目的地增强这一种或这一类微生物的阻碍因子,达到卫生和延长保存期的效果,同样,因为预测微生物学考虑了致病微生物,所以预测微生物学对控制食品的安全危害也是非常重要的。但是,由于食品成分十分复杂,各种细菌的特性又千差万别,微生物预报技术还处于起步阶段,但可望迅速发展成为食品设计中的主要工具并广泛应用。该技术将食品设计中所需的有关微生物的选择实验准确地局限于较小范围,大大减少了产品开发的时间和资金耗费。如果栅栏技术和 HACCP 有机结合,则在保证传统产品微生物稳定性,提高产品质量,预报新开发产品及成品的可贮性和安全性上发挥极大作用。

三、微生物预报技术、关键危险点控制管理技术与栅栏技术

预测微生物学使人们在产品设计阶段就可以了解该食品可能存在的微生物问题,从而可以运用栅栏技术加强某些微生物生长阻碍因子,保证所开发食品的微生物学安全性。可见,预测微生物学控制重点是微生物(包括致病性的与非致病性的),既达到了卫生要求,又达到了微生物方面的安全要求。但是,它不能预防、消除或降低物理性的或化学性的危害。同样,栅栏技术必须建立在预测微生物学的基础之上,它也同样不能预防、消除或降低物理性的或化学性的危害。当然,人们可以通过微生物学知识预测哪些因素是影响和控制微生物的关键因素,对这些关键因素进行控制,这就是 HACCP 的内容(原理之一:危害分析与预防措施,实际上,预测微生物学仅仅分析了微生物性危害,栅栏技术与HACCP 原理中的"预防措施"或许也有相似之处),至于卫生方面的危害已经由 HACCP 的基础——生产质量管理规范(GMP)和卫生标准操作程序(SSOP)控制了。在 HACCP 的实施中,不少企业在生产线上对 CCP 实施监控是用感官法或物理法,因为化学或微生物法测定时间过长。为此将其与栅栏技术和微生物预报技术结合最具重要意义,这在西式肉制品质量管理和安全控制等中已有成功的范例,应用栅栏技术逐项提出了标准化加工的规范,根据 HACCP 管理原则制定了加工关键控制点。

四、栅栏技术应用前景

栅栏效应简明扼要地阐明了食品防腐保质机制。栅栏技术不仅包括实用的食品防腐机制保鲜方法,还涉及复杂的食品加工工艺和新产品开发设计,这一技术的关键点之一,是以揭示食品内保证其优质可贮的栅栏因子及其因子间的互作效应为基础,按照栅栏效应原理,根据现有加工条件采用相应方法,尽可能改善产品感官和营养特性,延长保存期,保证卫生安全性,获取较佳经济效益。

研究与生产实践表明,栅栏技术可用于食品加工控制,也可用于食品设计,栅栏技术

有助于按照需要设计新食品。例如，人们如果需要减少肉制品在贮存过程中的能耗，就可考虑用耗能少的因子（如 a_w 和 pH 等）来替代耗能大的因子 t（冷藏），因为保证食品微生物稳定性和可贮性的栅栏因子在一定程度上是可以相互置换的。人们在开发低硝酸盐肉制品中，可运用栅栏技术，通过加强 a_w、pH 或 H（高温灭菌）等栅栏强度来替代 Pres. 因子的防腐抑菌作用，从而大大降低肉制品中亚硝酸盐或硝酸盐的用量。在食品加工控制中，可应用栅栏技术快速评估食品的稳定性，预测其货架期，即通过对个别食品的各种栅栏因子的测定，然后用计算机评估，并通过计算机预报可能生长繁殖的微生物。如果某一食品的栅栏因子及其相互作用模式已知，则可预测其货架期。这样就比传统的微生物测定预报法要省时快捷得多。

在食品设计中，栅栏因子的合理组合既能确定食品的微生物稳定性，又能尽可能地改进产品的感官质量和营养特性，提高经济效益。根据栅栏效应原理，应用栅栏技术加工的食品称为栅栏技术食品（HTF）。栅栏技术食品的开发前景广阔，对栅栏技术对食品发展影响的深入研究具有特别重要的意义。在食品设计步入计算机的进程中，甚而可将现有的可利用的理化和微生物数据都收集起来，以便为栅栏技术的应用提供一个可依赖的数据库，建立带有这些数据库的程序，通过计算机来提出加工配方、工艺流程和包装方式相结合的合理化建议，并至少在理论上使该产品的微生物稳定性得到保证，也可应用计算机程序改进不稳定产品。

栅栏效应是食品防腐保质的根本所在，利用食品栅栏效应原理，设计或调节栅栏因子，优化加工工艺，改善产品质量，延长保存期，保证产品的卫生安全性和提高加工效益，这即栅栏技术的核心内容。栅栏技术是一门融传统方法和新技术为一体的综合 Know-How，对其一般认识较易，深刻理解较难；针对某一产品分析较易，具体运用较难。主动性运用需具有扎实的理论基础、丰富的实践经验及以现代加工和管理控制技术与设施设备为支撑。随着对栅栏技术的深入研究，它必将为未来食品保藏提供可靠的理论依据及更多的关键参数。随着我国食品科技和产业的快速发展，栅栏技术的研究和应用日益广泛和深入，尤其在传统食品现代化技术改造、产品质量提升和适应市场发展需求的新产品开发上必将显现其广阔的应用前景。

第二章 中国传统中间水分肉制品加工中栅栏技术的应用

第一节 腌腊肉制品与栅栏技术

中国传统产品中腌腊肉制品、火腿制品、肉干制品和腊肠是典型的中间水分食品（IMF），其水分活度（a_w）为 0.60～0.80，具有易于加工生产、贮藏流通方便、保质期长等特点。已有大量对这些中国传统肉制品加工方法、防腐技术，以及其微生物稳定性和食用卫生安全性的研究报道，王卫等更是对其栅栏因子及其控制技术进行了长期的研究探讨。

一、产品配方及工艺

腌腊肉制品主要包括以畜禽肉和其可食内脏为原料，辅以食盐、酱料、硝酸盐或亚硝酸盐、糖或香辛料等，经原料整理、腌制或酱渍、清洗造型、晾晒风干或烘烤（约 60℃）干燥等工序加工而成的一类生肉制品。火腿是腌腊肉制品中的特型产品，如腊猪肉、腊鸭、腊兔、腊肫干等腊肉类，清酱肉、酱封肉等酱肉类和风干牛肉、风鸡、风羊腿等风干肉类。其中四川腊肉、开封羊腊肉、南京板鸭、宁波腊鸭、成都元宝鸡、广汉缠丝兔、北京清酱肉、广东酱封肉、杭州酱鸡、宣威火腿、金华火腿等均为传统名产，因其略有所异的加工方法和千差万别的原辅料配方形成各具风味特色的不同产品。对一些传统名产的配方分析表明，腌腊肉制品辅料用量大致为：食盐 3％～7％，白砂糖 0.5％～2.0％，硝酸盐或亚硝酸盐 0.001％～0.01％，料酒或曲酒 0.5％～1％，花椒、大茴香、桂片、三柰、生姜及其他香辛料 0.5％～2.5％，其他调料 0～2％。

中国火腿是腌腊肉制品中的特型产品，尽管在分类上将其单独划为一类，但其产品特性与常规腌腊肉制品完全相似。不同地区有不同的火腿产品，而加工方法基本一致，也与西式发酵火腿大同小异，带骨原料猪腿经较长时间腌制、发酵、干燥而成。对市场产品进行了抽样测定，中国火腿 a_w 在 0.79～0.88，含盐量变动范围较大，为 8％～15％，尽管有的地方在火腿中应用了硝酸盐、五香料或其他辅料，但正宗名产，如金华火腿和宣威火腿，只添加食盐，添加量也较高，成品中测定量可达 9％～11％，而西式发酵火腿仅为 5％～6％。中国火腿较高含盐量和较为干硬的特性是非冷藏可贮性和食用安全性所需。

二、产品特性

表 2-1 是对一些传统名产进行抽样测定所获的产品主要特性指标结果。尽管不同产品或同一产品不同生产地区测定结果各异，但大多数产品主要理化指标均接近，其 a_w 为 0.70～0.88，含水量为 25％～30％，pH5.9～6.1，食盐为 5％～8％，糖为 2％～5％，总菌量<10^6cfu/g。

表 2-1　传统腌腊肉制品主要特性指标

产品	a_w	pH	NaCl/%	含水量/%	总菌数/(cfu/g)
腊兔	0.87～0.91	5.7～5.9	3.6～4.2	<30	<10^6
板鸭	0.69～0.84	5.8～5.9	5.7～6.5	<25	<10^6
腊猪肉	0.69～0.71	5.8～6.0	8.0～9.0		<10^5
元宝鸡	0.85～0.92	5.9～6.0	6.0～7.2		<10^5
蝶式腊猪头	0.80～0.85	5.9～6.0	7.0～7.5		
风鸡	0.80～0.88	5.8～6.0	5.0～6.2	<25	<10^4
板兔	0.80～0.87	5.8～6.0	3.6～4.8	<26	<10^4
京酱肉	0.70～0.80	5.9～6.1	5.0～6.0	<26	<10^4
四川火腿	0.79～0.80	5.7～5.9	8.0～15.0	<24	<10^7

对腌腊肉制品的典型代表——腊肉进行重点研究,不同加工及贮藏阶段特性指标测定结果如表 2-2 所示。结果表明,腊肉成品主要理化及微生物指标为 a_w0.89～0.90,pH5.7～6.0,NaCl 3.5%～9.0%。产品室温 21～23℃条件下贮存 2 个月后,其总菌量尽管从初始的 $4×10^3/cm^2$ 增至 $9.3×10^6/cm^2$,但其大肠菌群始终难以检出(<10cfu/100g)。贮存期 a_w 和 pH 稍有变化,a_w 从 0.89 降至 0.88,pH 从 6.0 降至 5.8。对于腌腊型生肉制品,总菌量的增加主要是乳酸菌。其感官质量评定,色、香、味均在可接受范围,以常规食用方法烹饪后品尝,腊香醇美、风味尤佳。与一般腌腊生肉制品一样,腊肉的可贮性和卫生安全性主要建立于有效降低水分活度上,一是添加食盐、白砂糖等调节,二是烘烤脱水干燥。因此,适宜的烘烤温度的调控显然很重要。当然残存的硝酸盐、真空包装等也起到抑菌作用。

表 2-2　传统腌腊肉制品腊肉贮存期主要理化及微生物指标变化

贮存条件	测定指标	测定值
成品	a_w	0.89
	pH	6.0
	GKZ	$4.0×10^3$
	EB	<10
20～23℃ 30 天	a_w	0.89
	pH	5.9
	GKZ	$5.6×10^6$
	EB	<10
20～23℃ 60 天	a_w	0.88
	pH	5.8
	GKZ	$9.3×10^6$
	EB	<10

注:GKZ. 总菌量(cfu/g);EB. 大肠菌群(cfu/100g)

对自然风干法加工的板鸭不同阶段理化和微生物特性进行了测定,结果见表 2-3。结果表明,随加工干燥过程,含盐量逐渐增加,a_w 逐渐下降,肉皮中含盐量明显低于肉中。

至第45天,肉a_w下降为0.827,而pH变化相对较小。板鸭的总菌数一直较高,主要是乳酸菌,随干燥和成熟过程略有下降。

表2-3　板鸭不同加工阶段理化和微生物指标变化

加工阶段	部位	a_w	NaCl/%	pH	总菌数/(cfu/g)	乳酸菌数/(cfu/g)	大肠菌群/(cfu/g)
第7天	皮	0.937	2.5		$1.2×10^7$	$5.5×10^6$	$1.0×10^2$
	肉	0.958	5.6	5.9	$1.2×10^5$	$1.1×10^7$	$3.0×10^3$
第14天	皮	0.908	0.9		$7.6×10^7$	$5.1×10^7$	$2.8×10^3$
	肉	0.942	5.4	6.1	$7.5×10^7$	$8.2×10^7$	$1.1×10^3$
第21天	皮	0.838	0.8		$5.1×10^7$	$7.7×10^7$	$2.1×10^2$
	肉	0.916	5.3	5.7	$5.5×10^7$	$5.2×10^7$	$1.0×10^2$
第27天	皮	0.978	1.1		$5.4×10^7$	$5.0×10^7$	$2.7×10^2$
	肉	0.851	7.0	5.7	$8.2×10^7$	$6.1×10^7$	$1.0×10^2$
第34天	皮	0.860	1.2		$3.6×10^7$	$2.3×10^6$	$1.0×10^2$
	肉	0.921	8.0	5.8	$6.4×10^6$	$6.1×10^5$	$1.0×10^2$
第45天	皮	0.830	1.2		$6.0×10^5$	$6.3×10^5$	$1.0×10^2$
	肉	0.827	8.5	5.8	$4.3×10^5$	$6.0×10^5$	$1.0×10^2$

三、加工工艺对产品特性的影响

腌腊肉制品和火腿传统加工法,是将原料肉分割整理后加辅料腌制或酱制数天,再挂晾于通风阴凉处长期干燥脱水而成。加工时间多在冬季,最高气温不超过15℃,较低温长时间缓慢风干使产品脱水防腐并形成特有风味。在现代工厂化生产中,传统的自然风干法早已被烘烤干燥法取而代之,肉料腌制后采用45～60℃烘烤脱水,而短时挂晾熟成,从而大大缩短了加工期,使其规模化和可控性成为可能。在腌腊肉制品的加工中,优选原料,低温腌制,有效降低肉料a_w,以及产品的防霉抗酸败为关键控制点。而配方调整及工艺优化,应以不影响产品特有风味,有助于改善其感官质量,延长保存期为前提。尽可能缩短加工期是提高生产能力,降低生产成本的必然要求,而在现代工艺条件下如何保持传统产品原有风味和质量则是发展中面临的难题。无论是西式发酵肉制品,还是中式腌腊肉制品,传统式加工法生产的产品在肉类市场上始终占有一席之地,即反映出其加工方法及产品风味的独到之处,为此作者对不同工艺加工的腊兔产品感官、理化及微生物特性进行了比较,为在现代加工条件下保持传统产品特性,提高产品质量提供依据。

(1) 腊兔的加工

配方:鲜肉100kg,食盐6kg,白砂糖1kg,豆豉酱1kg,白酒0.5kg,酱油0.6kg,五香料(花椒、八角、小茴香、草果、肉桂、生姜、大葱等)0.3kg,硝酸钠50g。

工艺流程及技术参数:采用3种不同的方法加工腊兔肉,其区别在于干燥脱水,即自然风干(方法Ⅰ)、55～58℃烘烤(方法Ⅱ)和85～90℃烘烤(方法Ⅲ)。

方法Ⅰ:按四川传统加工方法,肉料腌制后挂晾于通风阴凉处自然风干,a_w为0.84～

0.85即成,加工期气温不高于15℃(4～10℃)。

方法Ⅱ:原料选择、腌制、成型同方法Ⅰ。成型后烘烤脱水,温度为55～58℃,相对湿度为75%～80%,至a_w<0.9后挂晾于室内熟成3天左右,至a_w<0.86。

方法Ⅲ:原料选择、腌制、成型同方法Ⅰ。成型后烘烤脱水,温度为85～90℃,相对湿度为75%～80%,至a_w<0.9后挂晾于室内熟成3天左右,至a_w<0.86。

(2)结果分析(表2-4～表2-7)

表2-4　腊兔感官评定结果

指标	方法Ⅰ	方法Ⅱ	方法Ⅲ
外观	4.25	4.90	4.85
色泽	4.60	5.10	5.20
气味	5.93	4.80	4.65
滋味	6.10	4.30	4.60
总评	20.88	19.10	19.30

表2-5　腊兔理化指标测定结果

指标	方法Ⅰ	方法Ⅱ	方法Ⅲ
水分/%	45.80	45.52	43.60
粗蛋白/%	27.00	26.35	26.08
粗脂肪/%	2.52	2.38	2.26
NaCl/%	4.00	3.85	3.92
亚硝酸盐(以NO_2计)/(mg/kg)	12.50	12.90	13.20
a_w	0.84	0.85	0.85
pH	6.00	6.10	6.10

表2-6　腊兔微生物测定结果　　　　　(单位:cfu/g)

指标	方法Ⅰ	方法Ⅱ	方法Ⅲ
总菌数	4.01	4.20	3.60
乳酸菌	3.41	2.18	2.90
大肠菌群	<1	<1	<1

表2-7　腊兔游离氨基酸测定结果　　　　　(单位:mg/100g)

指标	方法Ⅰ	方法Ⅱ	方法Ⅲ
谷氨酸(Glu)	20.80	9.40	9.32
甘氨酸(Gly)	4.50	8.10	7.50
组氨酸(His)	2.35	2.01	2.54
苏氨酸(Thr)	10.20	8.24	8.02
丙氨酸(Ala)	5.40	10.15	9.20
脯氨酸(Pro)	9.50	9.20	8.81

指标	方法 I	方法 II	方法 III
酪氨酸(Tyr)	1.60	1.50	1.58
甲硫氨酸(Met)	1.84	1.32	1.40
异亮氨酸(Ile)	3.01	2.01	2.05
亮氨酸(Leu)	6.40	3.01	2.49
苯丙氨酸(Phe)	2.50	2.33	2.01
赖氨酸(Lys)	9.95	5.54	5.02
天冬氨酸(Asp)	3.50	3.20	2.40
丝氨酸(Ser)	2.06	2.20	2.16
精氨酸(Arg)	6.80	3.52	3.20
缬氨酸(Val)	4.63	2.46	2.31
游离氨基酸总量	95.15	74.19	70.01

腊兔产品特性分析结果,反映出不同干燥脱水方法加工产品的差异。从表 2-4 中可见,感官评定是方法 I 优于方法 II 和方法 III,后两者差异甚微。常规成分、a_w 和 pH 各组别差异不显著,而游离氨基酸总量方法 I 最高。微生物测定结果方法 III 总菌量最低,方法 I 乳酸菌量较高。

本研究采用不同工艺加工腊兔,加工时间如表 2-8 所示,腌制后干燥脱水,使肉料 a_w 降至低于 0.90 的时间,方法 I、方法 II 和方法 III 分别为 12～14 天,24～26h 和 11～12h,包括腌制、干燥,以及熟成至肉料 a_w<0.86 的加工期,自然风干法为 20～23 天,另两种烘烤法仅 6～7 天。这是现今工业化大规模生产中以烘烤法替代自然风干法的主要原因。成品理化指标测定结果,不同加工法对产品含水量、蛋白质、脂肪、pH、亚硝酸盐残留等无显著影响,仅是自然风干的产品蛋白质略高,a_w 略低,而其主要差异反映在感官特性上,方法 I 气味和滋味极显著优于烘烤法,尤其是滋味评分远在方法 II 和方法 III 之上,两种烘烤法之间无明显差异,其外观评分均略高于方法 I,但总评定是自然风干产品最佳。

表 2-8　腊兔不同干燥脱水方法的加工期

方法	腌制/天	脱水	熟成/天	加工期/天
I	3	12～14 天	5～6	20～23
II	3	24～26h	2～3	6～7
III	3	11～12h	2～3	5.5～6.5

注:脱水至 a_w<0.90;熟成至 a_w<0.86

游离氨基酸含量是反映肉蛋白质分解状况的重要指标。不同加工方法比较,有些氨基酸含量或高或低,总的来讲,方法 I 极显著高于方法 II 和方法 III,后两者差别不太。结果反映出自然风干法加工腊兔,缓慢风干脱水在一定程度上利于氨基酸分解,亮氨酸、赖氨酸、精氨酸等均较高,特别是谷氨酸,与烘烤法比较高出 1 倍多,游离氨基酸总量提高了 28.3% 和 35.9% 左右,从而对产品感官及营养特性起到了改善作用。据认为这一改善作用归结于伴随缓慢风干发酵中微生物的生长代谢。Walser 等对腌腊牛肉（Binderfleisch）的研究结果，在风干发酵阶段，微生物代谢提供了利于氨基酸分解的蛋白酶，可观察到产品中谷氨酸和 3-氨基丁酸的显著增加，其味道更为鲜美。中式腊肠比较实验也反映出产品的游离氨基酸显著上升，若进一步添加微生物发酵剂，则成品中游离氨基酸可通过微生物发酵提高 65％以上。

对腊肉微生物特性测定表明，85～90℃烘烤法加工成品中总菌量最低，55～58℃烘烤和自然风干法总菌量相等，而差异在其菌群结构。自然风干法中乳酸菌占到总菌量的80％，而烘烤法显然低得多。但乳酸菌是否是腊兔中优势菌有待进一步研究，因为这类产品中小球菌（Micrococcus）在改善产品质量特性上的重要作用早已被证实。方法 II 与方法 III 比较，将 55～58℃的烘烤温度提高到 85～90℃，不仅可将其 20～26h 的脱水时间缩短至 11～12h，还可大大降低成品中残存菌，从而有助于进一步保证其可贮性和卫生安全性，这在实际生产中具有重要意义（Torres，1987）。对于脂肪含量较高的原料肉，如将鸭肉和猪肉加工为腌腊肉制品，过高温度干燥脱水导致脂肪熔化。生产实践表明，从感官及营养特性上考虑，烘烤温度以 58℃左右为宜（王卫，1996），而兔肉脂肪含量低（<3％），肌间脂肪也很少，本实验中采用了较高温度烘烤，其肉质特性也未受多大影响。

Leistner 等对腌腊肉制品研究后认为，腌制工序可影响产品的可贮性，但最为重要的影响因素是干燥脱水，在此过程中肉料 a_w 降至低于 0.86，从而使产品微生物稳定性得到保证。对传统方法加工中的中式腌腊肉制品，其工艺与西式发酵生肉制品极为相似，较长时间的干燥脱水也伴随发酵熟成过程，尽管在此过程中微生物的作用不像西式产品那样至关紧要，但对产品特有风味及感官质量的形成也是不可缺少的（Koch，1992）。对腊鸭、腊猪肉、腊牛肉、腊肠等传统腌腊肉制品微生物特性研究，证实了这类中式肉制品中大量乳酸菌和小球菌的存在，其总量约在 10^5 cfu/g，有的高达 10^6 cfu/g。在腌制阶段主要是乳酸菌占优势；而在发酵阶段小球菌作用更强，据认为，这些微生物具有还原亚硝酸、解脂解朊、合成乙醇、转化谷氨酸、抑制不利菌生长、阻止脂肪酸败作用，从而改善产品感官及营养特性，保证其可贮性和卫生安全性。风干发酵过程中微生物在改善产品感官和营养特性、保证其可贮性上的作用与西式发酵肉制品是一致的。本研究中感官评定及游离氨基酸测定的结果也充分反映了这一点，这也是无论西式发酵产品还是中式腌腊肉制品，消费者更青睐传统加工产品风味之故，对此有待进一步探讨。

四、微生物接种实验

1. 板鸭加工及贮藏阶段微生物特性变化

无论是自然风干还是烘烤干燥法加工的腌腊肉制品，成品 a_w 逐渐恒定于 0.86 左右，在此水分活度范围，导致食品中毒的有害菌沙门氏菌、金黄色葡萄球菌等仍具繁殖能力。因此作者通过微生物接种实验，人为造成原料污染和加工过程污染。在烘烤法（烘烤温度50℃，时间 15h）加工板鸭中，将原料鸭肉及烘烤后板鸭在含沙门氏菌、金黄色葡萄球菌等混合菌的水溶液中浸渍，使之污染菌量分别达到 10^3～10^4 cfu/g，测定得出产品加工及贮存不同阶段金黄色葡萄球菌残留状况（表 2-9）。

表 2-9　腌腊肉制品(板鸭)金黄色葡萄球菌接种实验

加工及贮藏阶段	原料肉接种		烘烤后产品接种	
	a_w	接种量/(cfu/g)	a_w	接种量/(cfu/g)
原料肉	0.99	$3.1×10^3$	—	—
腌制后	0.98	$1.1×10^4$	—	—
烘烤后成品	0.87	$5.0×10^2$	0.88	$1.2×10^3$
贮藏 7 天	0.86	$1.0×10^2$	0.86	$4.0×10^2$
贮藏 14 天	0.84	<10	0.84	$1.8×10^2$
贮藏 21 天	0.84	<10	0.84	<10
贮藏 28 天	0.80	<10	0.80	<10

结果表明,腌制前原料肉接种上的有害菌,在烘烤工序后已大大减少,甚至降至可测临界值之下。尽管板鸭 a_w 仍处于可使金黄色葡萄球菌具繁殖能力的范围,实际上在此后贮存阶段,伴随 a_w 的继续下降,这一有害菌已未再增加。而经烘烤后的板鸭接种上金黄色葡萄球菌后,随后贮存阶段伴随 a_w 的继续下降,肉料中含菌量也迅速减少。由此表明传统加工法可保证腌腊肉制品的微生物稳定性和卫生安全性。

2. 不同腌制温度条件下腊猪肉肉料和腌制液微生物特性变化

微生物接种实验结果中尤其值得关注的是腌制阶段的微生物控制问题。从表 2-10 可见,尽管烘烤后接种的有害菌已降至可测临界值之下,但自然腌制温度条件下腌制阶段出现了显著的上升。为此进一步对腌制液浸泡自然腌制法进行实验,测定不同腌制温度条件下腊肉肉料和腌制液的总菌数变化状况。测定结果充分反映出腌制温度越高,微生物生长越迅速,尤其是在 25℃ 条件下腌制,肉料上总菌数以超过 10^7 cfu/g 的腐败临界值,而腌制液中也高达 $6.2×10^6$ cfu/g。传统腌腊肉制品加工一般是在冬季,自然条件下腌制温度不高于 10℃,产品加工卫生学危险性不大。而现今大多传统产品加工企业常年不间断加工,高温季节又不具备冷却腌制条件,对于食品卫生控制上是极其危险的。

表 2-10　不同腌制温度条件下腊猪肉肉料和腌制液的总菌数变化

腌制温度/℃	肉料		腌制液	
	腌制前/(cfu/g)	腌制后/(cfu/g)	腌制前/(cfu/g)	腌制后/(cfu/g)
0	$2.1×10^4$	$2.4×10^4$	$1.5×10^3$	$2.1×10^3$
5	$2.1×10^4$	$2.9×10^4$	$1.5×10^3$	$3.9×10^3$
15	$2.1×10^4$	$1.1×10^6$	$1.5×10^3$	$1.1×10^4$
25	$2.1×10^4$	$6.2×10^7$	$1.5×10^3$	$6.2×10^6$

3. 初始菌数及灭菌处理对腊兔微生物特性的影响

腌腊肉制品的防腐保质工艺措施,首先是尽可能减少原辅料初始菌量,并避免加工中不利微生物污染。腌腊肉制品微生物特性研究证实,如果原料中污染有较高量致病菌、腐败菌,则在烘烤后仍有大量残留,并在贮存阶段增殖而可能导致产品腐败或食物中毒。通过微生物接种实验,研究初始菌数及灭菌剂对腊兔微生物特性的影响。

分别设置 A、B、C 三个组,A 组加工原料接种较高量有害菌后按常规加工法加工;B 组经微生物接种后腌制,腌制后用灭菌剂处理,然后按常规加工法加工;C 组平行对照,既不接种微生物,也不灭菌处理。接种菌包括沙门氏菌、大肠杆菌和金黄色葡萄球菌。

灭菌剂选用复合有机酸液(乙酸 1.5%,柠檬酸 0.25%,乳酸 1.0%,添加水至100%),肉料腌制后于灭菌液内浸渍 60s,挂晾吹干表面水分后按常规法加工。

测定结果(表 2-11)表明,高初始菌量原料加工的产品,20~24℃条件下贮存至 30 天时,总菌量和肠道菌群达 10^7 cfu/g 和 $1.5×10^6$ cfu/100g。尽管腌腊肉制品食用前都需高温蒸煮,但食物中毒仍在所难免。对 a_w 较低的腌腊肉制品,金黄色葡萄球菌是主要的残存致病菌,减少其污染并抑制其生长是加工中的关键点之一,原料的微生物控制可通过严格屠宰、分割及处理的卫生条件而达到,而辅料宜采用萃取法制成腌制液腌制肉料,不仅增强了香味物渗入肉料的能力,使产品风味更佳,还在于使辅料中污染菌大为减少,对一些原辅料卫生质量和加工卫生条件难于较严格控制的加工厂,也可采用补救措施。例如,在腊兔加工中,对腌制后含较高量污染菌的肉料采用食用酸灭菌法,于食用酸液内浸渍后挂晾数小时再烘烤干燥,贮存 30 天后成品总菌量和致病菌分别<10^6 cfu/g,而未处理者为>10^6 cfu/g 和>10^3 cfu/g,酸液处理极显著减少了肉料的污染菌,有效抑制了产品中的不利微生物。

表 2-11　初始菌数及灭菌剂对腊兔微生物特性的影响

组别	加工阶段	总菌数 /(cfu/g)	金黄色葡萄球菌 /(cfu/100g)	沙门氏菌 /(cfu/100g)	大肠菌群 /(cfu/100g)
A	接种菌前	$3.6×10^4$			$1.3×10^2$
	接种菌后	$3.9×10^4$	$5.6×10^3$	$3.8×10^3$	$3.6×10^3$
	腌制后	$2.4×10^5$	$4.9×10^3$	$1.1×10^2$	$4.9×10^3$
	烘烤后	$1.2×10^3$	$1.1×10$	<10	<10
	贮藏 30 天后*	$3.2×10^6$	$1.1×10^2$	$2.6×10^2$	$6.0×10$
B	接种菌前	$3.6×10^4$			$1.3×10$
	接种菌后	$4.5×10^4$	$1.5×10^4$	$1.4×10^4$	$1.5×10^4$
	腌制后灭菌处理	$2.7×10^3$	$1.4×10^3$	<10	<10
	烘烤后	$3.1×10^3$	<10	<10	<10
	贮藏 30 天后*	$1.2×10^7$	<10	$8.5×10$	$9.0×10^4$
C	腌制前	$3.6×10^4$			$1.3×10^2$
	烘烤后	$4.0×10^3$			<10
	贮藏 30 天后*	$1.3×10^7$		<10	

* 贮藏温度为 20~24℃

五、产品特性及栅栏效应分析

1) 腌腊肉制品是典型的 a_w 0.60~0.90 的中间水分食品,成品 a_w 0.70~0.88,水分25%~30%,pH5.9~6.1,含盐量 5%~8%,含糖量 2%~5%,总菌量<10^6 cfu/g。这类

产品一般可贮性较佳,在非冷藏条件下可较长时间贮存。无论是风干法还是烘烤干燥法加工的产品,其 a_w 均低于 0.89,并在贮藏过程中继续下降,完全可保证这一传统产品的微生物稳定性。风干法加工产品风味更佳。而烘烤法较高温度(约 60℃)有助于杀灭肉料中污染的有害微生物,尤其是较高温(<15℃)腌制肉料中此工序特别重要。

2) 腌腊肉制品最主要的抑菌防腐因素是 a_w,即通过降低产品 a_w 至小于 0.90 而使产品可贮性和卫生安全性得到保证。为此加工中的干燥脱水对 a_w 的下降度最大,添加盐和糖也有助于降低 a_w,添加量每增加 1%,可使肉料 a_w 分别下降 0.006 和 0.002,肉品中常用的其他添加剂也在一定程度上对降低产品 a_w,延长保存期有利。因此通过这些辅料的调整来改善产品可贮性是可能的,同时也是有限的。例如,过多添加食盐和糖均对产品感官质量不利。这也是量较高之故。对腊猪肉 a_w、含盐量、货架期的测量证实,a_w 0.75、NaCl 9% 的产品,可贮期长达 3 个月以上,而 a_w 0.90、NaCl 4% 的产品保质期仅为 21 天(表 2-12)。

表 2-12　腊猪肉 a_w、NaCl 及货架期测定

样品	a_w	NaCl/%	货架期/周
1	0.75	9.0	13
2	0.80	9.0	10
3	0.87	6.5	8
4	0.90	4.0	3

3) 腌腊肉制品的可贮性取决于 a_w 为主并与多个辅助栅栏因子的相互作用。在腌制及烘烤与风干阶段,硝酸盐添加剂的防腐抑菌作用(Pres.)是显而易见的,在贮存过程中,此作用随硝酸盐的耗尽而逐渐减弱。对于 pH5.0～6.1 的肉制品,酸碱度对其可贮性无关紧要,而某些微生物,如微球菌和乳酸菌的生长代谢,可对腐败菌和致病菌起到竞争性抑制作用(c. f.),这对自然风干脱水,加工期较长的产品无疑具有一定意义,对烘烤干燥类产品较高温度(60℃左右)对不利微生物的杀灭或抑制作用则更为重要。然而腌腊肉制品最主要的抑菌防腐因素是 a_w,即通过降低产品 a_w 至小于 0.90 而使产品可贮性和卫生安全性得到保证。

4) 腌腊肉制品加工过程中理化及微生物的共同作用,影响着产品的色泽、风味和组织状态,添加剂也发挥不同的功能特性。食盐是调节 a_w,保证产品可贮性和调味增香的主要辅料,硝酸盐或亚硝酸盐通过腌制过程赋予产品特有的腌制色泽和香味,其防腐抗氧功能也早已被证实。有的产品添加有白砂糖,实际上是作为保湿剂和 a_w 调节剂,对产品的色泽、组织状态、香味和可贮性产生一定影响。在腌制和干燥过程中,特别是自然风干产品,某些微生物(微球菌、乳酸菌)的生长繁殖对产品特有风味和组织状态的形成具有重要意义。此作用与在火腿和发酵香肠制品内相似,但因 a_w 迅速下降,味酸显然是次品的标志。对烘烤干燥法加工的产品,微生物的影响也就更小,缠丝兔、板鸭等腌腊品中往往添加了较高比例的香辛料,这些辅料不仅对其风味不可缺少,还可在保证产品可贮性发挥作用。

六、栅栏技术应用及优质产品加工建议

产品特性研究表明,传统加工法可保证腌腊肉制品的可贮性和卫生安全性。对这类可贮性极佳的产品,往往存在干硬、味咸、外观欠佳等不足,改善其感官质量是提升产品品质的关键。而对一些 a_w 较高的产品,例如,加工者为提高经济效益采用快速生产法加工的板鸭、腊鸡等,尽管可在一定程度上使产品外观和组织状态得到改善,但其特有风味和货架期大受影响,特别是如何保持其可贮性是关键难题。

在腌腊肉制品加工改进和质量提高上,行之有效的技术在逐步推广应用。在配方调节上,可适当降低硝酸盐添加量,尽可能减少在成品中的残留,并通过抗坏血酸等发色助剂、抗氧剂和增味剂的应用,部分替代硝酸盐的发色、增香和抑菌抗氧作用。食盐也应控制在适宜范围,调节干燥度和保持或优化原有糖、香辛料等保湿剂,决不可忽视硝酸盐和食盐量对产品防腐保持的影响,必须有相应的防腐抑菌措施与之结合,否则产品可贮性难以保证。

腌腊肉制品的防腐保持工艺措施,首先是尽可能减少原辅料初始菌量,并避免加工中不利微生物污染。板鸭微生物特性研究证实,如果原料中污染有较高量致病菌、腐败菌,则在烘烤后仍有大量残留,并在贮存阶段增殖而可能导致产品腐败或食物中毒。腌制阶段的温度控制,也是保证腌腊肉制品可贮性的重要环节。对腊鸡研究表明,如果原料初始菌量较高,采用湿腌法10℃腌制3天后腌制液内总菌量达 10^7 cfu/mL,还可检出致病菌和腐败菌的大量增殖,而4℃腌制时总菌量仅 10^3 cfu/mL,致病菌难以检出。因此腌制温度不应高于10℃,进一步的研究再次证实了烘烤温度和时间是腌腊肉制品加工中最为关键的控制点。肉料在较高温度下烘烤时 a_w 迅速下降,极为有效地抑制或杀灭不利微生物。从产品感官质量上考虑,烘烤温度不应高于70℃,而从有效降低 a_w 及抑菌上考虑,则不应低于55℃。生产实践表明较为适宜的烘烤温度是58~60℃,烘烤至肉料 a_w 在0.89左右即可,对腊猪肉的加工监测结果,在原料污染不是特别严重的情况下,烘烤后其残存总菌量和肠道菌群已降至<10^3 cfu/g 和<10cfu/100g,如果成品 a_w<0.85,在贮存的开始阶段残存菌继续呈下降趋势,完全可保证产品可贮性和卫生安全性。对表面污染极为严重的肉料,甚至可在烘烤结束前提高烘烤温度短时高温灭菌处理,如90℃处理20min,也可使污染菌大为减少。

近年来,一些厂家也在探索对属于腌腊肉制品类型的传统火腿进行改进,如缩短加工周期以降低成本,减少食盐添加量,降低干燥程度以改善感官质量等。但前提条件是需保证这一传统产品特有风味和可贮性不受影响。市场上一种提高腌制和发酵温度,将生产期从7~10个月缩短为3个月加工出的金华火腿,其含盐量和含水量分别为8.1%和49.6%,而长期发酵加工的产品成本大为下降,其感官特性更受消费者喜爱,但其可贮性无疑大受影响,货架期缩短。研究表明,火腿在腌制发色阶段温度应尽可能低于5℃,以便使火腿所有部位 a_w 均降至0.96,相应的食盐含量至少达4.5%,然后才能进一步在室温下发酵,室温较高时酶解发酵过程则相当迅速。如果腌制发色阶段温度过高,时间过短(优质火腿此阶段一般需3个月),则在此后的发酵成熟阶段火腿中心易发生肠杆菌类腐败菌和肉毒梭状芽孢杆菌等致病菌繁衍。腌制阶段温度起伏不能过大,发酵阶段则相对

无关紧要,如短时升至 30℃也无妨,当然只能是适时而已,否则脂肪质量首先受损。

对发酵干燥充分的优质火腿制品,其发酵成熟期应达数月之久,因此整个加工期至少应为 7 个月,这也是传统方法加工优质火腿需 12 个月,对特别大的原料甚至长达 18 个月之故。未经烟熏的火腿制品,保存阶段最大问题是霉变,在表面易滋长大量霉菌,其中许多可产生霉菌毒素,鉴于此,市场上推出的快速发酵加工的火腿产品大多采用分割小块包装,通过 Eh 栅栏(降低氧化还原值)抑菌防霉。火腿防霉变的另一有效方法是选用山梨酸盐等防腐剂对火腿进行表面处理,即增强 Pres. 栅栏作用。

对于 a_w<0.85 的腌腊肉制品,一般可达所需的微生物稳定性,而脂肪氧化酸败和霉变常为影响其可贮性的重要因素,腊禽肉、腊猪肉的酸败霉变即如此。现今多采用真空包装法,这也是简易而有效的防霉抗酸败方法。对一些小包装而不太厚的产品,抽真空后可采用巴氏灭菌法,即根据产品厚度于 75~80℃热水中处理 30~50min,可使产品在贮存期内酸败或霉变的发生率显著下降。除此之外就用卫生安全的防腐剂更为实用。研究与应用表明,山梨酸盐类防腐剂对腌腊肉制品的防酸败作用较佳。表 2-13 是山梨酸盐对几种腌腊肉制品防腐效果的观察结果,表明真空包装产品抗氧化酸败效果极佳,而非真空包装产品则可显著抑制霉变。

表 2-13　山梨酸盐对几种腌腊肉制品的防腐效果观察

产品	处理方法	防腐效果
缠丝兔	8%山梨酸盐喷洒表面,真空包装	贮存至 5 个月酸败
	不用山梨酸盐处理,真空包装	贮存至 3 个月酸败
板鸭	5%山梨复合液喷洒表面,真空包装	贮存至 6 个月酸败
	不用山梨酸复合液处理,真空包装	贮存至 4 个月酸败霉变
腊猪肉	10%山梨酸液处理,非真空简装	贮存至 4 个月霉变
	不用山梨酸液处理,非真空简装	贮存至 2 个月霉变
腊鸡	5%山梨酸复合剂浸渍 30s,非真空简装	贮存至 3 个月霉变
	不用山梨酸复合剂处理,非真空简装	贮存至 2 个月酸败霉变

综上所述,根据栅栏技术原理对腌腊肉制品加工进行改进的措施如下。

1)控制初始菌数:以鲜肉为原料,初始菌量<10^5cfu/g,尽可能防止金黄色葡萄球菌等对原料的污染。

2)辅料灭菌处理、适宜的食盐浓度:香辛料萃取法制成腌制液,加入腌制剂及其余辅料,灭菌处理冷却待用,腌制液含盐量 5.5%~6.0%。

3)低温腌制抑菌:腌制温度 4~8℃,腌制 3 天后温水洗净挂晾沥干水汽。

4)中温烘烤:烘烤温度约 60℃,至肉料 a_w<0.90,入无菌室挂晾 2~3 天,进一步熟成。

5)控制产品特性值:成品 a_w<0.88,NaCl 4.2%~4.5%,pH5.9~6.1。

6)包装贮存:真空包装后避光贮存于 25℃以下。

第二节　肉干制品与栅栏技术

一、配方及加工工艺

中国肉干的起源年代早到难以追溯,其加工遍及亚洲,以特有风味和营养价值受到中国人的钟爱,中国肉干的总消耗量非常大,且有不断扩大流行性的趋势,中国肉干特点可概括为易生产(加工工艺较简便)、易贮藏(非冷保存)、易运输(含水量低,质量轻)。可按其肉类切块和加工工艺的不同分类,已知的有 30 多种,大多为中间水分食品(a_w0.60～0.90),也有少数含水量极低(a_w 低于 0.60)。现在中国流行的肉干传统加工工艺已沿用好几十年甚至数个世纪。其主要的加工方法可概括为以下 3 种。

加工法 I:按照此法加工的肉干制品,包括猪肉脯、牛肉脯等,在这一加工法中,先取瘦肉(最好为腿肉或腰肉)切成 0.2cm 薄片,肉片与辅料混匀,辅料包括糖、食盐、酱油、味精和香辛料(八角、丁香、茴香、桂皮、花椒等),肉片在室温下腌制 24h 或在 4℃条件下腌制 36h 更好,然后稍相叠置于涂油的竹架或铁网上,在 50～60℃干燥数小时,至质量为原来的 50％或含水量约 35％为宜,再取下切成小方块,再高温(130～180℃)烤制数分钟,最后在室温下放置使 a_w 低于 0.60 即可。

加工法 II:将牛肉、猪肉、鸡肉等加工成粒状或条状干肉制品,在这种肉干的加工中,除了添加常用的五香粉调味,有时还使用其他香料,如咖喱粉、香月桂、辣椒、生姜、果汁和料酒等,其产品各式各样,但主要是牛肉干。原料肉去脂肪和筋腱后切成大块,放入水中(加水量以淹过肉面 10％为宜)稍煮,捞起沥干,冷却后切成条状或丁状,加入原汤、糖、食盐、酱油、味精和其他香辛料,微火煮至汤干,然后在铁丝网上烘烤数小时,温度为 50～60℃,至质量为原来的 50％,其 a_w 低于 0.69,成品装入玻璃瓶或马口铁罐中可保存 3～5 个月,真空包装 6 个月以上。

加工法 III:用此法加工成的干肉制品为肉松,瘦肉顺其纤维纹路切成肉条,加等量水煮至烂熟,这时肉汤只剩下约 10％,加入糖、盐、酱油、酒、味精、茴香、生姜和其他香辛料,将肉稍加压使肉纤维自行分离,继续煮至汤干,使肉成棉花状,然后翻炒至很干的程度(a_w<0.6),翻炒温度为 80～90℃,为了使肉松酥脆,可放入约 20％热植物油,微火炒至肉松呈金黄色(a_w<0.6)。无论是猪肉松、牛肉松,还是鸡肉松等,加工法相同,新加坡从中国进口的大量肉松,加工的最后工序是用烤制法使产品达到松脆,但易吸潮,因而应干燥保存,非冷藏保存期 6 个月。

二、产品特性

表 2-14 是中国肉干分析结果表。

表 2-14　中国肉干分析结果表

肉干种类	a_w	pH	含盐量/%	含糖量/%	总菌数/(cfu/g)
猪肉干条	0.71	6.0	4.0	7.2	2×10^2
猪肉干粒	0.66	6.0	4.0	20.1	2×10^3
猪肉松	0.59	5.9	4.3	10.9	4×10^3
牛肉干条	0.56	5.8	6.9	15.7	1×10^3
牛肉干粒	0.54	6.2	5.1	6.3	1×10^2
牛肉脯	0.62	6.1	3.8	13.2	5×10^3
咖喱牛肉干	0.57	5.9	2.8	25.0	3×10^3

在所测定的肉干样品中,其 a_w 为 0.55～0.71,pH5.8～6.0,含水量为 20%～35%,含盐量为 3%～5%,含糖量为 6%～25%,有的产品 a_w 为 0.50～0.59,含水量为 10%～12%,已属于低水分食品了。同样,按照加工法 I 和加工法 II 生产的肉干,当极度干燥到比达到微生物稳定性还干的程度,也可从中间水分食品归入低水分食品。

保证中国肉干微生物稳定性的栅栏主要是 a_w(干燥)和 F(热处理),而 pH 不起重要作用,这与南非比尔通牛肉干形成鲜明对比,后者的栅栏只是 a_w 和 pH,由于经过高温过程,中国肉干上残留的微生物极少。在 35 个可贮样品中,几乎没有微生物总量超过 10^4 cfu/g 的样品,大多数样品在 10^2～10^3 cfu/g。对于非罐装类肉制品,这一点是尤为难得的,Shin 等对在实验室制作的肉干进行微生物接种实验,观察到在热处理阶段沙门氏杆菌、致病性葡萄球菌、酵母菌和霉菌即被杀死,肠道球菌可能残存,但在产品保存过程中也会死亡,杆菌和梭菌芽孢在加工和保存中也减少。

中国肉干在加工后易发生再污染,但由于其 a_w 低,保存时可贮性肉干上的微生物逐渐减少,特别是 a_w 为 0.60 时,其中葡萄球菌和酵母菌减少最迅速,沙门氏杆菌次之,肠道球菌和杆菌最易残留,由此可以认为,中国肉干的确是一种安全卫生食品。因为在加工中热处理工序杀灭了原料中大多数微生物,残留的或再污染的微生物也由于 a_w 栅栏而受到抑制。

三、微生物接种实验

Leistner 等对肉干进行了易导致肉干霉变的灰绿曲霉的接种实验,在 25℃ 条件下保存 3 个月,样品中 83% 可贮性极好,这些可贮的肉干 $a_w \leqslant 0.69$。由此可确定,在非冷保存时,散装的中国肉干可贮性条件是 $a_w \leqslant 0.69$,但也有人认为,a_w 应低于 0.61 才能避免肉干长霉。传统肉干贮藏中值得关注的另一问题是导致食品中毒的有害菌金黄色葡萄球菌。因此,通过微生物接种实验,人为造成原料污染和加工过程污染。在原料肉及卤煮烘烤后 a_w 较低(0.70)的产品接种上金黄色葡萄球菌,使之污染菌量分别达到 10^4 cfu/g 和 10^3 cfu/g,测定得出产品加工及贮存不同阶段金黄色葡萄球菌残留状况(表 2-15)。

表 2-15　金黄色葡萄球菌接种实验结果　　　　（单位：cfu/g）

加工及贮藏阶段	原料肉接种	烘烤后产品接种
原料肉	$3.1×10^3$	—
卤煮后	<10	—
成品	<10	$3.1×10^4$
贮存 20 天	<10	$2.5×10^4$
贮存 40 天	<10	$2.1×10^2$
贮存 60 天	<10	<10

　　结果表明，肉料接种上的有害菌，在卤煮烘烤工序后已减至可测临界值之下（<10）。尽管产品 a_w 仍处于可使金黄色葡萄球菌具繁殖能力的范围，但实际上在此后贮存阶段，这一有害菌已未再增加。而经烘烤后的肉干接种上金黄色葡萄球菌后，随贮藏过程，肉料中含菌量也迅速减少，至 60 天也减至<10。由此表明，传统加工法加工的 a_w 较低的肉干（<0.70）可保证微生物稳定性和卫生安全性。

四、特性及栅栏效应分析

　　常规肉干制品 a_w 为 0.60～0.69，pH5.8～6.0，含水量为 20%～30%，含盐量为 3%～5%，含糖量为 10%～15%。肉干的可贮性和卫生安全性主要是 a_w 栅栏所保证，加工中极度的脱水干燥，以及添加的食盐和糖的调节，使 a_w 降至很低，而热加工（煮制、烘烤），即 F 栅栏也参与效应。在某些产品（如肉脯），Pres. 栅栏（硝酸盐等添加剂）可发挥一定防腐抑菌作用。正宗的传统肉干是褐色产品，即美拉德产品（Maillard product），肉干加工过程中因美拉德反应形成的氨基酸和还原糖使成品外观呈棕褐色，这对肉干保存期的延长和独特风味的形成有利，外表的氨基酸和还原糖形成一道抗污染的栅栏屏障。辅料中的香辛料也具有一定抗氧抑菌性。上述各栅栏的共同效应，使得产品可在非冷藏条件下保质贮存数月之久。然而，这一产品的不足之处正是极度脱水导致的干硬，以及褐化反应使之外观色泽欠佳。抽样分析的产品有的也不太硬，其含水量远高于 22%，但这种肉干或是过甜，或是过咸，有的硝酸盐残留量较高，显然是为了提高 a_w 或 Pres. 栅栏作用以保证其可贮性所需。

五、栅栏技术应用

　　传统肉干优点是易于加工贮存、风味独特、可贮性佳，不足之处是为保证其非冷藏可贮性，添加有较高量食盐和白砂糖，并极度干燥以降低 a_w，这显然与现代低钠低糖、酥松可口的消费不相适应。改善此特性的方法之一是添加保湿剂（糖、盐等），而从营养和感官特性上考虑，产品中过量保湿剂是不利的。如果为改善感官特性和营养特性减少保湿剂，增大含水量，提高 a_w，又将危及产品在非冷藏条件下的可贮性和卫生安全性。这一矛盾可通过应用栅栏技术加以解决。例如，Hot Koh 添加 5% 的麦芽糖可使肉干保持湿润和呈现金黄色。Lin 等采用注射和滚揉等方法缩短加工时间，Ockerman 和 Kuo 在腌制剂中添加硝酸盐和亚硝酸盐，并将产品真空包装，有效抑制了肉干的氧化腐败，真空包装由于防止肉干贮藏时水分的散失，对产品的脆性还有改进作用，含糖量为 30% 和含盐量为

2.5%的产品与含较少的糖和盐的比较,前者更适宜传统口味。

　　为适应现代消费市场的需要,国内众多厂家均在探讨对肉干制品进行产品改进,推出高档次高质量的肉干。应用范例之一是作者在对这一传统肉制品进行了较长期的研究和总结的基础上,应用栅栏技术对其加工进行设计,开发出一种新型的称为"萨夫肉"的改进型中国肉干制品,其 a_w 比传统肉干高得多,而含糖量和含盐量比传统肉干低,但其外观色泽、口感、柔嫩性等感官质量均优于传统肉干。由于加工中增强了 t(低温处理)、H(较高温灭菌)、Eh(真空包装)等栅栏的强度,较高 a_w 的新产品仍达到了传统肉干非冷藏条件下 3 个月以上的货架期。以下将"萨夫肉"与传统肉干制品肉脯进行比较。

　　(1) 产品配方

　　萨夫肉:牛肉 100kg、食盐 2.5kg、白砂糖 3kg、酱油 2kg、料酒 1.5kg、香料提取液 4kg、亚硝酸钠 10g、异抗坏血酸钠 100g、葡萄糖 500g。

　　传统肉脯:牛肉 100kg、食盐 3kg、白砂糖 4kg、酱油 3kg、料酒 1.5kg、香辛料粉 3kg、亚硝酸钠 20g。

　　(2) 加工工艺

　　萨夫肉:原料肉分割、修整、切块后添加辅料;肉块与辅料拌匀后 8℃腌制 48h;沥去腌汁低温蒸煮法热加工 50min(至中心温度 68℃)后冷却,切为薄片;90℃烘烤脱水至 a_w0.86;成品真空包装。

　　传统肉脯:原料肉分割、修整、切片后添加辅料;肉块与辅料拌匀后室温腌制 30min;肉片平铺于烤盘上 55℃烘烤脱水至 a_w0.70;成品真空包装。

　　产品特性:各项特性指标比较见表 2-16。

表 2-16　萨夫肉干与传统肉干产品特性的比较

	特性	萨夫肉干	传统肉干
感官	色泽形状	色泽红褐,片薄有光泽	黄褐或棕褐色薄片
	组织状态	无杂质,质软化渣	无杂质,质地干硬
	气味滋味	传统香型	传统香型
理化	含水量/%	31.2	19.8
	a_w	0.85	0.70
	pH	5.9~6.0	5.9~6.0
	NaCl/%	3.1	4.4
可贮性		<25℃保质 6 个月	<25℃保质 9 个月

　　与传统产品比较,新型肉干配方中食盐和某些有助于产品可贮性的添加剂减少,加工中又需较长时间腌制,加之成品含水量上升,a_w 较高。为保证其非冷藏条件下良好的可贮性,为之设计了相应的防腐抑菌栅栏:一是严格原辅料卫生质量,控制初始菌量并尽可能避免加工中的再污染;二是较低温腌制,抑制不利菌生长繁殖;三是提高常规烘烤温度,以高温杀菌;四是成品真空包装。真空包装是防止 a_w 较高的肉制品霉变的有效方法。通过上述措施,即低温灭菌、Eh(真空脱氧)等栅栏作用的增强和相互效应,保证了新型肉干

达到了肉干类制品非冷藏可贮性,尽管其保质期短于传统肉干,但已可满足营销所需,更为重要的是产品感官质量大为改善,适应现代消费者对肉干类肉制品低盐低糖、外形美观、质地酥软的要求。

六、优质产品加工建议

改善中国肉干质量特性的措施,一是严格原辅料卫生质量,控制初始菌量并尽可能避免加工中的再污染;二是较低温腌制,抑制不利菌生长繁殖;三是提高常规烘烤温度,以高温杀菌;四是真空包装产品防霉。此即 t (低温腌制)、F(高温灭菌)、Eh(真空脱氧)等栅栏作用的增强和相互效应。

通过对肉干制品栅栏因子及其互作效应的分析,提出如下优质肉干加工建议。

1) 控制初始菌数。尽可能减少原料的微生物污染,最好用新鲜肉,若用冷藏肉,其冷藏期也应尽量短。

2) 迅速降低 a_w。加工中使肉尽快彻底干燥,这是产品稳定性必需条件,非冷保存的散装肉干, a_w 应小于或等于 0.69 才能抑制包括霉菌在内的微生物的生长。包装而又冷藏的则 a_w 可较高。

3) 较高温烘烤及使用 a_w 调节剂。对于新开发的 a_w 较高的产品,可适当提高烘烤温度以增强 H 栅栏的作用,或增加糖的添加量以降低 a_w 和保湿。

4) 脱氧及避光。 a_w 较高的肉干应真空包装。非真空包装的产品必须密封避光保存,肉干在密闭盒或真空包装袋内可避免微生物再污染,抵御虫害、防潮和抗酸败。

第三节　香肠制品与栅栏技术

一、配方及加工工艺

中国生产香肠的历史已知有 1000 年以上,早在北朝时期(公元 420~589 年)就有了有关香肠配方的记载,现中国习惯上把香肠划分为两大类,一类是按悠久历史的传统生产法生产的,称为腊肠,也就是一般所说的香肠,另一类则是历史较短,类似西式法兰克福香肠生产法加工的,称为灌肠;中国腊肠是家喻户晓的传统肉制品,这种肉制品之所以称为香肠或腊肠,是因为过去多在冬季生产,春节最受宠爱,且成品香气四溢,香肠是用绞碎的肉再加上辅料按照简便工艺大众化生产而成,常用辅料为豆油和食盐,以及糖、酒(如高粱酒和玫瑰露酒等)和硝酸盐,最典型的辛料为五香粉(含丁香、八角、茴香、花椒、桂皮等成分),也有用生姜、大蒜、胡椒、五香草和味精等,广东喜用糖,哈尔滨喜用大蒜,四川喜用花椒,台湾喜用桂皮,一般不用色素或少量红曲色素,香肠配方可因不同地区而异,表 2-17是几个典型的配方。

表 2-17　几种不同的中国香肠配方　　　　　　（单位：kg）

省别	瘦肉	脂肪	糖	食盐	豆油	曲酒	其他香辛料
广东	70	30	7.6	2.2	5.0	2.5	
哈尔滨	75	25	1.5	2.5	1.5		0.5
武汉	70	30	4.0	3.0	1.0	2.5	
四川	80	20	1.0	3.0	3.0	1.0	1.8

产品加工方法大致为：原料肉切为丁块后与辅料混合，有条件时在 0～20℃ 条件下放置过夜，也有的在肉馅中加一定量水（最多 25%）。然后用天然肠衣灌制（直径 26～28mm 为佳），每隔 12～15cm 打一结，针刺放气，灌肠前肠衣应充分浸泡，以便使香肠中的空气和水分干燥时外逸，灌肠后于阳光下或烘房内（45～50℃）适时干燥，再挂于通风良好的房内继续干燥数天，成熟的香肠应干燥良好（以表面肠衣皱缩为特征），外表略呈玫瑰红色，成品可非冷保存数月。

二、产品特性

对中国香肠的微生物稳定性和加工工艺进行了探讨，先分析了来自世界各地的 24 个样品，其中中国大陆 7 个，中国台湾 7 个，中国香港 1 个，新加坡 3 个，英国 2 个，美国、加拿大、法国和比利时各 1 个。表 2-18 和表 2-19 是所测样品的理化及微生物检验指标。

表 2-18　中国香肠样品的理化指标

指标	最小值	最大值	均值
pH	5.6	6.3	5.9
a_w	0.57	0.87	0.75
NaCl/%	2.5	10.9	4.5
亚硝酸钠/ppm	1	150	30

表 2-19　中国香肠样品微生物指标

细菌	最小值	最大值	一般量
总菌数/(cfu/g)	10^4	10^7	10^5～10^6
乳酸菌/(cfu/g)	10^3	10^6	10^4～10^5
肠道菌/(cfu/100g)	$<10^3$	10^3	$<10^2$
金黄色葡萄球菌/(cfu/100g)	$<10^2$	$<10^2$	$<10^2$

从检验结果看，中国香肠的 pH 和 a_w 分别是 5.9 和 0.75，食盐是 4.5%，各项指标变化范围也较大，尤其是亚硝酸钠残留量。总菌数一般为 10^5～10^6 cfu/g，只有已腐败的样品才检出较高量，其中主要细菌为非致病性小球菌，其次是乳酸菌（主要是乳酸杆菌），以及少数肠道球菌和稚球菌，尽管各样品的加工显然并非标准化，但其肠道细菌和致病性葡萄球菌（金黄色葡萄球菌）几乎不能检出，这是令人惊叹的。由此可见，中国香肠如果按要求进行良好干燥，从卫生学上讲是安全可靠的。

从台湾采集了几个已腐败的香肠样品进行研究,因为台湾加工香肠干燥程度较低,也就易出次品,腐败样品是革兰氏阳性菌(乳酸杆菌、肠道球菌和小球菌)所致。这些细菌大量繁殖(高于 10^7 cfu/g)引起酸化,在真空包装条件下仍产气,这些细菌在合格产品中也可检出,但量甚低。腐败样品上检出了霉菌,而正常、干燥良好又经真空包装的产品上无霉菌,从理论上讲也可能出现霉菌毒素,但只有在香肠严重霉变时才会出现。另外,在所有中国香肠样品中未检出沙门氏杆菌。

三、微生物接种实验

对常规香肠制品,无论是自然风干还是烘烤干燥法加工的成品,a_w 逐渐恒定于 0.75 左右。对香肠进行了微生物接种实验,人为造成原料污染和加工过程污染。在烘烤法(烘烤温度 50℃,烘烤至 $a_w<0.86$,室温挂晾风干至 a_w0.75～0.76)加工产品中,将原料及烘烤后香肠接种上金黄色葡萄球菌,测定得出产品加工及贮存不同阶段金黄色葡萄球菌残留状况(表 2-20)。

表 2-20　香肠制品微生物接种实验结果

加工及贮藏阶段	原料肉接种产品		烘烤后表面接种产品	
	a_w	肉料接种菌残留 /(cfu/g)	a_w	产品表面接种菌残留 /(cfu/g)
原料肉	0.99	$3.1×10^4$	—	—
烘烤后成品	0.86	$1.5×10^2$	0.87	$6.2×10^4$
贮藏 10 天	0.78	$1.0×10^2$	0.79	$1.2×10^3$
贮藏 20 天	0.75	<10	0.76	$3.2×10^2$
贮藏 30 天	0.75	<10	0.75	$1.0×10^2$
贮藏 40 天	0.74	<10	0.74	<10

结果表明,腌制前肉料接种上的有害菌,在烘烤工序后已大为减少,挂晾贮藏 20 天后降至可测临界值之下(<10)。而经烘烤后的产品接种上金黄色葡萄球菌后,随挂晾贮藏的继续干燥,香肠表面含菌量也逐渐减少。挂晾贮藏 40 天后降至可测临界值之下(<10)。

四、特性及栅栏效应分析

中国香肠的 pH 和 a_w 分别是 5.7～5.9 和 0.75～7.9,含盐量是 3.5%～4.5%,各项指标变化范围也较大,尤其是亚硝酸钠残留量。总菌数一般为 10^6 cfu/g。中国香肠是典型的中间水分食品(IMF),其微生物稳定性主要建立于 a_w 栅栏之上,即以加工过程中迅速干燥为基础。在这种肉制品内,pH 相对较高,乳酸菌在其中只有很少量繁殖,总菌量不超过 10^6 cfu/g,因此香肠无酸味,酸味被认为是次品的标志。香肠 a_w 的迅速降低通过添加食盐(2.8%～3.5%)和糖(1%～10%),以及小直径肠衣(26～28cm)在较高温(45～50℃)和较低湿(65%～75%)条件下干燥等来实现,干燥 1～2 天后香肠已具有一定的微生物稳定性,然后在室温下成熟 1 周后贮藏。

中国香肠是典型的中间水分食品(IMF),其微生物稳定性主要建立于 a_w 栅栏之上,即以加工过程中迅速干燥为基础,产品的稳定性原理见表 2-21。在这种肉制品内,pH 相对较高(5.7~5.9),乳酸菌在其中只有很少量繁殖,总菌量不超过 10^6 cfu/g,因此香肠无酸味,酸味被认为是次品的标志,香肠 a_w 的迅速降低通过添加食盐(2.8%~3.5%)和糖(1%~10%),以及小直径肠衣(26~28cm)在较高温(45~50℃)和较低湿(65%~75%)条件下干燥等来实现,干燥 1~2 天后香肠已具有一定的微生物稳定性。

表 2-21　保证中国香肠微生物稳定性的主要栅栏

栅栏效应		栅栏途径
主要	迅速降低 a_w	食盐(添加量 2.8%~3.5%);糖(添加量 1%~10%);小直径肠衣(26~28mm);较低相对湿度(65%~75%)
辅助	a_w 降低的同时稍降低 pH	少数乳酸菌作用(尤其是自然风干产品,乳酸菌 10^6 cfu/g 以下,但不酸化,pH 约5.9)
	F	烘烤干燥产品,较高干燥温度(约 50℃)
	Pres.	添加硝酸盐或亚硝酸盐,烟熏

五、栅栏技术应用及优质产品加工建议

腊肠的加工工艺与西式发酵香肠极为相近,区别在于后者以较低温度长时间发酵干燥,成品味微酸,可生食。研究表明,中式腊肠尽管微生物总量也与西式发酵香肠一样较高,但乳酸菌量低于 10^5 cfu/g。乳酸菌的大量繁殖导致味酸的腊肠是腐败的标志。鉴于腊肠较高的 pH,如果其 a_w 也较高,则金黄色葡萄球菌等致病菌生长繁殖的可能性很大。

现代消费者对传统香肠制品不断提出了新要求,如产品质地更软,尽可能低盐、低糖、低硝酸盐或无硝酸盐,同时又尽可能保持非冷藏可贮和传统风味。为此,作者根据栅栏技术原理,在实验室采用不同配方加工出几种特性各不同的产品,可满足不同消费需求的香肠制品(表 2-22)。

表 2-22　不同香肠产品配方及产品特性比较

产品	1	2	3	4
原辅料配方	猪瘦肉 700,肥肉 30,水 80,食盐 20,白砂糖 60,亚硝酸钠 0.15,酒 15,香辛料粉 2,白砂糖 60	猪瘦肉 700,肥肉 30,水 80,食盐 20,白砂糖 60,亚硝酸钠 0.10,酒 15,香辛料粉 2,白砂糖 600,抗坏血酸钠 2,山梨酸钾 1	猪瘦肉 700,肥肉 30,水 80,食盐 20,白砂糖 60,亚硝酸钠 0.15,酒 15,香辛料粉 2,白砂糖 60,乳酸钠 3.5,乙酸钠 0.1	猪瘦肉 700,肥肉 30,水 180,食盐 20,白砂糖酒 15,香辛料粉 2,葡萄糖 5,抗坏血酸 1,红曲色素适量,山梨酸钾 2
加工工艺	原料肉切成丁块(瘦肉 13mm,肥肉 5~7mm)→原辅料混合,10~20℃ 条件下放置过夜→26~28mm 直径的肠衣灌肠,系成 15cm 长节→入烘房 48℃ 和 75% 相对湿度条件下烘烤至所需干度			
产品特点	传统干香肠	较质软香肠	较高水分香肠	无硝香肠
a_w	0.76	0.84	0.94	0.79
可贮性	非冷藏 6 个月	非冷藏 6 个月	非冷藏 3 个月	非冷藏 3 个月

表 2-22 的几种产品中,产品 1 为传统干香肠型。而产品 2、3 和 4 更适应现代消费者的需要,质地比一般传统产品软。产品 2 为川味腊肠,配方中添加 0.1% 抗坏血酸钠、2% 乳酸钠和 1% 山梨酸钾,尽管成品 a_w 高达 0.84,其非冷藏可贮性仍然较佳。而产品 3 a_w 高达 0.94,极易导致致病菌侵袭和产品腐败。为使这一产品在改善感官质量的同时,其可贮性和卫生安全性得到保证,添加 3.5% 乳酸钠和 0.1% 乙酸钠,通过增强 Pres. 栅栏的防腐抑菌作用而获得成功。在川式腊肠中,糖的添加量比广式腊肠少,因此产品 a_w 也比广式腊肠略高,添加的硝酸盐所起的 Pres. 栅栏作用就特别重要。如果开发低硝酸盐的或无硝酸盐的腊肠制品(产品 4),则需应用抗坏血酸及其盐类等质改剂、山梨酸钾等安全防腐剂,以及红曲色素等上色剂,并对产品采用真空包装,以替代硝酸盐上色、增香、抗氧等作用。使产品尽可能保持特有风味和感官特性,达到所需的保存期。

腊肠在加工中,经 10h 以上的烘烤干燥后,a_w 已降至 0.92 以下,已足以抑制乳酸菌的生长繁殖。在此后的继续烘烤及挂晾风干发酵过程后,其 a_w 可降至 0.80,金黄色葡萄球菌等致病菌也不再生长,因此传统方法加工产品在耐贮性和食用安全性上毫无问题。如果缩短干燥时间,或减少 a_w 调节剂使用量,加工 a_w 更高的产品,虽然其感官特性可有所改善,但其防腐栅栏作用减弱,必须增强新的栅栏因子以维持平衡,如应用乳酸钠、乙酸钠、山梨酸盐,或者工艺上的相应改进,加强 Pres. 或 F 等因子的效应及其互作。值得注意的是以上仅是"实验产品",因为防腐剂的使用必须慎之又慎,一是其卫生安全性已得到确认;二是严格限制在食品卫生法规规定的用量和范围。作者建议腊肠的包装应统一规定采用真空包装,不仅可大大增强抑菌防腐、抗氧防霉性能,研究还证实腊肠真空包装后贮存一定时间再食用,其香味更佳,感官质量得到提高。

在传统香肠制品加工中,为保证产品的微生物稳定性和卫生安全性,香肠的 a_w 应在 12h 内降到 0.92,36h 内降到 0.90 以下,可在 48℃ 和 65% 相对湿度条件下干燥 36h,如果不是用焦炭进行烘烤干燥,则还应轻微烟熏,然后在 20℃ 温度和 75% 相对湿度条件下大约成熟 3 天,使 a_w 降到 0.80,这时失重率达到 50%。此后真空包装贮藏,包装后室温下存放 14 天,香肠才形成特有的浓郁香味。真空包装除促使香味形成外,还可抑制霉菌生长。从栅栏效应和栅栏技术上分析香肠的生产控制措施包括如下几方面。

1) 控制初始菌数。以鲜肉为原料,原料肉尽量少含革兰氏阳性菌。

2) 快速而有效地降低肉料 a_w 以抑菌。加工时使 a_w 12h 内降至低于 0.92,36h 内降至低于 0.90,通过在温度 48℃ 和相对湿度 65% 条件下干燥 36h 达到。

3) 烟熏提高 Pres. 防腐栅栏,48℃ 温度和 65% 相对湿度条件下微烟熏 5h。

4) 进一步成熟和降低 a_w。在 20℃ 温度和 75% 相对湿度下挂晾 3 天,使其 a_w 低于 0.8。

5) 真空包装提高 Eh 栅栏。加工后真空包装,以便香味形成和防霉变。

第三章　西式肉制品加工中栅栏技术的应用

第一节　西式肉制品加工与栅栏技术

一、德国肉类工业产品加工栅栏控制

在指导德国肉类行业肉品生产的权威技术工具书之——《肉类加工标准控制手册》中,按照栅栏技术的原理,分析和规范了所有肉类产品加工中的关键标准控制值(栅栏因子),提供给企业自发进行加工规范,确保产品质量和安全性。根据不同的产品类型,在实际生产中,标准控制参数主要是温度、湿度、空气流速和光照,以及产品的 a_w 和 pH。尤其是冷链控制贯穿于各类各型产品的原料处理、绞制斩拌、腌制、冷却、包装、贮运全过程,涉及产品加工环境温控和原辅料及产品温控。

1. 肉的冷却与冷藏

肉品冷却与冷藏关键控制点及控制参数见表 3-1,胴体和肉段的冷却有快速冷却法和急速冷却法。非包装产品和真空包装肉品的冷藏条件也有差异。其中最关键的低温控制,屠宰后鲜肉 $-1\sim2℃$ 冷却至肉块中心温度低于 $7℃$,$-1\sim2℃$ 贮运。在避光条件下非包装产品猪肉的保质期为 $7\sim14$ 天,牛肉为 $14\sim21$ 天,真空包装产品为 $3\sim6$ 周。

表 3-1　肉的冷却和冷藏

冷却与冷藏			控制参数	栅栏控制值
胴体和肉段的冷却	快速冷却		冷却间温度	$-1\sim2℃$
			相对湿度	$85\%\sim95\%$
			气流速度	$0.3\sim3m/s$
			冷却时间	猪 $12\sim24h$,牛 $18\sim36h$
			肉中心温度	$7℃$,并尽可能更低
	急速冷却	第一阶段	冷却间温度	$-8\sim-5℃$
			相对湿度	90%
			气流速度	$2\sim4m/s$
			冷却时间	$2h$,接近冻结点,转入下阶段
		第二阶段	冷却间温度	$0℃$
			相对湿度	90%
			气流速度	$0.1\sim0.3m/s$
			冷却时间	猪 $8\sim12h$,牛 $12\sim18h$
			肉中心温度	$7℃$,并尽可能更低

续表

冷却与冷藏		控制参数	栅栏控制值
胴体和肉段的冷藏	非包装牛肉和猪肉	冷藏间温度	−1～2℃
		相对湿度	85％～95％
		气流速度	0.1～0.3m/s
		光照强度	避光或低于 60lx
		冷藏时间	猪二分体 7 天(不超过 14 天);牛四分体 14 天(不超过 21 天);分割肉段:猪 2～3 天,牛 2～5 天
	真空包装牛肉	冷藏间温度	−1～2℃
		气流速度	0.1～0.3m/s
		光照强度	避光或低于 60lx
		冷藏时间	3～6 周(不超过 12 周)

2. 肉的冻结与贮藏

不同类型鲜肉在冻结中的控制值见表 3-2。在冻藏阶段不同的肉类和包装方式,其冻藏期也不同。最关键的是低温控制,−25℃以下快速冻结至中心温度−25℃以下。−18℃、−24℃和−30℃贮藏流通,避光条件下瘦猪肉的保质期为 4～12 个月,牛肉为5～24 个月。

表 3-2 肉的冻结和冻肉保质期

冻结与冻藏		控制参数	栅栏控制值及保质期
屠体和剔骨肉的冻结	冷气冻结法	冻结间温度	<−25℃
		气流速度	2～4m/s
	接触冻结法	冻结盘温度	<−25℃
不同包装肉类的最大冻藏期	−18℃冻藏	猪肥肉	4～5 个月
		小牛肉	5～6 个月
		羊肉	6～8 个月
		瘦猪肉	10～12 个月
	−24℃冻藏	瘦猪肉	8～10 个月
		牛肉	18 个月
	−30℃冻藏	瘦猪肉	12 个月
		牛肉	24 个月

3. 蒸煮香肠

蒸煮香肠加工对于原料的选择、分割绞切、斩拌,肉馅灌装,以及热加工、冷却、包装和销售的主要物理控制值见表 3-3。

表 3-3　蒸煮香肠加工控制表

加工工序	控制点	栅栏控制值
原料选择	瘦肉	热鲜肉、−30～−2℃冷鲜肉或冻肉，pH 最好是不同部位肉的混合
	肥肉	−1～2℃
分割绞切	加工间	不高于 12℃，光照强度 400～500lx
斩拌制馅	斩拌后肉馅	温度 10～18℃，pH5.8～6.2，a_w0.96～0.98
肉馅灌装	灌装时肉馅	不高于 20℃
热加工 （发色、烟熏、蒸煮）	产品	至中心温度 72～75℃，pH5.9～6.4，a_w0.96～0.98
冷却	冷却间	−1～2℃(不高于 5℃)，约 90%相对湿度，避光或光照强度不超过 60lx
	产品	−1～2℃(不高于 5℃)
包装	包装间	不高于 15℃，光照强度 300～400lx
	产品	不高于 5℃，pH5.9～6.4，a_w0.96～0.98
营销和贮藏 （包装或非包装）	销售或贮藏间	−1～2℃(不高于 7℃)，光照强度小于 600lx

4. 肝肠

　　肝肠加工主要工序的控制见表 3-4，主要的环节和关键点包括原料选择、预热加工、斩拌制馅、灌装，以及热加工、冷却、包装与营销和贮藏。

表 3-4　肝肠加工控制表

加工工序	控制点	栅栏控制值
原料选择	瘦肉	热鲜肉、−30～2℃冷鲜肉或冻肉，pH：牛肉 5.5～6.2，猪肉 5.7～6.4
	肝	热鲜肝、−30～−2℃冷鲜或冻肝，pH：牛肝 6.2～6.5，猪肝 6.3～6.5
	肥肉	热鲜肥肉、−30～−2℃冷鲜或冻肥肉
预热加工	瘦肉和肥肉	切为大块的肉料 80～90℃热加工（至中心温度不低于 65℃）
斩拌制馅	肉馅	预热加工的肉降温至 60℃立即热斩拌，其间加入上述热鲜肝或−30～2℃冷鲜或冻肝斩拌
灌装	肉馅	40℃以上热灌装
热加工	产品	至中心温度 75℃

续表

加工工序	控制点	栅栏控制值
冷却	冷却间	−1～2℃(不高于5℃)，约90%相对湿度，避光或光照强度不超过60lx
	产品	−1～2℃(不高于5℃)
包装	包装间	不高于15℃,光照强度300～400lx
	产品	1～2℃(不高于5℃)，pH6.0～6.5,a_w0.95～0.97
营销和贮藏(包装或非包装)	销售或贮藏间	非包装非切片产品：−1～5℃(不高于10℃)，光照强度小于600lx 切段或切片预包装产品：−1～2℃(不高于7℃)，光照强度小于600lx

5. 血肠

　　血肠加工主要工序的控制见表3-5,主要的环节和关键点包括原料选择、斩拌制馅、灌装,以及热加工、冷却、包装与营销和贮藏。

表 3-5　血肠加工控制表

加工工序	控制点	栅栏控制值
原料选择	瘦肉	热鲜肉或−30～2℃冷鲜肉或冻肉，pH:牛肉5.5～6.2,猪肉5.7～6.4
	血	热鲜血或0～1℃冷鲜血，pH7.3～7.6
	肥肉	热鲜肥肉、−30～2℃冷鲜或冻肥肉
斩拌制馅	猪皮	80～90℃煮制,热绞切
	血	冷血或微温血
	肥瘦肉块	80～90℃煮制(至中心温度65℃),热绞切
	制作后肉馅	30～40℃
灌装	肉馅	30～40℃
热加工	产品	至中心温度75℃
冷却	冷却间	−1～2℃(不高于5℃)，约90%相对湿度，避光或光照强度不超过60lx
	产品	−1～2℃(不高于5℃)

续表

加工工序	控制点	栅栏控制值
包装	包装间	不高于15℃,光照强度300～400lx
	产品	1～2℃(不高于5℃), pH6.5～6.8,a_w0.95～0.97
营销和贮藏 (包装或非包装)	销售或贮藏间	非包装非切片产品:−1～5℃(不高于10℃), 光照强度小于600lx 切段或切片预包装产品:−1～2℃(不高于7℃), 光照强度小于600lx

6. 盐水火腿(或腌腊酱卤肉)

盐水火腿(或腌腊酱卤肉)加工主要工序的控制见表3-6,主要的环节和关键点包括原料选择、分割整理、腌制料调制及腌制肉切块,以及热加工、冷却、包装与营销和贮藏。

表3-6　盐水火腿(或腌腊酱卤肉)加工控制表

加工工序	控制点	栅栏控制值
原料选择	原料肉	热鲜肉或−1～2℃冷鲜肉, pH_1或pH_{24-48}5.8或更高
分割整理(生肉)	分割整理间	不高于12℃,光照强度400～500lx
腌制(发色、熟成)	腌制间	0～5℃,避光或光照强度不超过60lx
	注射用盐水和调制后盐水	0～5℃,pH6.2～6.5
切块,灌装	加工间	不高于15℃,光照强度400～500lx
热加工	产品	至中心温度至少65℃
冷却	冷却间	−1～2℃(不高于5℃), 避光或光照强度不超过60lx
包装	包装间	不高于15℃,光照强度300～400lx
	产品	不高于5℃, pH5.8～6.4,a_w0.96～0.98
营销和贮藏 (切段预包装)	销售或贮藏间	−1～2℃(不高于5℃),光照强度小于600lx

7. 发酵香肠

发酵香肠的加工工序控制见表3-7,主要工序和控制点包括原料选择、分割整理、斩拌制馅、灌装、发酵、贮藏熟成、包装与营销和贮藏。这里介绍的是三阶段缓慢发酵法加工的发酵香肠。

表 3-7 发酵香肠加工工序控制表

加工工序	控制点	栅栏控制值
原料选择	瘦肉	−30~0℃冷鲜肉或冻肉； pH$_{24}$猪肉至 6.0,牛肉至 5.8;a_w0.99~0.98
	肥膘肉	−30~−10℃冻肉
分割整理	分割整理间	不高于 12℃,光照强度 400~500lx
斩拌制馅	肉馅	−5~0℃,pH 至 5.9,a_w0.96~0.97
灌装	肉馅	−3~1℃
发酵	平衡:发酵间	20~25℃,相对湿度低于 60%,时间大约 6h
	第一阶段: 发酵间 产品	18~25℃,相对湿度 90%~92%,气流速度 0.5~0.8m/s,避光 pH5.2~5.6,a_w0.94~0.96,时间 2~4h
	第二阶段: 发酵间 产品	18~22℃,相对湿度 85%~90%,气流速度 0.2~0.5m/s,避光 pH4.8~5.2,a_w0.90~0.95,时间 5~10h (半硬短期发酵肠发酵期结束)
	第三阶段: 发酵间 产品	15℃左右,相对湿度 75%~80%,气流速度 0.05~0.1m/s,避光 pH5.0~5.6,a_w0.85~0.92,时间 5~10h (半硬较短期发酵肠加工期结束)
贮藏熟成	加工间	10~15℃,相对湿度 75%~80%, 气流速度 0.05~0.1m/s,避光
包装	包装间 产品	不高于 15℃,光照强度 300~400lx 10~15℃
营销和贮藏	销售或贮藏间	非包装整节香肠产品不高于 15℃,光照强度小于 600lx;切片或 切节预包装产品不高于 10℃,光照强度小于 600lx

8. 发酵火腿、腊肉

发酵火腿和发酵腌腊肉(包括猪后腿、猪肉、牛肉加工的各式发酵腌制生制品)加工工序控制见表 3-8,主要工序和控制点包括原料选择、分割整理、腌制发酵(发色、熟成)、修割整型、烟熏、贮藏熟成、包装与营销和贮藏。

表 3-8 发酵火腿和发酵腌腊肉加工控制表

加工工序	控制点	栅栏控制值
原料选择	原料肉	−1~2℃冷鲜肉； pH:猪肉至 6.0,牛肉至 5.8
分割整理(生肉)	分割整理间	不高于 12℃,光照强度 400~500lx
腌制发酵 (发色、熟成)		不高于 5℃,避光或光照强度不超过 60lx
	注射用盐水和调制后盐水	0~5℃,pH6.2~6.5
	腌制间	0~5℃,60%~80%相对湿度, 避光或光照强度不超过 60lx

续表

加工工序	控制点	栅栏控制值
修割整型	加工间	不高于18℃,光照强度400～500lx
烟熏	烟熏室	不高于18℃,80%相对湿度,避光
贮藏熟成	贮藏室	5～12℃,75%相对湿度,避光或光照强度不超过60lx
包装	包装间	不高于15℃,光照强度300～400lx
	产品	5～12℃,a_w0.80～0.94
营销和贮藏	销售或贮藏间	非包装肉块产品10～15℃,光照强度小于600lx;切片预包装产品10～12℃,光照强度小于600lx

9. 肉罐头制品

肉罐头应该是安全、高品质和易贮藏的肉制品,这一产品的加工取决于微生物和工艺因素。根据不同的产品类型设置不同的杀菌温度,以使其达到所需的杀灭不利微生物的 F。在产品类型上包括热加工温度68～75℃的低温肉制品罐头,热加工 Fc0.4 的罐头(大约为肉制品热加工至中心温度达110℃后保温10min),热加工 Fc4.0～5.5 的高温罐头(大约为热加工至中心温度121℃后保温50min左右),以及热加工 Fc12～15 的超高温罐头。相应的控制值和产品保质期见表3-9。

表3-9　肉罐头制品加工控制表

产品类型	可贮性及特征	热加工及其他栅栏控制值	对微生物的作用
Ⅰ	5℃可保存6个月的罐头	中心温度达68～75℃	可抑制非芽孢菌
Ⅱ	10℃可保存12个月的罐头	Fc＝0.4	可抑制非芽孢菌及嗜冷芽孢菌
Ⅲ	10℃(15℃)可保存12个月的罐头	Fc＝0.6～0.8	可抑制非芽孢菌、嗜冷芽孢菌及嗜温杆菌
Ⅳ	25℃可保存4年的罐头	Fc＝4.0～5.5	可抑制非芽孢菌、嗜冷芽孢菌、嗜温杆菌及嗜温梭状芽孢杆菌
Ⅴ	40℃可保存12个月的超高温罐头	Fc＝12～15	可抑制非芽孢菌、嗜冷芽孢菌、嗜温杆菌、嗜温梭状芽孢菌及嗜热芽孢菌
Ⅵ	25℃以下可保存12个月的软罐头	除巴氏热加工外,还需适当降低 a_w、pH 和 Eh,并通过亚硝等多个栅栏联合防腐保质	可抑制非芽孢杆菌和残存的所有芽孢菌

二、德国军需肉制品研发和产业化中的栅栏控制

德国肉类研究中心实施了一项研究开发军用肉制品的项目,所需的肉制品要求是非

冷藏可贮,30℃条件下 6 天保质,具鲜产品美味特色。按照投标要求,德国 24 家肉品生产厂提供了百余种产品,对初步筛选的 75 种满足 30℃条件下 6 天内具可贮性的产品进一步建立不同的栅栏技术,保证产品优质、可贮的理化、微生物和工艺特性的系统研究,结果将 75 种产品分为如表 3-10 的八大类型,应用栅栏技术对每一类型产品提出了标准化、优质化加工建议,根据 HACCP 管理法原则制订了每一产品的加工关键控制点,再投入标准化大规模生产。这些产品对各地越来越流行的非冷藏可贮方便肉制品的开发也具有重要指导性意义。

表 3-10　德国军需肉制品选择类型及其产品质量控制栅栏

序号	产品类型	主要栅栏因子	加工栅栏控制
1	快速发酵香肠	pH<5.4,a_w<0.95	原料肉初始菌低,pH>5.8,添加 2.4%亚硝混合腌制品(NPS),0.2%~0.55%葡萄糖或 0.3%葡萄糖醛酸内酯及乳酸菌发酵剂。发酵温度不低于 22℃,微烟熏,真空或气调包装
2	迷你萨拉米香肠	a_w<0.82(发酵型)或 a_w<0.85(蒸煮型)	原料新鲜的猪硬膘和 pH<5.8 的猪瘦肉,蒸煮至中心温度 70℃后干燥(蒸煮型),添加迷迭香鼠尾草、柠檬酸和抗坏血酸盐进一步降低酸度,微烟熏,镀铝复合袋子纯氮气调包装
3	F-SSP 高压蒸煮肠	a_w<0.97(法兰克福肠)或 a_w<0.96(肝肠、血肠等)	原料尽可能少含芽孢菌,PVDC 肠衣灌装,热加工压力 1.8~2.0bar,温度 103~108℃,时间 20~40min(至 F>0.40)
4	a_w-SSP 产品	a_w<0.95	严格限制水的添加量,热加工至中心温度不低于 75℃,微烟熏,山梨酸钾处理外表,真空包装
5	巴氏灭菌 a_w-SSP 产品	a_w<0.95	加工要求与 a_w-SSP 产品类似,真空包装后经 82~85℃处理 45min,至中心温度在 75℃左右
6	pH-SSP 产品	pH<5.2	添加 1.8%~2.0%的亚硝混合腌制盐,2.0%~2.4%明胶,加乙酸调节 pH 低于 4.8,灌入肠衣后巴氏处理至中心温度 72℃ 以上,但不超过 80℃
7	Combi-SSP 产品	a_w<0.965,pH<5.7	原辅料尽可能少含芽孢菌,应用香精型辅料,添加 100ppm 亚硝酸盐,热加工至中心温度不低于 72℃,微烟熏,产品真空包装后 82~85℃巴氏处理 45~60min
8	软罐头产品	F 约为 2.5	原辅料初始芽孢菌量低,香肠直径小于 3cm,扁平铝薄复合袋真空包装后高压蒸煮

第 1 类:快速发酵香肠。这类产品具质软味鲜、可贮性佳的特点。所选用的原料肉应初始菌最低,pH>5.8。加工中添加 2.4%亚硝混合腌制品(NPS),0.2%~0.55%葡萄糖或 0.3%葡萄糖醛酸内酯及乳酸菌发酵剂。发酵温度不低于 22℃,成品 pH<5.4,a_w<0.95,并通过微烟熏提高 Pres. 栅栏作用而进一步保证产品稳定性。建议真空或气调包装后贮存。

第 2 类:迷你萨拉米香肠,包括 a_w<0.82,货架期 7 个月的发酵香肠型和 a_w<0.85,货架期 9 个月,蒸煮至中心温度 70℃后干燥加工而成的法兰克福香肠型两种。其原料须是新鲜的猪硬膘和 pH<5.8 的猪瘦肉。通过添加迷迭香鼠尾草、柠檬酸和抗坏血酸盐进一步降低酸度,加工中微烟熏处理。成品镀铝复合袋子纯氮气调包装,以抗酸败和抑制菌生长。对发酵香肠型迷你萨拉米还可采用热处理法抑制沙门氏菌。

第 3 类:F-SSP 产品,主要为各种高压蒸煮香肠。加工原料尽可能少含芽孢菌,肉馅灌入 PVDC 肠衣内,热加工压力 18~2.0bar(冷却阶段 2.0~2.2bar),温度 103~108℃,时间 20~40min(至 F>0.40)。成品 a_w<0.97(法兰克福香肠型)或 a_w<0.96(肝肠、血肠等)。此类 PVDC 肠衣包装的高压蒸煮香肠,其内 Eh 较低,可抑制 a_w 的杆菌,但成品 a_w 仍需低于 0.97 或 0.96,才能有效抑制残存的杆菌和梭菌,对血肠类产品,pH<6.5 也是必不可少的抑菌保质栅栏。

第 4 类:a_w-SSP 产品。通过降低 a_w(低于 0.95)而保证其非冷藏可贮性产品。其共同的加工要点是:严格限制水的添加量,热加工至中心温度不低于 75℃。a_w 调节至低于 0.95。由于其热处理温度不高,杆菌和梭菌芽孢极易残存,a_w 和低 Eh 就成为重要的抑制防腐栅栏。另一缺陷是水汽易透过肠衣导致表面霉菌生长,可采用真空包装法、烟熏法或山梨酸钾处理外表法防霉。

第 5 类:巴氏灭菌 a_w-SSP 产品。将产品包装后再经巴氏灭菌处理工序加工而成,其加工要求与 a_w-SSP 产品类似,但真空包装后还需经 82~85℃处理 45min,至中心温度在 75℃左右,最好是采用水浴法处理。巴氏处理进一步抑制了包括耐 a_w 的各种污染菌,特别是乳酸菌和霉菌。

第 6 类:pH-SSP 产品。调节 pH 以保证产品的可贮性。德国军需肉制品肉冻肠(Brawn),内有大小不超过 1cm×1cm 的肉块,添加 1.8%~2.0%的亚硝混合腌制盐,2.0%~2.4%明胶,肉与明胶液之比为 6:4。加乙酸调节明胶液 pH 低于 4.8,产品 pH 应低于 5.2。预制的热汤料和肉块混合后立即灌入肠衣,巴氏热处理至中心温度 72℃以上,但不超过 80℃。残存微生物的抑制通过 pH 栅栏实现,即使在高于 25℃的室温内贮存,产品货架期也在 7 天以上。

第 7 类:Combi-SSP 产品,包括各种 30℃条件下可贮期达 6 天以上的 Bologna 型香肠,即肉糜型香肠。其可贮性由两个以上强度均等的栅栏结合效应而保证。其加工关键技术是:原辅料尽可能少含芽孢菌,为此最好应用香精型辅料;添加 100ppm 亚硝酸盐,热加工至中心温度不低于 72℃,a_w 调节至低于 0.965,pH<5.7,也可烟熏进一步改善其可贮性。产品真空包装后 82~85℃巴氏处理 45~60min。

第 8 类:软罐头产品,就是将小径肠衣的肉糜香肠,如维也纳香肠、午餐肉肠等,用扁平铝薄复合袋真空包装,再高压蒸煮而成。其加工首先要求原辅料初始芽孢菌量低,香肠直径小于 3cm,香肠制作时 a_w 和 pH 有一定降低度,镀铝复合袋包装后高压蒸煮至 F 约为 2.5。

三、西式肉糜香肠肉制品中式化加工栅栏控制研究

肉制品加工中原料、辅料中微生物总的消长趋势是,制品中不论是微生物种类还是数

量都减少,但是加工中的生设备、器具及生产车间环境又会不断地在制作中污染制品,如何确定肉制品加工中的危险关键点及通过控制微生物阻滞因素,即设定栅栏因子来达到控制微生物增殖需要的基本条件以限制微生物的活性。车芙蓉、李江阔、岳喜庆等研究了西式肉制品在我国的加工条件下原料、辅料及加工工艺流程中微生物的消长情况,制订出了相应的关键控制点,并应用栅栏技术控制微生物延长产品货架期。以下是车芙蓉等的实验研究报道。

1. 材料与方法

1) 原辅料:直接取样于肉制品厂。

2) 加工设备:绞肉机,真空搅拌机,腌制库(0~4℃),冷藏库(−18℃),真空填充机,自动打卡机,斩拌机,烟熏炉,喷淋装置,冷却间(10~15℃),真空包装机,成品库。

3) 微生物检测方法:大肠菌群细菌总数 GB 4789-3—1984;细菌总数 GB 4789-2—1984;沙门氏菌 GB 4789-4—1984;志贺氏菌 GB 4789-5—1984;肉毒梭菌 GB 4785-12—1984;金黄色葡萄球菌 GB 4789-10—1984;霉菌数目测定 GB 4789—1984。

4) 肉制品加工工艺流程:选料→缓化→消毒处理→修整→绞馅→腌制→拌馅→灌制→烘烤→煮制→冷却→包装→二次灭菌→冷却→成品。

2. 肉制品加工中关键点选择

肉制品的腐败变质主要由微生物污染增殖和脂肪酸败造成。根据检测结果,在原料、辅料中主要的细菌类群有假单孢菌、变形杆菌、芽孢杆菌、大肠菌群,酵母类群有红酵母、假丝酵母,霉菌类群有交链孢霉、青霉、毛霉、根霉、曲霉。其中原料肉中的杂菌数在 4.6×10^6 cfu/g 上下波动。辅料中杂菌数见表 3-11,说明辅料是肉制品中微生物污染的重要途径之一,也是卫生质量保障的一个关键控制点。

表 3-11　肉制品辅料中的细菌总数

原料种类	细菌总数/(cfu/g)	原料种类	细菌总数/(cfu/g)
孜然	5.1×10^4	芝麻	1.4×10^5
辣椒粉	3.5×10^5	凌韦	3.1×10^4
全统	3.2×10^4	中央	1.4×10^2
富赛宝	4.7×10^4	变性淀粉	<10
玉米淀粉	<10		

表 3-12 表明,微生物数目的消长是随着加工工艺的不同而变化的,趋势是随工艺而减少。表 3-13 表明加工车间环境及用品的卫生状况也是肉制品直接污染途径,通过检测结果可以确定,肉制品各主要工艺工序及车间环境、加工用具、人员卫生是食品质量保障的关键控制点。

表 3-12　肉制品加工中微生物增长情况

加工工序	微生物数目/(cfu/g)				
	细菌总数	霉菌总数	酵母菌数	大肠杆菌	致病菌
绞馅	6.0×10^5	2.8×10^4	1.5×10^4	$>2.4 \times 10^4$	未检出
腌制	3.7×10^5	2.2×10^4	1.2×10^4	$>2.4 \times 10^4$	未检出
灌制	3.8×10^5	2.5×10^4	1.4×10^4	$>2.4 \times 10^4$	未检出
烟熏	1.2×10^3	4.2×10^4	5.2×10	<30	未检出
包装	4.2×10^2	2.2×10^4	2.4×10	<30	未检出
蒸煮	9.0×10	<10	<10	<30	未检出

表 3-13　肉制品加工车间环境微生物情况

车间	细菌数目/(cfu/cm²)					
	空气	人手部	工作台面	电子秤面	食品筐	食品车
修整	1.2×10^4	2.2×10^4	3.5×10^3	1.5×10^4	5.5×10^3	4.5×10^4
灌制	9.2×10^3	2.5×10^4	4.0×10^3	2.5×10^4	4.5×10^3	3.5×10^4
包装	8.5×10^3	3.5×10^4	5.5×10^3	3.0×10^4	6.5×10^3	2.5×10^4

3. 根据确定的关键控制点对栅栏因子进行选择

对杀菌处理辅料方法的选择结果(表 3-14)表明,微波对细菌、霉菌杀菌效果好,尤其对霉菌作用显著。原料肉空气缓化温度的选择(表 3-15)表明,冻肉缓化过程细菌及大肠菌群数随缓化温度升高而增加,缓化温度(10 ± 1)℃后冻肉可在 24h 左右达到完全解冻,缓化温度低于(10 ± 1)℃,解冻时间延长,影响生产周期,同时增加了缓化肉的干耗,肉表面失水形成硬膜。以整个加工效益考虑选择缓化温度为(10 ± 1)℃较适宜。

表 3-14　几种杀菌方式的杀菌效果

辅料种类	检测项目	杀菌方式检出量/(cfu/g)		
		巴氏杀菌 (80℃,10h)	紫外线(15W,50cm, 2h,厚 1cm)	微波(915MHz, 2min)
芝麻	细菌总数	4.0×10^4	3.2×10^3	1.8×10^2
	霉菌总数	3.6×10^4	4.5×10^2	8.3×10
孜然	细菌总数	7.2×10^3	7.2×10^3	3.6×10^2
	霉菌总数	2.8×10^4	5.2×10^3	3.2×10
辣椒粉	细菌总数	3.5×10^4	6.2×10^3	1.2×10^2
	霉菌总数	6.3×10^3	3.4×10^2	1.3×10

表 3-15　原料肉空气缓化温度的选择

	(5 ± 1)℃	(10 ± 1)℃	(15 ± 1)℃	(20 ± 1)℃
细菌总数/(cfu/g)	1.2×10^4	1.7×10^4	2.5×10^4	5.6×10^4
大肠杆菌数/(个/100g)	402	605	2400	3300

4. 通过肉制品加工过程中确定的关键点设置栅栏限值

原料肉的缓化、腌制、绞碎、拌馅、灌制、煮制 6 道工序是肉制品生产中的关键控制点，缓化、腌制、煮制 3 道工序的温度是影响细菌和大肠菌群生物繁殖的增加量及受热致死的减少量的关键因子，而绞碎、拌馅、灌制 3 道工序除了温度以外，在该工序中半成品所接触到的设备和器具的清洁状况，工人手部卫生状况也是影响细菌总数、霉菌数和大肠菌群数的重要因素。

针对各关键点的各自特点，设计不同高度的栅栏，确定各栅栏的临界高度，它们是缓化温度(10 ± 1)℃,时间(23 ± 1)h;腌制温度$<(10\pm1)$℃,时间 2～3 天;绞碎、拌馅、灌制温度$<(10\pm1)$℃;设备清洗液为 60℃,8％火碱溶液;蒸煮水温度 84～90℃,时间 40min,工人手部消毒液为 1％拜洁,浸泡 1min;加工辅料采用微波 915MHz,2min。

5. 选择关键点的验证及栅栏控制

表 3-16 表明,在香肠加工过程中所确定的 CCP 是可信的,所采取的栅栏因子是可行的,使产品货架期得到了明显延长。

表 3-16　产品保质期实验

放置时间/天	盐水火腿					
	试验样品			对照样品		
	感官状态	杂菌数/(cfu/g)	大肠菌群/(个/100g)	感官状态	杂菌数/(cfu/g)	大肠菌群/(个/100g)
0	正常	2.0×10	<30	正常	2.5×10^2	<30
7	正常	9.0×10	<30	正常	8.0×10^2	<30
15	正常	5.8×10^2	<30	色变浅	2.5×10^3	<30
20	正常	2.0×10^3	<30	色变浅	3.5×10^5	<30
30	正常	2.5×10^4	<30	色发白	2.5×10^8	<30

放置时间/天	烤肠					
	试验样品			对照样品		
	感官状态	杂菌数/(cfu/g)	大肠菌群/(个/100g)	感官状态	杂菌数/(cfu/g)	大肠菌群/(个/100g)
0	正常	2.5×10	<30	正常	3.0×10^2	<30
7	正常	6.5×10^2	<30	正常	6.0×10^4	<30
15	正常	4.5×10^3	<30	色变浅	5.0×10^5	<30
20	正常	2.0×10^4	<30	色变浅	4.5×10^6	<30
30	正常	2.5×10^5	<30	色发白	2.0×10^7	<30

注:存放条件,室温(20 ± 1)℃,试验样品为采取措施后,对照样品为采取措施前

将基于 HACCP 管理条件下,该类产品栅栏控制为:一是辅料及香辛料处理、控制栅栏为微波 915MHz,2min;二是原料肉缓化,栅栏为缓化温度(20 ± 1)℃,时间(23 ± 1)h;三是二次污染控制,控制栅栏为 1％拜洁浸泡 1min;四是腌制温度$\leqslant(20\pm1)$℃,时间 2～

3 天,绞碎、拌馅与灌制温度≤(20⊥1)℃,煮制温度 84·~90℃,时问 40min。

第二节　发酵香肠加工与栅栏技术

一、不同类型发酵香肠栅栏因子及栅栏控制研究

西式发酵香肠约在 1720 年诞生于意大利,几十年后从意大利传入欧洲各国,逐渐形成原辅料配方、加工方法、风味特色各异的不同产品类型,可根据发酵方式、加工时间、干湿状态等特性将其分为三大类型:一是大多采用天然发酵法加工而成,发酵充分,质地干硬的干香肠(如意大利 Milan salami);二是通常添加发酵剂缓慢发酵,发酵较充分,具可切片性,质地比干香肠略软的中间水分香肠(如德国 Katenrauchwurst);三是添加发酵剂快速发酵,质软且具可涂布性的非干燥发酵肠(如美国 Summer sausage)。发酵香肠是西式传统肉制品的典型代表,其独特的传统风味和出色的非冷藏可贮性对这些产品的经久不衰和广为流传产生了重要影响。王卫等对此进行了研究,结果表明,不同类型发酵香肠的风味特性和微生物稳定性取决于加工及贮藏过程中不同抑菌、防腐和保质因子的相互作用,涉及的主要栅栏包括 t(较低温发酵控制)、a_w(降低水分活度)、pH(调节酸碱度)、Eh(降低氧化还原值)、c. f.(应用乳酸菌等优势菌群)和 Pres.(应用亚硝酸盐等防腐剂,或烟熏)。这些因子及其互作效应,即栅栏效应(hurdle effect)决定了产品微生物稳定性及其质量稳定性。

1. 产品配方及工艺

选择传统自然发酵、添加发酵剂缓慢发酵和添加发酵剂快速发酵 3 类西式发酵香肠的典型代表,包括意大利的 Milan salami 干香肠,德国的 Katenrauchwurst 中间水分香肠和美国的 Summer sausage 非干燥发酵肠,与中式风干腊肠进行比较,添加 Chr. Hansen 公司的微生物发酵剂 SM-194 和 F-1,按照表 3-17 配方和加工方法制作,对加工进程 a_w 和 pH 变化,以及成品重要理化及微生物指标进行测定,分析比较不同类型产品特性,以及可能存在的栅栏互作效应对产品可贮性及总质量特性的影响。

表 3-17　发酵香肠实验产品选择及其配方和加工工艺

组别	类型	产品	配方	发酵工艺
1	传统天然发酵型干香肠	意大利 Milan salami	牛肉,猪瘦肉,猪脊膘,食盐,硝酸钾,硝酸钠,酱油,胡椒	8～15℃ 挂晾自然发酵风干,至 a_w<0.86
2	添加发酵剂缓慢发酵型中间水分香肠	德国 Katenrauchwurst	牛肉,猪瘦肉,猪脊膘,食盐,糖浆,亚硝酸钠,胡椒,大蒜,SM-194 发酵剂*	18～22℃ 发酵,15～18℃ 熟成干燥至 a_w< 0.90,相对湿度从 90% 逐渐降至 75%

续表

组别	类型	产品	配方	发酵工艺
3	添加发酵剂快速发酵型非干燥发酵肠	美国 Summer sausage	牛肉,猪瘦肉,猪脊膘,食盐,葡萄糖,亚硝酸钠,异维生素C钠,胡椒,葡萄糖醛酸内酯(GDL),F-1发酵剂**	25~26℃发酵,18~20℃熟成干燥至 a_w < 0.94,相对湿度90%
4	中式风干腊肠	川式腊肠 Sichuan sausage	猪瘦肉,猪脊膘,食盐,亚硝酸钠,酱油,五香粉	8~15℃挂晾自然发酵风干,至 a_w < 0.80

* SM-194：*Pediococcus pentosaceus*、*Staphylococcus xylosus*、*Staphylococcus carnosus*、*Lactobacillus sakei*、*Debaromyces hansenii*

** F-1：*Pediococcus pentosaceus*、*Staphylococcus xylosus*

2. 测定指标及方法

发酵香肠测定指标及方法见表 3-18。

表 3-18　发酵香肠测定指标及方法

	指标	方法
感官	色泽、气味、滋味、组织结构	评定小组采用9分制评分标准:9极好,8相当好,7好,6一般,5可以,4较差,3差,2极差,1不可接受(Incze,1987)
理化	a_w	水分活度仪测定法(Model SJN5021-AW)
	pH	酸度仪测定法(Model 51 8012-OH)
	水分/%	红外快速水分测定仪测定法(DHS20-1)
	糖(以蔗糖计)/%	还原糖测定法(GB/T 9695.31—1991)
	食盐/%	硝酸银溶液法(GB/T 9695.8—1988)
	硝酸盐残留(以 NO_2 计)/(mg/kg)	盐酸萘乙二胺法(GB 5009.33—1996)
微生物	总菌数/(cfu/g)	APT培养基倾注法(GB 4789.3—1994)
	乳酸菌/(cfu/100g)	RSL培养基倾注法(30℃,2~3天)
	大肠菌群/(cfu/100g)	乳糖胆盐发酵法(GB 4789.3—1994)
	致病菌	GB 4789.4—1994~GB 4789.10—1994方法

3. 加工进程 a_w 和 pH 变化

不同类型发酵香肠加工进程 a_w 和 pH 变化如图 3-1 和图 3-2 所示,图示反映出在本实验条件下各组别 a_w 和 pH 变化的显著差异。

传统天然发酵型产品(1 组)pH 自然发酵前 5 天变化不大,第 8 天达 5.5 的最低点,然后逐渐回升,成品 pH5.7; a_w 加工期持续缓慢下降,至 30 天达 0.81。添加发酵剂缓慢

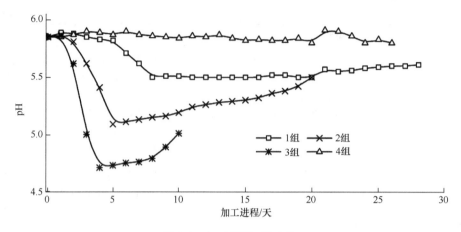

图 3-1　加工进程 pH 变化

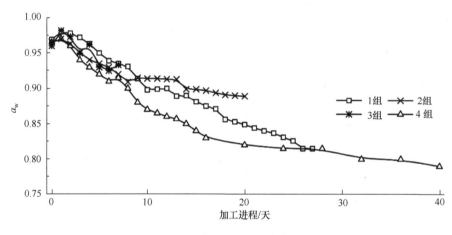

图 3-2　加工进程 a_w 变化

发酵型产品(2 组)发酵最初几天 pH 下降快,至第 5 天已达 5.1 的最低点,然后逐回升,加工结束时 pH5.5;a_w 发酵前阶段下降快,至 7 天为 0.92,然后缓慢下降,至第 19 天成品 a_w0.89。添加发酵剂快速发酵型(3 组)在较高温度发酵及 GDL 作用下 pH 下降迅速,至第 3 天达 4.7 的最低点,然后稍有回升,加工结束时 pH5.0;a_w 发酵前 3 天下降略快,至第 10 天成品 a_w0.93。中式腊肠(4 组)pH 始终变化不大,仅是在开始几天略有上升,风干中期略有下降,但始终保持在 5.8 左右;a_w 随风干发酵进程逐步下降,成品稳定大约在 0.8。

4. 不同类型发酵香肠产品特性的比较

表 3-19 是不同类型发酵香肠成品特性指标测定结果。结果比较可见,传统天然发酵型产品(1 组、4 组)和添加发酵剂缓慢发酵型产品(2 组)均在 a_w<0.92 的中间水分食品(IMF)范围,只有快速发酵肠的 3 组 a_w0.93,已属于高水分食品。不同产品 pH 的比较,3 组最低(pH4.90)。水分含量差异趋势同 a_w。食盐除中式腊肠外各组间仅在小幅度范

围变化,硝酸盐残留量自然风干的 1 组和 4 组最低,其次是 2 组,快速发酵法的 3 组最高。Wang 等对不同类型发酵肠的研究结果与此接近。

表 3-19　不同类型发酵香肠产品特性指标测定结果

指标		组别			
		1	2	3	4
理化	a_w	0.84	0.89	0.93	0.79
	pH	5.75	5.50	4.90	5.80
	水分/%	25.6	29.7	30.9	24.7
	糖(以蔗糖计)/%	0.9	1.1	1.3	1.4
	食盐/%	4.0	4.1	4.5	5.2
	硝酸盐残留(以 NO_2 计)/(mg/kg)	20	22	23	18
微生物	总菌数/(cfu/g)	2.2×10^7	4.7×10^7	1.5×10^8	1.4×10^5
	乳酸菌/(cfu/g)	1.1×10^6	1.6×10^6	2.7×10^6	1.7×10^4
	大肠菌群/(cfu/100g)	<10	<10	<10	<10
	致病菌	未检出	未检出	未检出	未检出

　　微生物测定结果,在本实验条件下,西式发酵香肠总菌数为 $10^7 \sim 10^8$ cfu/g,乳酸菌为 10^6 cfu/g。在中式腊肠总菌数为 $10^4 \sim 10^5$ cfu/g,乳酸菌为 10^4 cfu/g。各组均未检出致病菌,大肠菌群也难以检出,产品质量符合中国肉类食品安全标准。发酵香肠的微生物特性已通过长期深入的研究所揭示,所涉及的与发酵有关的微生物包括乳酸菌、葡萄球菌、微球菌、酵母菌和霉菌,其中最重要的如植物乳杆菌、木糖葡萄球菌、变异微球菌等。添加发酵剂的发酵香肠,在发酵开始阶段鲜肠馅中微生物总菌数就已高于 10^5,并随发酵进程不断增加,肠馅结构也随 pH 的下降由溶胶态转为凝胶态。不同微生物在发酵进程中发挥不同的作用,如乳酸菌降低 pH 而酸化,葡萄球菌还原亚硝酸盐发色,微球菌解脂解朊增香等,对产品质量特性,尤其是特有风味的形成起着极为重要的作用。

　　传统产品的显著特点之一是其出色的非冷藏可贮性。根据 Rödel 的研究,食品的可贮性可通过产品的 a_w 和(或)pH 这两个最为重要的指标予以确定,根据产品的 a_w 和(或)pH 可将其分为极易腐败、易腐败和易贮存 3 类。按照这一标准,$a_w > 0.95$ 和 pH > 5.2 的产品为极易腐败食品,$a_w \leqslant 0.95$ 或 pH $\leqslant 5.2$ 的为易腐败食品,肉制品达到非冷藏可贮的条件是 $a_w \leqslant 0.95$ 和 pH $\leqslant 5.2$,以及 $a_w \leqslant 0.91$ 或 pH $\leqslant 5.0$(Wirth et al.,1990)。本实验测定结果表明,包括中式腊肠在内的传统天然发酵型产品主要通过降低 a_w 而实现。添加发酵剂缓慢发酵型产品是 a_w 和 pH 的共同作用,其中 a_w 的作用稍强。快速发酵型产品加工期短,其可贮性显然是通过较低 pH(<5.2)所决定,同时 $a_w 0.93$ 也起到一定辅助作用。

　　值得关注的是缓慢发酵、干燥型产品,其可贮性因素主要是 a_w(<0.92)。欧洲一些发酵干香肠产品特性与中式腊肠极为相似。例如,西班牙的 Secallona 肠,发酵干燥至 15 天,产品 $a_w 0.80 \sim 0.81$,pH $5.9 \sim 6.1$。正宗的意大利 Salami 需较长时间发酵干燥,但

产品特性也与 Secallona 肠接近。按照中国的传统消费习惯,腊肠产品特性应是 a_w
$0.80\sim0.81$,pH5.8～6.0。新近开发的西式发酵香肠,受消费者青睐的也是 pH 不是很
低、风味柔和的缓慢发酵型产品,影响其市场性的问题在于较长生产周期所致的较高成本
(Gould,1995;Kanatt et al.,2002)。这类发酵产品的开发主要通过发酵条件的优化和优
质微生物发酵剂的选择,在尽可能保证产品风味得以充分形成的前提下,缩短加工期,降
低生产成本,而其可贮性主要是通过 a_w 和 pH 双向调节,大多产品 a_w 为 $0.85\sim0.90$,pH
为 $5.3\sim5.6$。这可为中式腊肠加工改进中发酵剂的应用,以及西式发酵香肠开发中产品
类型的选择提供借鉴。

　　不同类型的发酵香肠,其防腐保质栅栏因子及其互作方式迥然不同,即使是同类型的
发酵香肠,由于配方或工艺上的差异,尽管防腐保质栅栏相近,其作用强度及顺序也有可
能差别很大。研究表明,包括中国腊肠在内的天然风干型发酵香肠以 a_w 为主,t、c.f.、
Pres. 等为辅;添加发酵剂缓慢发酵型产品以 a_w 为主的同时,pH 和 c.f. 等的作用也极为
重要;快速发酵型产品则是以 pH 为主,并与 a_w、c.f. 等互作效应决定产品的质量特性
(Knauf,1995;Leistner and Rodel,1975)。中式腊肠栅栏因子效应及其与西式发酵香肠
比较的研究,对于在实际生产中通过栅栏因子的调控优化加工工艺,甚至应用西式发酵香
肠的微生物发酵剂改进产品质量,缩短加工期,保证产品可贮性和安全性具有重要意义。

　　5. 结语

　　不同类型的发酵香肠呈现显著不同的产品特性,可能存在的防腐保质栅栏因子及其
互作效应也有较大差异。包括中国腊肠在内的天然发酵型干香肠的可贮性主要通过加工
进程 a_w 持续下降而达到。

　　西式发酵香肠可容许较低的 pH,但具有广阔消费市场前景的仍是风味柔和、酸味不
是很强的缓慢发酵型产品。尤其是对于中式消费习惯,味酸香肠是产品腐败或质量低劣
的标志。因此可贮性通过 a_w 下降为主,而不是 pH 下降而实现的产品类型。因此在发酵
香肠的开发和微生物发酵剂及其工艺的选择上应充分考虑这一长期形成的消费习惯。

　　自然风干型中式腊肠在产品加工、理化及微生物特性上与西式发酵干香肠极为相似,
但加工周期长,加工成本高。为适应现代加工需求,可通过发酵条件的优化和微生物发酵
剂类型的选择,在保证其接近于中式腊肠的产品风味得以充分形成的前提下,缩短加工
期,保证产品安全性和质量特性。

二、发酵香肠加工栅栏控制与产品质量优化

　　发酵香肠在各地均呈流行趋势,即使是澳大利亚、巴西等曾经对发酵肉制品难以接受
的地区,而今发酵香肠消费市场也不断扩大。甚而在亚洲各国,在对传统中式腊肠不断改
进的同时,发酵香肠的研制开发也备受关注。

　　微生物及理化特性研究表明,可贮而优质的发酵香肠是通过加工及贮存过程中各种
内外在因素的相互作用以保证,其中主要因素包括 Pres.(添加亚硝酸盐)、a_w(降低水分
活度)、pH(酸化)、Eh(降低氧化还原值)及 c.f.(竞争性优势菌)等。这些因素在不同时
间以一定顺序及不同强度交互影响,在有效抑制假单胞菌、沙门氏菌、金黄色葡萄球菌等

不利微生物的同时,又利于乳酸杆菌、微球菌等益生菌的生长。栅栏技术与 HACCP 管理法的结合应用,在加工管理和新风味产品开发上具有重要意义。HACCP 已成为优质发酵香肠加工中必不可少的管理方法。本书在分析发酵香肠防腐保质机制的基础上,概述了栅栏技术应用于发酵香肠加工控制与优化方面的研究与应用的进展情况。

1. 发酵香肠栅栏效应与防腐保质机制

优质发酵香肠首先是具可贮性和卫生安全性,也即具良好的微生物稳定性。这一微生物稳定性取决于产品内不同防腐抑菌因素的相互作用。Leistner 等通过研究与应用对栅栏技术进行了不断完善,卓有成效之一是在干香肠加工领域。Leistner 等通过研究得出结论,对于烘烤干燥法加工的中式腊肠,其防腐保质栅栏主要是 a_w,即通过烘烤快速脱水及添加的食盐、糖等的调节使香肠的 a_w 在烘烤 12h 后降至低于 0.92,24h 低于 0.90,成品 a_w 在 0.80 左右,可使产品保持较佳的微生物稳定性,当然较高的脱水温度(约 60℃)也起到辅助栅栏作用(F 因子)。Leistner 等对发酵香肠的研究最为引人注目,研究结果表明,保证发酵香肠优质可贮的栅栏因子包括 a_w(降低水分活度)、pH(发酵酸化)、c. f.(发酵菌优势竞争)、Eh(降低氧化还原值)和 Pres.(添加亚硝酸盐、烟熏)。每一因子均可对不利微生物导致的产品腐败及质量下降起到栅栏式的阻碍作用,且每一因子都有其特定的影响阶段,并按一定顺序及不同强度与其他因子交互作用。Leistner 等根据大量研究结果绘制出了发酵香肠防腐保质栅栏因子交互作用顺序图(图 3-3)。

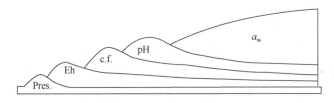

图 3-3　发酵香肠防腐保质栅栏因子交互作用顺序图

在肉料斩拌和充填后的发酵初期,发酵香肠中添加的亚硝酸盐起到最重要的防腐作用,此时其他抑菌栅栏尚未建立,这就是图 3-3 所示的初始阶段 Pres. 栅栏的作用,此作用一直延续到成品贮存阶段。测定表明,作为 Pres. 栅栏的有效抑菌强度是亚硝酸盐添加量至少为 125ppm。硝酸盐在此阶段也可有效抑制沙门氏菌,但其抑菌效能的较强发挥是在发酵阶段被细菌还原为亚硝酸盐之后。紧接 Pres. 之后的第二个抑菌栅栏是 Eh。充填入肠衣后的肠馅氧化还原值较高,添加的抗坏血酸或抗坏血酸盐、糖等辅料,以及某些微生物的生长耗氧均可逐步降低 Eh,所发挥的栅栏效能是多方面的。首先低 Eh 在抑制假单胞菌等好气性微生物生长上的作用比亚硝酸盐还强,这类不利菌在原料肉中一般残留量较高,是导致肉品腐败变质的主要危险源。而低 Eh 又利于有益性乳酸菌的生长,从而起到竞争性优势作用。对于发酵期 2 个月以上的产品,Eh 在发酵后期有可能再次上升,因此 Eh 栅栏作用尽管在产品加工贮藏中始终存在,但逐渐有所减弱。尽管如此,Eh 栅栏在香肠发酵前期仍起到了关键作用。

继 Eh 之后起主要防腐保质作用的栅栏因子是 c. f.,即乳酸菌的迅速生长。乳酸菌的大量生长不仅夺取了其他不利菌繁殖所需的营养源和场地,代谢所产生的乳杆菌素和乳酸可直接有效抑制各种腐败菌和病原菌。对欧式发酵香肠,乳酸菌的作用至关重要。发酵香肠中 c. f. 栅栏的作用始终存在,但也呈逐渐减弱趋势。紧接其后是微生物发酵产酸所至的酸化,使 pH 成为防腐保质的重要栅栏。对于快速发酵法加工的产品,因其 a_w 较高,pH 栅栏的作用显得尤为重要。肠馅 pH 下降速度及下降值取决于发酵温度和糖的添加量。低温长时间发酵加工产品,如意大利 Salami,pH 下降较缓,成品 pH 也较高(5.8~6.0),已接近于非发酵型中式腊肠的 pH 水平;而较高温下快速发酵型产品,则下降度较大,除较高温度和添加较多糖外,有的产品还通过添加葡萄糖醛酸内酯(GDL)直接酸化以增强 pH 栅栏强度。尽管如此,发酵香肠 pH 也不能太低,如德式产品,pH 低于5.4 的产品已很罕见。

随发酵时间延长,肠馅 pH 又有所回升(图 3-3),通过酸化保证微生物稳定性的作用毕竟有限,且逐渐有所减弱,而发酵干燥使 a_w 逐渐降低所致的防腐保质栅栏对产品质量的保证才最为关键。在整个加工贮藏期,a_w 均持续下降,但只有在发酵干燥至一定阶段,这一栅栏才开始发挥重要性。a_w 下降程度取决于产品配方和发酵条件(温度、湿度、时间)的调控。对于低温长时间发酵产品,由于亚硝酸盐残留渐减,pH 有所回升,香肠的可贮性主要是建立于 a_w 栅栏和 c. f. 栅栏(尤其是乳酸杆菌的大量增殖)之上。上述 pH、a_w、c. f. 等栅栏在不同时间按一定顺序交互作用,在有效抑制不利微生物的同时又能促进发酵菌生长,从而保证产品优质和卫生安全。

2. 发酵香肠栅栏控制与产品品质优化

栅栏效应揭示了食品防腐保质的基本原理。发酵香肠中 a_w、pH、c. f. 、Eh、Pres. 等栅栏因子的共同作用、交互影响,从而调控着有益菌的发酵,抑制不利菌的生长,改善产品质量,保证其可贮性和卫生安全性。以发酵香肠栅栏效应机制的揭示为基础,通过配方调整,工艺优化,并借助于现代监测手段和管理技术,从而调控栅栏因子及其互作效果,改善产品可贮性,提高产品的质量,或推出新型风味产品。在发酵香肠加工中,由于其防腐保质栅栏因子的详尽揭示,产品加工控制与优化已有据可依。按照栅栏技术应用原理,根据产品上加工控制、工艺优化或新产品设计的不同需要,建立加工关键控制点(CCP),再通过 HACCP 管理法付诸实施,可以说是对发酵香肠加工上的突破性进展。王卫等对发酵香肠加工关键控制点(CCP)的研究如表 3-20 所示。

表 3-20　发酵香肠加工关键控制点(CCP)表

序号	CCP	监测点	栅栏控制值
1	原料总菌数	原料肉	好氧菌<5×10^6 cfu/g,肠道菌群<10^5 cfu/g
2	原料温度	原料肉	0~2℃(抑制沙门氏菌 7℃)
3	原料 pH	原料肉	>5.8
4	原料 a_w	原料肉	<0.96
5	食盐添加量	肉馅	2.5%~3.0%(根据产品类型)

续表

序号	CCP	监测点	栅栏控制值
6	亚硝酸盐添加量	肉馅	125ppm(快速发酵型)
7	硝酸盐添加量	肉馅	300ppm
8	糖添加量	肉馅	葡萄糖/蔗糖 0.3%(慢速型)或 0.5%~0.7%(快速型),可以 0.5%~1.0%乳糖替代
9	GDL 添加量	肉馅	快速发酵型 0.3%
10	发酵剂	肉馅	用于快速或普通发酵型,乳酸菌和微球菌混合剂为主
11	发酵温度	肠馅	起始不高于 22℃或 25℃,添加硝酸盐或亚硝酸盐腌制则不高于 18℃
12	发酵湿度 RH	发酵间	起始 90%,逐渐降至 75%,最后阶段又升至80%~90%
13	气调度	发酵间	起始为 0.5~0.8m/s,结束为 0.2~0.5m/s
14	菌群生长	肠馅中	乳酸菌占绝对优势,也容许微球菌和少量酵母菌,成品肠道菌群不得高于 10^4 cfu/g
		肠表面	只容许有益性霉菌(如纳地青霉)、酵母菌(如汉逊氏酵母)生长,或用山梨酸盐抑制霉菌
15	烟熏	香肠	微烟熏,苯并芘残留<1ppb①
16	pH	香肠	发酵第 2 天(快速型)或第 4~6 天(慢速型)降至5.0,<18℃发酵型 5.8~6.0
17	a_w	香肠	<0.90(慢速型)或 0.96(快速型),也可以<0.86(日本或美国产品)

3. 发酵香肠产品开发与栅栏技术

发酵香肠在各地均呈流行趋势,即使是澳大利亚、巴西等曾经对发酵肉制品难以接受的地区,而今发酵香肠消费市场也在不断扩大。甚而在亚洲各国,传统中式腊肠也面临这一发酵产品的挑战。一方面是正宗的欧式发酵香肠已逐步培养了一定范围的消费群体,特别是年轻的一代,越来越对这一风味产品产生浓厚兴趣。另一方面则是适应当地消费习惯、对原产品进行改进的新风味发酵香肠的出现。例如,在日本等地加工的发酵香肠,融入中式腊肠的配方及工艺,选择尽可能产酸度低的发酵菌及发酵条件,并在最后阶段巴氏热加工处理,在进一步增加防腐保质栅栏,杀灭不利微生物的同时,也满足了传统产品热加工后食用的习惯。在中国,欧式发酵香肠已开始被市场所接受,而传统腊肠中添加发酵剂的研究与应用已广受关注。中国大陆及台湾的许多研究者认为,在中式腊肠中添加乳酸杆菌等发酵菌,将有助于提高这一传统产品的防腐保质栅栏强度并增加新的栅栏因

---

① ppb 为 10 亿分之一

子,从而改善产品风味及营养特性,延长保存期,进一步保证产品卫生安全性,促进产品加工标准化。而适宜于中式腊肠的微生物菌种的筛选将是其进展中最重要的步骤。

在欧美各国,以市场为导向的发酵香肠的开发备受重视。以迷你萨拉米(mini-Salami)发酵香肠为例,这是一种在传统发酵香肠配方及工艺基础上推出的现代"消闲风味"方便食品,该产品以结实干爽、风味别致、小巧易携带而广受消费者,特别是儿童的青睐。仅德国就有十余个生产厂家,有的厂年产量达2亿根以上。迷你萨拉米可分为两种类型,一种是生制型,发酵干燥至 a_w<0.82;另一种是熟制型,热处理至中心温度70℃后再干燥而成。迷你萨拉米最显著特点是出色的非冷藏可贮性,在常温下货架期7个月以上。其关键工艺措施,一是以 pH<5.8 的鲜猪肉为原料,尽可能减少初始菌,特别是芽孢杆菌数;二是添加柠檬酸和可降低 pH 及抗氧的迷迭香、鼠尾草等辅料;三是产品烟熏处理以增香防腐;四是成品用镀铝纯氮气调包装以避光阻氧。通过多个强度较缓的栅栏因子互作而保质防腐,可以说是应用栅栏技术的典范。

发酵香肠的加工遍及世界各地,产品众多,风味特色各异,保证其优质可贮的加工技术也日臻完善,关键进展是建立于对其产品及工艺特性的深入研究,特别是对其防腐保质栅栏互作机制揭示的基础上。然而不同类型的产品栅栏作用强度及顺序各有不同,至今针对不同发酵香肠的有效抑制不利菌而利于发酵菌生长,保证产品质量的加工关键控制点(CCP)的准确定位仍然有限。此外,关键点的建立也仅仅是解决问题的第一步;生产线上 HACCP 的实施才是实现质量可控的根本保证。应根据市场需求变化调整加工方案,应用栅栏技术对传统产品进行不断改进,并推出独具风味及营养特性的产品。

三、迷你萨拉米香肠开发与栅栏技术

发酵香肠的研究在我国已受到广泛关注,目前已研究开发的主要为快速发酵型产品,采用植物乳杆菌等乳酸菌型为主导的发酵剂,甚至辅以葡萄糖醛酸内酯快速发酵酸化,加工产品大多 pH 较低(pH4.8~5.1),质地较软。发酵香肠可容许较低的 pH,但较低 pH 的酸味发酵香肠对于包括中国在内的许多地区的消费者是难以接受的,即使在发酵香肠的主产地欧洲,较受消费者喜爱的仍是发酵期较长,质地较硬的产品类型。王卫(2003)在对不同发酵方法和微生物发酵剂对发酵香肠产品特性影响的基础上,以变异微球菌和戊糖片球菌为发酵剂,采用缓慢发酵法,并通过包装后巴氏处理以灭菌、终止发酵和熟化,加工出质地口感适中、风味柔和、可贮性佳的熟制型迷你萨拉米香肠(mini-salami),产品主要特性指标为 a_w0.84~0.85,pH5.3~5.4,25℃货架期<3个月,2~8℃6个月以上。通过产品加工进程及成品主要产品特性指标的测定,对保证产品可贮性和风味特色的栅栏因子及其可能的互作效应进行了初步探讨,并以此为依据,提出了确保产品优质性和卫生安全性的加工关键控制点(CCP)。

1. 原辅料配方与加工工艺

在成都伍田食品有限公司发酵香肠生产线上进行实验,原辅料由该公司原辅料车间提供,符合国家质量卫生标准。发酵剂为变异微球菌(*Micrococcus varians*)和戊糖片球菌(*Pediococcus pentosaceus*)以2:1比例组合,由德国肉类研究中心(German Meat Research Center)提供。

1) 产品配方：牛肉50，猪瘦肉21，猪肥肉25，食盐2，白糖2，亚硝酸钠0.01，迷你萨拉米香肠调香混合粉1，葡萄酒0.9，发酵剂0.09。

2) 工艺流程：原辅料选择→整理分割→肉料切块→冷却→肉料绞制→斩拌（添加辅料）→充填灌装→发酵→熟成→包装→灭菌→冷却→检验→成品。

2. 测定指标与方法

对迷你萨拉米香肠加工进程及成品中决定产品特性的主要理化和微生物指标（栅栏）进行测定，以作为分析产品栅栏效应的依据。测定指标及其方法如下。

a_w：水分活度仪测定法（Model SJN5021-AW）；pH：酸度仪测定法（Model 51 8012-OH）；食盐：硝酸银溶液法（GB/T 9695.8—1991）；水分：红外快速水分测定仪测定法（Model DHS20-1）；糖：还原糖测定法（GB/T 9695.31—1991）；总菌数（cfu/g）：APT 培养基倾注法（GB/T 4789.2—1994）。

3. 实验结果

测定得出迷你萨拉米香肠加工进程 pH、a_w、总菌数等特性指标（栅栏）的变化如图 3-4 和图 3-5 所示。pH 起始值 5.8，第 3~5 天下降迅速，第 6 天降至 5.1 的最低点，然后逐步有所回升，至 12 天成品值 5.3；a_w 起始值 0.98，在整个加工进程逐步下降，至 12 天成品值 0.86；总菌数起始值 10^4，第 1 天添加发酵菌升至 >10^7 cfu/g，加工中一致保持 >10^7 cfu/g 的较高量，第 12 天巴氏灭菌后降至 <10^4 cfu/g；硝酸盐残留起始值 9mg/kg，添加辅料后升至 132mg/kg，随加工进程逐步下降，至 12 天成品中 22mg/kg。

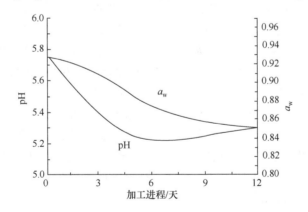

图 3-4　迷你萨拉米香肠加工进程 a_w 和 pH 变化

4. 栅栏因子及其互作效应分析

对迷你萨拉米香肠主要特性指标（栅栏因子）和其在加工中的变化测定及分析结果为依据，绘制出迷你萨拉米香肠防腐保质栅栏因子及其可能的交互作用顺序图（图 3-6）。在保证产品质量特性和可贮性的诸多因子中，可包括 Pres.、a_w、pH、c. f.、Eh 和 F。

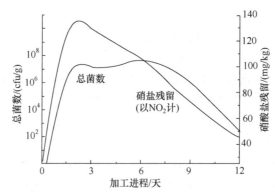

图 3-5　迷你萨拉米香肠加工进程总菌数和硝酸盐残留变化

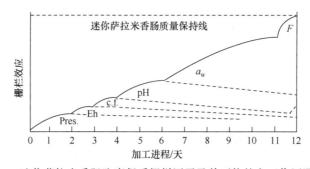

图 3-6　迷你萨拉米香肠防腐保质栅栏因子及其可能的交互作用顺序图

在肉料斩拌和充填后的发酵初期(第 1～2 天),发酵香肠中添加的亚硝酸盐起到最重要的防腐作用,此时其他抑菌栅栏尚未建立,这就是初始阶段 Pres. 栅栏的作用,此作用一直延续到成品贮存阶段。测定表明,作为 Pres. 栅栏的有效抑菌强度是亚硝酸盐添加量至少 0.06g/kg。紧接 Pres. 之后的抑菌栅栏是 Eh。充填入肠衣后的肠馅氧化还原值较高,添加抗坏血酸盐、糖等辅料,以及某些微生物的生长耗氧均可逐步降低 Eh,从而可抑制假单胞菌等好气性微生物,利于有益性乳酸菌的生长,在加工的第 3～4 天起到竞争性优势作用。继 Eh 之后起主要防腐保质作用的栅栏因子是 c.f.,即添加的发酵菌及其在发酵阶段的迅速生长,对抑制其他有害菌至关重要。发酵香肠中 c.f. 栅栏的作用始终存在,而迷你萨拉米香肠以微球菌和葡萄球菌为发酵菌,在第 3～6 天也可发挥一定作用,但呈较快的下降态势,至第 12 天热处理后作用完全丧失。紧接其后是微生物发酵产酸所致的酸化,使 pH 成为防腐保质的又一栅栏。对于迷你萨拉米香肠,pH 栅栏的作用不如快速发酵法加工的 a_w 较高的产品重要。

随发酵时间延长,肠馅 pH 又有所回升(图 3-6),通过酸化保证微生物稳定性的作用毕竟有限,且逐渐有所减弱,而发酵干燥使 a_w 逐渐降低所致的防腐保质栅栏,对迷你萨拉米产品质量的保证才最为关键。Rodel 研究得出结论,食品的可贮性可大致通过产品的 a_w 和(或)pH 这两个最为重要的指标予以确定,根据产品的 a_w 和(或)pH 可将其分为极易腐败、易腐败和易贮存 3 类。按照这一标准,肉制品达到非冷藏可贮的条件是 $a_w \leqslant 0.95$ 和 pH $\leqslant$ 5.2,以及 $a_w \leqslant 0.91$ 或 pH $\leqslant 5.0$。迷你萨拉米香肠成品 a_w 和 pH 分别为 0.86 和 5.3,显然是属于 $a_w \leqslant 0.91$ 的中间水分易贮藏食品,其可贮性主要以降低 a_w 所保证。

在整个加工贮藏期，a_w 均持续下降，但只有在发酵干燥至一定阶段（第 6 天），这一栅栏才开始发挥重要性。a_w 下降程度取决于产品配方和发酵条件（温度、湿度、时间）的调控。对于低温较长时间发酵产品，由于亚硝酸残留渐减，pH 有所回升，真空包装脱氧使 Eh 栅栏作用稍有增强，而巴氏处理又使有益微生物的 c.f. 栅栏基本上不复存在。上述以 a_w 为主导，pH、c.f.、F 等栅栏在不同时间按一定顺序交互作用，在有效抑制不利微生物的同时又能促进发酵菌生长，从而保证产品优质和卫生安全。

5. 迷你萨拉米香肠加工控制与优化

测定分析得出迷你萨拉米香肠栅栏因子及其互作顺序，添加亚硝酸盐 0.1～0.13g/kg，在加工的第 1～3 天起 Pres. 栅栏作用；发酵风干脱水及添加食盐和糖的调节降低 a_w，在加工至第 6 天后降至低于 0.93 发挥作用，在成品中低于 0.86 而起主导作用；发酵酸化，在第 4 天降至低于 5.2 发挥一定 pH 栅栏作用；竞争性优势菌，在发酵至第 3 天和第 12 天高于 10^7 cfu/g 而发挥一定 c.f. 栅栏作用。此外可能的抑菌栅栏还有 Eh（发酵微生物生长耗氧及成品真空包装降低氧化还原值）和 F（包装后产品的热处理灭菌）。这些因素在不同时间以一定顺序及不同强度交互影响，在有效抑制不利微生物的同时，又利于微球菌等益生菌的生长及产品特有感官和风味的形成。在迷你萨拉米香肠的加工中，需根据不同加工阶段针对确定的控制点实施控制参数（栅栏强度），确保产品优质性和卫生安全性。以此为依据，建议迷你萨拉米香肠加工关键控制点（CCP）如表 3-21 所示。

表 3-21　迷你萨拉米香肠加工关键控制点（CCP）表

序号	CCP	监测点	控制值
1	原料总菌数	原料肉	总菌数<10^4 cfu/g
2	原料温度	原料肉	0～2℃
3	原料 pH	原料肉	>5.8
4	食盐添加量	肉馅	2.0%～2.5%
5	亚硝酸添加量	肉馅	0.1～0.13g/kg
6	糖添加量	肉馅	蔗糖 2%
7	肠馅总菌数	肉馅	发酵菌添加量>10^5 cfu/g 肉馅，第 3 天增加至>10^7 cfu/g 肉馅
8	发酵温度	肉馅	起始不高于 22℃，24h 后不高于 18℃
9	发酵湿度 RH	发酵间	起始 90%，逐渐降至 75%，最后阶段又升至 80%～90%
10	加工中香肠 a_w	香肠	第 4 天<0.95，第 6 天<0.93，第 10 天<0.86
11	加工中香肠 pH	香肠	第 4 天<5.3，第 6 天<5.2，第 10 天<5.4
12	包装	香肠	煮沸袋包装间温度不高于 15℃
13	灭菌	香肠	水温 85～90℃，至中心温度 72℃
14	成品 a_w	香肠	<0.86
15	成品 pH	香肠	5.3～5.4
16	成品总菌数	香肠	<10^4 cfu/g

　　栅栏效应分析,初步揭示了保证迷你萨拉米香肠可贮性和风味特性的栅栏因子及其可能的互作效应。结果表明,其中主要因子为 a_w,辅助因子包括 Pres.、pH 和 c.f.,此外 Eh 和 F 也可发挥一定作用,这些栅栏在不同时间以一定顺序及不同强度交互影响,从而调控着有益菌的发酵,抑制不利菌的生长,形成产品特有风味,保证其可贮性和卫生安全性,这一互作效应是极为复杂的。有必要根据栅栏技术的基本原理,进一步深入研究迷你萨拉米香肠可能的防腐保质栅栏因子及其互作效应,为产品加工控制与优化提供依据,并借助于现代工艺、监测和管理技术,从而调控栅栏因子及其作用强度,改善产品可贮性,提高产品的质量,加工出优质可贮的产品。

第四章　肉制品加工优化及肉类屠宰分割中栅栏技术的应用

第一节　中式肉制品加工优化与栅栏技术

一、兔肉制品栅栏因子及控制研究

应用栅栏技术改进传统肉制品加工方法,对提升品质和保障产品安全性有着特别重要的意义。王卫等选择 3 种不同类型的产品,即缠丝兔(腌腊肉制品)、风味烤兔(烧烤制品)和五香卤兔(酱卤制品),按传统配方和常规工艺加工生产,测定加工后及贮存期产品的 a_w、pH、NaCl、总菌量、肠杆菌等理化及微生物指标。通过对产品特性和可贮性的分析,探讨应用栅栏技术优化传统工艺,改善产品质量,保证其卫生安全性的可行途径。

1. 材料和方法

(1) 产品配方

按传统配方选用原辅料,辅料主要为食盐、白砂糖、料酒、酱油、五香料及其他香辛料。

(2) 工艺流程

缠丝兔:屠宰→整理→配料腌制(湿腌法,4℃)挂晾→涂料→缠丝成型→干燥脱水→成熟→包装→贮存。

风味烤兔:屠宰→整理→配料→腌制→风干→成型→烧烤→冷却→包装→贮存。

五香卤兔:屠宰→整理→烫漂→制卤→卤煮→整型→上料→成品。

(3) 测定指标

加工后成品水分活度(a_w)、pH、NaCl、硝酸盐残留、总菌量、肠杆菌等;常温(21～23℃)或冷藏(4℃)贮存 1 个月或 2 个月后主要理化及微生物指标。

2. 结果及讨论

表 4-1 和表 4-2 是 3 种兔肉制品主要理化、微生物指标及贮存稳定性测定结果。

表 4-1　3 种兔肉制品理化及微生物指标

产品	缠丝兔	风味烤兔	五香卤兔
a_w	0.88～0.90	0.915～0.925	0.965～0.97
pH	6.0	5.9	6.1
NaCl/%	4.97	3.5	1.4
Nitrit/ppm	14	28	2.0
总菌量/(cfu/cm²)	$4.0×10^3$	$2.1×10^3$	<10
肠杆菌/(cfu/100g)	<10	<10	<10

表 4-2　3 种兔肉制品贮存期主要理化及微生物指标变化

贮存条件	测定值	缠丝兔	风味烤兔	五香卤兔
成品	a_w	0.89	0.93	0.97
	pH	6.0	5.9	6.1
	GKZ	4.0×10^3	2.1×10^3	<10
	EB	<10	<10	<10
21~23℃ 30 天	a_w	0.89	0.93	
	pH	5.9	6.0	
	GKZ	5.6×10^6	9.0×10^6	
	EB	<10	<10	
4℃ 30 天	a_w			0.98
	pH			6.1
	GKZ			9.6×10^6
	EB			<10
21~23℃ 60 天	a_w	0.88	0.92	
	pH	5.8	6.0	
	GKZ	9.3×10^6	3.3×10^6	
	EB	<10	<10	
4℃ 60 天	a_w		0.92	
	pH		6.1	
	GKZ		1.4×10^5	
	EB		<10	

注:GKZ. 总菌量(cfu/cm^2);EB. 肠杆菌(cfu/100g)

1) 缠丝兔:成品主要理化及微生物指标为 a_w0.88~0.90,pH6.0,NaCl 4.97%,硝酸盐残留(以 Nitrit 计)14ppm,总菌量 4.0×10^3 cfu/cm^2,肠杆菌<10cfu/100g。结果表明缠丝兔是典型的 a_w0.60~0.90 的中间水分食品(IMF),这类产品具良好的微生物稳定性和非冷藏可贮性。常温(21~23℃)条件下贮存 2 个月后,其总菌量尽管从初始的 $4\times10^3$$cfu/cm^2$ 增至 $9.3\times10^6$$cfu/cm^2$,但其肠杆菌始终无检出量。贮存期 a_w 和 pH 稍有变化,a_w 从 0.89 降至 0.88,pH 从 6.0 降至 5.8。对于腌腊型兔肉制品,总菌量的增加主要是乳酸菌,而其感官质量评定,色、香、味均在可接受范围,按常规食用方法烹饪后腊香扑鼻,风味尤佳。与一般腌腊生肉制品一样,缠丝兔的可贮性和卫生安全性主要建立于有效降低水分活度(a_w)上:一是添加食盐、白砂糖等的调节,二是烘烤快速脱水干燥,因此适宜的烘烤温度的调控显然很重要。当然残存的硝酸盐、真空包装等也对抑菌和延长保存期有一定作用。

2) 风味烤兔:主要理化及微生物指标为 a_w0.915~0.925,pH5.9,NaCl 3.5%,硝酸盐残留(以 Nitrit 计)28ppm,总菌量 2.1×10^3 cfu/cm^2,肠杆菌<10cfu/100g。这一产品是原料经腌制后再风干以适当降低水分活度(a_w),再高温烧烤而成,a_w 介于缠丝兔和五

香卤兔之间,室温(21～23℃)贮存 30 天后,总菌量从 $2.1\times10^3\,cfu/cm^2$ 增至 $9.0\times10^6\,cfu/cm^2$,至 60 天为 $3.3\times10^6\,cfu/cm^2$。其间 a_w 略下降,pH 略上升,至 30 天显然已超过卫生法规定标准。而在 4℃条件下冷藏则产品呈现良好可贮性,至 60 天总菌量 $1.4\times10^5\,cfu/cm^2$,肠杆菌难以检出,感官评定仍具较好食用价值。这一冷藏条件下的可贮性主要建立于高温烧烤灭菌和较低 a_w(<0.93)抑菌之上。食盐和糖等添加剂的调节、风干和烧烤脱水导致 a_w 从原料的 0.99 降至成品的 0.92。贮存期低温和残存硝酸盐进一步抑制不利微生物生长而使产品保持微生物稳定性。

3) 五香卤兔:主要理化及微生物指标为 a_w0.965～0.97,pH6.1,NaCl 1.4%,硝酸盐残留(以 Nitrit 计)2.0ppm,总菌量$<10cfu/cm^2$,肠杆菌$<10cfu/100g$。这一产品较长时间卤煮保证了卫生质量,但属于高水分食品(high moisture food),$a_w>0.96$,在缺乏有效抑菌因子作用条件下极易腐败,冷藏可贮性也仅数天,测定表明,4℃条件下贮存 30 天,总菌量已从$<10cfu/100g$增至 $9.6\times10^6\,cfu/cm^2$,尽管其 a_w 和 pH 仍无很大变化,但作为熟肉制品已属变质食品而不能再食用。

3. 结语

对 3 种不同类型的兔肉制品进行了主要理化及微生物指标测定,结果反映出传统工艺赋予产品的不同特性。五香卤兔属于 $a_w>0.95$ 的极易腐败产品(easily perishable product,EPP),可贮性冷藏条件下也仅数天。风味烤兔 a_w0.92,仍属于易腐产品(perishable product,PP),室温下贮存期很短,最好是<10℃条件下贮存,4℃条件下货架期可达 2 个月以上。缠丝兔是中间水分食品,也属易贮存产品(shelf stable product,SSP),室温下也能较长期存放。快速加工法(烘烤干燥)加工生产的 a_w0.88～0.90 的产品,真空包装后 21～23℃条件下可贮期 2 个月以上。但这类腌腊肉制品加工中需经较长时间的腌制和干燥脱水,挂晾成熟,如果产品内不利微生物残存较多,则很可能在加工和贮存中大量增殖而对产品质量,尤其是对可贮性和卫生安全性构成威胁。因此对加工中关键控制点(critical control point,CCP)的研究至关重要,作者将继续进行探讨。

二、香豉兔肉防腐保质栅栏因子的调控研究

王卫等在新型兔肉干制品开发中,以优化传统工艺为基础,对决定产品感官及风味特性的食盐、糖、水分含量等主要指标进行了筛选,通过正交试验法筛选出保持产品最佳感官质量的食盐、糖的添加量和产品干燥脱水程度。然后以含水量、食盐和糖所确定的 a_w 作为保证产品总质量特性的主要栅栏因子,将包装产品在不同温度和时间内杀菌处理,筛选出既能保持传统肉干风味,又能保证产品可贮性的最佳 F 因子强度,从而开发出感官优于传统肉干,保质期更佳的新型兔肉制品。

1. 实验方法

(1) 产品加工方法

产品配方:剔骨兔肉 100kg,食盐 2.0～3.0kg,天然质改剂 200g,料酒 2.0kg,白砂糖2.0～4.0kg,豆豉 4kg,芝麻 500g,四川香辣酱 4kg。

　　工艺流程及主要技术参数:原料选择(鲜兔肉)→整理(剔骨、清洗后切为长块条)→腌制(加食盐、质改剂和料酒,2~4℃,24h)→卤煮(沸煮 5min,90℃保温约 1h)→成型(切为 1cm 长正方体肉粒)→脱水(80℃烘烤至所需干度)→拌料(加香辣酱)→灌装(高温蒸煮袋,50 袋)→封口→杀菌→冷却→检验→贴标→贮藏。

　　(2) 实验设计

　　通过正交试验法确定出决定产品感官及风味特性的食盐、糖、水分含量等主要指标。最佳食盐和糖通过不同添加量予以确定,含水量通过烘烤干燥时间予以控制。根据经验初步确定的因子水平见表 4-3,其中 70℃烘烤干燥 2h、4h、6h,测定兔肉达到的含水量分别大致在 40%~42%、30%~32%和 20%~22%。结果以产品感官特性为评定指标。

表 4-3　香豉兔肉食盐、糖添加量及脱水程度筛选因子水平设计

水平	因子		
	A 白糖/%	B 食盐/%	C 含水量/%
1	2.0	2.0	20~22
2	3.0	2.5	30~32
3	4.0	3.0	40~42

　　根据上述正交试验筛选确定的参数加工产品,测定由含水量和添加食盐、糖所决定的 a_w。对包装后香豉兔肉在 110℃分别杀菌 5min、10min、15min 和 20min。成品于常温库内贮藏,每月抽检 1 次,检测指标包括感官特性和总菌数等。根据实验结果确定既能保持肉干风味,又能足以保证产品可贮性的较佳杀菌强度。

2. 测定指标及方法

　　感官(色泽、香味、口感、组织状态):评定小组对成品采用 -3~3 的 7 分制评分。3 极好,2 相当好,1 好,0 一般,-1 较差,-2 差,-3 极差(Cheng and Gao,1992)。

　　a_w:水分活度仪测定法(Model SJN5021-AW);pH:酸度仪测定法(Model 51 8012-OH);水分:红外快速水分测定仪测定法(Model DHS20-1);食盐:硝酸银溶液法(GB/T 9695.8—1991);糖:还原糖测定法(GB/T 9695.31—1991);总菌数:APT 培养基倾注法(GB/T 789.2—1994)。

3. 结果与分析

　　(1) 食盐、糖的添加及肉料脱水度正交试验

　　对决定产品感官质量的主要因素——食盐和糖的添加量,以及烘烤干燥时间确定的含水量进行了正交试验。结果分析(表 4-4)显示,各因素对香豉兔肉感官指标影响最大的是 C,其次是 B 和 A,即含水量>含盐量>含糖量。结果分析得出,最佳组合为 $A_2B_1C_2$,即添加 3.0%白砂糖和 2.0%食盐,70℃烘烤干燥 2h 至肉料含水量 30%~32% 时,香豉兔肉的感官质量最佳。

表 4-4　香豉兔肉配方及工艺筛选 $L_9(3^3)$ 正交试验结果

实验号	A	B	C	色泽	香味	口感	组织结构	感官评分
1	1	1	1	1	2	1	1	5
2	1	2	2	0	1	1	2	4
3	1	3	3	2	2	0	−2	2
4	2	1	2	2	2	2	2	8
5	2	2	3	1	2	0	−1	2
6	2	3	1	2	2	0	0	4
7	3	1	3	1	2	−1	−1	1
8	3	2	1	2	1	1	2	6
9	3	3	2	1	1	0	1	3
K_1	11	14	12					
K_2	14	10	18					
K_3	10	9	5					
k_1	3.7	4.7	4.0					
k_2	4.7	3.3	6.0					
k_3	3.3	3.0	1.7					
R	1.4	1.7	4.3					

（2）保证产品可贮性栅栏因子的分析

按照添加 2.0％食盐和 3.0％糖，卤煮、成型后 70℃烘烤干燥 2h，对加工产品主要特性指标进行测定，结果为 a_w0.86，pH6.0，含水量 30.5％，含盐量 3.6％，含糖量 45％。

对传统肉干研究已表明，保证其可贮性的主要栅栏因子是 a_w，而 a_w 的降低又主要通过干燥脱水，以及添加的食盐、糖等辅料共同作用所实现。干燥脱水是降低 a_w 最有效的方法，但包括食盐和蔗糖在内的许多辅料和添加剂也可在一定程度上降低 a_w。在香豉兔肉中，成品 0.86 的 a_w 是 30.5％含水量，3.6％含盐量和 4.5％含糖量所确定的。

Leistner 等的研究表明，传统肉干非冷藏长期贮藏的条件是 a_w<0.80，有效防霉变 a_w<0.70。尽管香豉兔肉食盐、pH 等常规理化指标同肉干类制品，a_w 也在<0.90 的非冷藏可贮的中间水分食品范围，但 a_w 远高于肉干，要达到非冷藏长期可贮，必须有其他栅栏因子的互作。对于 pH6.0 左右的非酸性肉干类制品，不可能通过酸化提高 pH 栅栏的防腐性。本研究所选择的互作效应因子除常规真空包装（一定的 Eh 栅栏作用）外，主要通过高温灭菌，就是设置新的 F 栅栏因子进一步保证微生物稳定性。

4. 保证产品可贮性的较佳杀菌强度的确定

通过提高 F 延长肉干保质期，关键是控制 F 的强度。包装后产品的热灭菌温度过高，时间过长，将使产品带"罐头"味而失去肉干特色。如果是高水分食品，必须采用罐头产品较高热灭菌强度（较高 F）才能使之长期非冷藏可贮。而香豉兔肉 a_w0.86，已属于易贮存食品（a_w<0.90），因此只需较低强度 F 即可。从栅栏效应和栅栏技术的原理上分

析,香豉兔肉属于Combi-SSP食品或栅栏食品(hurdle food),也就是说这一产品的可贮性和总质量特性不同于传统肉干,主要通过干燥脱水降低 a_w 至≤0.70而达到,也不是同于罐头肉制品完全通过高温提高 F 至较高强度而保证,而是干燥脱水至 a_w 0.86,再经110℃高温杀菌,通过 F 和 a_w 的互作效应保证产品可贮性和卫生安全性,为此,真空脱氧也发挥一定作用。

香豉兔肉在110℃条件下采用不同时间杀菌,对成品感官和微生物稳定性评定结果(表4-5,表4-6)表明,5min和10min的杀菌时间对产品的感官质量影响不大,可使产品较好保证肉干特有风味。杀菌时间超过10min,对产品色泽、气味、香味和口感均不利。从微生物稳定性上分析,则是杀菌时间越长越好。而既能保持传统肉干较佳感官特性,又能达到至少9个月货架期的条件,显然是110℃杀菌10min,感官评定与杀菌5min比较差异不显著,产品贮藏至9个月,总菌数仍为 3.9×10^3 cfu/g,大大优于肉干制品≤ 10^4 cfu/g标准。

表 4-5　不同杀菌时间对香豉兔肉感官特性的影响

组别	杀菌时间/min	感官评定				
		色泽	香味	口感	组织结构	总分
1	5	3	2	2	2	7
2	10	2	2	1	1	6
3	15	−2	0	1	1	2
4	20	−1	−1	−3	−1	−6

表 4-6　不同杀菌时间的香豉兔肉贮藏期微生物稳定性实验

组别	杀菌时间/min	贮藏期总菌数变化/(cfu/g)					
		杀菌前	杀菌后	1个月	2个月	3个月	4个月
1	5	2.1×10^4	1.5×10^4	3.4×10^6	5.8×10^5	2.4×10^6	2.8×10^7
2	10	2.1×10^4	1.6×10	1.1×10	1.4×10	2.3×10	2.0×10
3	15	2.1×10^4	1.0×10	1.0×10	1.1×10	2.6×10	2.1×10^2
4	20	2.1×10^4	商业无菌	商业无菌	商业无菌	商业无菌	商业无菌

组别	杀菌时间/min	贮藏期总菌数变化/(cfu/g)					
		5个月	6个月	7个月	8个月	9个月	10个月
1	5	多不可计					
2	10	1.9×10^2	2.3×10^2	2.9×10^2	3.6×10^3	3.9×10^3	3.0×10^4
3	15	3.0×10^2	4.3×10^2	5.6×10^2	1.6×10^3	2.7×10^3	2.8×10^3
4	20	商业无菌	商业无菌	商业无菌	商业无菌	商业无菌	商业无菌

5. 产品特性测定及栅栏控制分析

表4-7是香豉兔肉感官、理化及微生物指标及其与传统肉干的比较。测定结果表明,香豉兔肉属于即食型方便营养食品,产品外观、色泽优于传统肉干,呈现特殊豆豉香味,风

味独特,无罐头制品高温杀菌特殊异味。食盐、pH 等常规理化指标同肉干类制品,a_w 略高于肉干,组织结构比传统肉干软。各项微生物指标显著优于肉干,但低于罐头制品标准(商业无菌)。

表 4-7　香豉兔肉感官、理化及微生物指标及其与传统肉干的比较

产品	感官	理化	微生物
香豉兔肉	均匀丁块状,褐红或棕红,有光泽,表面可见少量芝麻和豆豉颗粒,据特有豆豉香味,微显辣酱味,口感酥软,味鲜美醇厚,甜咸适中,回味浓郁	a_w0.86;水分 30.5%;pH5.9;NaCl 3.6%;脂肪 7.2%;糖 4.5%;蛋白质 44.5%	总菌量 1.6×10^1 cfu/g;大肠菌群<10cfu/100g;致病菌未检出
传统肉干	均匀块状(片、条、粒状),棕黄或褐色,表面可带细微绒毛或香辛料,据该品种(麻辣、五香、咖喱果汁等)特有香味,味鲜美醇厚,甜咸适中,回味浓郁	a_w0.70;水分 20%;pH5.9;NaCl≤7.0%;糖≤30%;脂肪≤10%;蛋白质≥40%	总菌量≤3.0×10^4 cfu/g;大肠菌群<30cfu/100g;致病菌不得检出

在新型肉干制品香豉兔肉开发中,对决定产品感官和可贮性的主要特性指标进行了研究。结果表明,添加 2.0% 食盐,3.0% 白糖,70℃ 烘烤干燥 2h,使肉料至含水量 30.5%,将产品 a_w 确定于 0.86,pH5.9,NaCl 3.6%,糖 4.5% 时产品风味最佳,而以 a_w0.86 作为保证产品可贮性和质量特性的主要栅栏因子,在 110℃ 条件下杀菌 10min,通过高温杀菌设置的 F 栅栏因子与 a_w 互作效应,可使产品在尽可能保持肉干传统风味的同时,常温条件下 9 个月保持较好的微生物稳定性。

三、狗肉制品栅栏保藏技术的研究

传统狗肉制品是部分地区特色产品,其制作采用的杀菌方式是高温高压灭菌,杀菌后狗肉可以达到商业无菌状态,货架期大大延长,但产品的口感、风味和营养品质均受到不同程度的损害,从而大大降低了狗肉的食用价值。陈学红等(2010)在狗肉制品加工中,通过栅栏因子的确定和栅栏控制,以确定保证狗肉制品较佳质量特性的栅栏技术,以期在不影响狗肉保藏效果的前提下,大大提高狗肉的营养和食用价值。

1. 材料与方法

(1) 材料、试剂与仪器

狗肉,徐州沛县汉戌堂食品厂;乳酸链球菌素制剂(肉制品专用),浙江银象生物工程有限公司。蛋白胨、牛肉浸膏、酵母浸粉;生物试剂有葡萄糖、氯化钠、磷酸氢二钾、硫酸锰、溴甲酚紫、结晶紫、草酸铵、碘、碘化钾、氢氧化钠分析纯。

安全智能型反压高温蒸煮锅,北京发恩科贸有限公司;YXQ-SG46-280A 手提式压力灭菌锅,上海博讯实业有限公司;SW CJ、IC 标准双人净化台,苏州净化设备厂;SHA-B 恒温振荡器、HJ-数显恒温磁力搅拌器,常州国华电器有限公司;PHS-3C 精密 pH 计,上海精密科学仪器有限公司;DNP-9162 型电热恒温培养箱,上海精宏实验设备有限公司;

光学显微镜,南京江南永新光学有限公司;ZBJ-1000 连续真空包装机,青岛艾讯包装设备有限公司。

(2) 实验方法

1) 狗肉样品的处理:取拆骨后的熟狗肉 15kg 分成 3 份,每份 5kg。按表 4-8 所示比例将乳酸链球菌素溶于适量水,加入狗肉中混匀,使狗肉充分吸收。将加乳酸链球菌素的3 份狗肉进行真空包装,每袋 200g。

表 4-8　防腐剂用量

分组	狗肉量/kg	乳酸链球菌素用量/%	乳酸链球菌素用量/g
第 1 组	5	0.05	2.5
第 2 组	5	0.075	3.75
第 3 组	5	0.1	5

2) 实验和分析方法:采用 $L_9(3^4)$ 正交试验设计,因素水平表见表 4-9,分析方法商业无菌操作按照 GB/T 4789.26—2003 进行。

表 4-9　正交试验因素水平表

水平	因素		
	A 杀菌时间/min	B 杀菌温度/℃	C 乳酸链球菌素用量/%
1	10	105	0.05
2	20	108	0.075
3	30	110	0.1

2. 结果与讨论

(1) 胀袋结果

保温期间狗肉的胀袋情况见表 4-10。

表 4-10　不同处理的保温实验胀袋情况

实验号	时间/天									
	1	2	3	4	5	6	7	8	9	10
1	1c	1b	—	1c	—	—	—	—	—	—
2	—	—	—	1c	—	1c	—	—	1c	—
3	1c	2bc	—	—	—	—	—	—	—	—
4	—	1b	—	—	—	1b	—	—	1c	—
5	—	—	—	1b	1c	—	—	—	—	—
6	—	1c	—	—	—	—	1b	—	—	—
7	—	—	—	1c	1c	—	—	—	—	—
8	—	—	—	—	—	—	—	—	1c	—
9	—	—	—	—	—	—	—	—	—	—

注:表中"b"为严重;"c"为轻微;"—"为无胀袋

表 4-11 中显示,第 1～4 组各有 3 袋出现胀袋现象,第 5～7 组各有 2 袋出现胀袋现象,第 8 组有 1 袋出现胀袋现象,第 9 组无胀袋现象;前 3 组杀菌时间为 10min,胀袋情况最严重,有 9 袋胀袋;中间 3 组杀菌时间为 20min,有 7 袋胀袋,较严重;后 3 组杀菌时间为 30min,有 3 袋胀袋。结果显示,杀菌时间为 10min 的得分为 34,杀菌时间为 20min 的得分为 33,杀菌时间为 30min 的得分为 43;杀菌温度为 105℃的得分为 35,杀菌温度为 108℃的得分为 38,杀菌温度为 110℃的得分为 37。乳酸链球菌素用量为 0.05%的得分为 36,乳酸链球菌素用量为 0.075%的得分为 37,乳酸链球菌素用量为 0.1%的得分为 37。这说明杀菌时间和杀菌温度对狗肉制品的胀袋有较大的影响,杀菌时间越长,胀袋越少。而乳酸链球菌素用量的影响不明显。最佳杀菌时间为 30min,杀菌温度为 108℃。

表 4-11　胀袋评分

实验号	1	2	3	4	5	6	7	8	9
得分	11	12	11	10	12	11	14	14	15

（2）pH 测定结果

对狗肉样品保温前后的 pH 差异进行评分,结果见表 4-12。

表 4-12　不同处理的样品在 37℃培养期间 pH 的变化

实验号	1	2	3	4	5	6	7	8	9
保温前 pH	5.92	5.92	5.92	5.92	5.92	5.92	5.92	5.92	5.92
保温后 pH	5.50	5.48	5.77	5.49	5.81	5.51	5.50	5.90	5.85
ΔpH	0.42	0.44	0.15	0.43	0.11	0.41	0.42	0.02	0.07
得分	1	1	2	1	2	1	1	3	3

表 4-12 中显示,第 1、2、4、6、7 组狗肉制品保温前后的 pH 差异为 0.3～0.5,第 3、5 组狗肉制品保温前后的 pH 差异为 0.1～0.3,第 8、9 组狗肉制品保温前后的 pH 差异为 0～0.1。从表 4-12 得分可以看出,杀菌时间为 10min 的得分为 4,杀菌时间为 20min 的得分为 4,杀菌时间为 30min 的得分为 7;杀菌温度为 105℃的得分为 3,杀菌温度为 108℃的得分为 6,杀菌温度为 110℃的得分为 6;乳酸链球菌素用量为 0.05%的得分为 5,乳酸链球菌素用量为 0.075%的得分为 5,乳酸链球菌素用量为 0.1%的得分为 5。这说明杀菌时间和杀菌温度对狗肉制品 pH 变化的影响较大。杀菌时间越长,杀菌温度越大,pH 变化越小。而乳酸链球菌素的影响不明显。最佳杀菌时间为 30min,杀菌温度为 108℃和 110℃。

（3）感官检查结果

对狗肉制品的感官进行评分,结果见表 4-13。

表 4-13　不同处理的样品在 37℃培养的感官评分

实验号	1	2	3	4	5	6	7	8	9
得分	1	1	2	2	2	2	2	3	3

表 4-13 显示,第 1、2 组中的狗肉制品感官得分为 1,第 3、4、6、7 组的狗肉制品感官得

分为 2,第 5、8、9 组的狗肉制品感官得分为 3;杀菌时间为 10min 的得分为 4,杀菌时间为 20min 的得分为 7,杀菌时间为 30min 的得分为 8;杀菌温度为 105℃的得分为 5,杀菌温度为 108℃的得分为 7,杀菌温度为 110℃的得分为 7;乳酸链球菌素用量为 0.05％的得分为 6,乳酸链球菌素用量为 0.075％的得分为 6,乳酸链球菌素用量为 0.1％的得分为 7。这说明杀菌时间和杀菌温度对狗肉制品感官变化的影响较大,而乳酸链球菌素的影响不明显。最佳杀菌时间为 30min,杀菌温度为 108℃和 110℃。

　　(4) 涂片染色镜检结果

　　在对样品肉进行涂片染色后发现,所检测的菌染色都呈紫色,即均为 G$^+$。在镜检过程中每组所观察的 5 个视野,较难分辨是否有明显的微生物增殖现象。

　　(5) 接种培养结果

　　将所要检验的狗肉进行溴甲酚紫葡萄糖肉汤培养基和庖肉培养基接种培养,结果见表 4-14。

表 4-14　接种培养评分

实验号		1	2	3	4	5	6	7	8	9
溴甲酚紫葡萄糖肉汤管	产酸	+	+	−	+	−	+	+	−	−
	产气	−	−	−	−	−	−	−	−	−
庖肉管		+	+	+	+	+	+	−	+	+
镜检		少	少	无	少	无	少	无	无	无
得分		1	1	2	1	2	1	2	2	2

　　注:溴甲酚紫葡萄糖肉汤管栏中的"+"为产生,"−"为不产生;庖肉管栏中"+"为变浑浊,"−"为不变浑浊

　　表 4-14 中显示,第 1、2、4、6 组的狗肉制品的接种培养得分为 1,第 3、5、7、8、9 组的接种培养得分为 2。杀菌时间为 10min 的得分为 4,杀菌时间为 20min 的得分为 4,杀菌时间为 30min 的得分为 6;杀菌温度为 105℃的得分为 4,杀菌温度为 108℃的得分为 5,杀菌温度为 110℃的得分为 5;乳酸链球菌素用量为 0.05％的得分为 4,乳酸链球菌素用量为 0.075％的得分为 4,乳酸链球菌素用量为 0.1％的得分为 6。这说明杀菌时间和乳酸链球菌素对狗肉制品接种培养中微生物的生长有较大的影响,而杀菌温度的影响不明显。最佳杀菌时间为 30min,乳酸链球菌素用量为 0.1％。

　　(6) 正交试验及结果分析

　　将上面各项检验评分的得分进行统计相加得出正交试验的总得分,再对其进行正交试验结果分析,分析结果见表 4-15。

表 4-15　正交试验结果表

实验号	因素				得分
	A	B	C	空	
1	1	1	1	1	14
2	1	2	2	2	15
3	1	3	3	3	17

实验号	因素				得分
	A	B	C	空	
4	2	1	2	3	14
5	2	2	3	1	19
6	2	3	1	2	15
7	3	1	3	2	20
8	3	2	1	3	22
9	3	3	2	1	23
K_1	46	48	51	56	
K_2	48	56	52	50	
K_3	65	55	56	53	
k_1	15.33	16.00	17.00	18.67	
k_2	16.00	18.67	17.33	16.67	
k_3	21.67	18.33	18.67	17.67	
R	19	8	5	6	

由表 4-15 可知，RA＞RB＞RC，所以因素从主到次的次序为 A（杀菌时间）＞B（杀菌温度）＞C（乳酸链球菌素用量）。最优方案为 $A_3B_2C_3$，即杀菌时间 30min，杀菌温度 108℃，防腐剂乳酸链球菌数用量 0.1%。本实验中正交试验第 9 组的组合 $A_3B_3C_2$ 得分最高，与正交试验结果 $A_3B_2C_3$ 不同，它们的 A 因素相同，B、C 因素不同。根据正交试验中因素水平和 k，将因素水平作为横坐标，得分作为纵坐标，作出因素与指标（得分）的关系图即趋势图，如图 4-1 和图 4-2 所示。

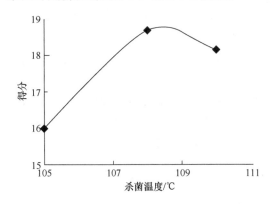

图 4-1　杀菌温度对得分的影响

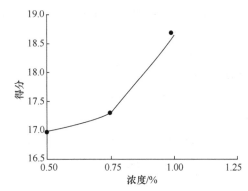

图 4-2　乳酸链球菌素用量对得分的影响

分析图 4-1，当杀菌温度超过 108℃后，得分有下降的趋势，主要表现在狗肉制品胀袋数增多，感官较差，所以选择 108℃作为最佳杀菌温度。由图 4-2 可知，得分随着防腐剂乳酸链球菌素用量的增大而增加，主要表现在狗肉制品感官较好，接种培养微生物减少，保藏效果较好。通过以上分析，确定最优水平组合为 $A_3B_2C_3$。

　　狗肉制品的胀袋、pH 变化、感官变化受杀菌时间和杀菌温度的影响较大,而乳酸链球菌素用量的影响不明显;杀菌时间和乳酸链球菌素对狗肉制品接种培养中微生物的生长有较大的影响,而杀菌温度的影响不明显。按正交试验,狗肉制品的最佳栅栏保藏技术为:杀菌时间 30min,杀菌温度 108℃,防腐剂乳酸链球菌素用量 0.1%。

四、栅栏技术结合 HACCP 体系延长"叫化鸡"货架期的研究

　　随着我国养禽业的迅猛发展,淘汰蛋鸡的出路已成为养鸡者面临的一大问题。据统计,我国每年有 20 多亿只蛋鸡被淘汰。由于淘汰蛋鸡肉质老化,在产品开发上有很多空缺,成为延长蛋鸡养殖业产业链的瓶颈。"叫化鸡"是江苏省常熟市具有地方特色的传统美食,已有 100 多年的历史,其以制法独特、肉质酥嫩、味道鲜美而名扬国内外。然而,由于传统加工工艺缺乏科学性管理,卫生条件差,致使产品货架期很短。李莹等(2012)在"叫化鸡"的工艺标准化改造基础之上,将栅栏技术和 HACCP 体系有机结合起来,应用于淘汰蛋鸡生产"叫化鸡"的深加工过程中,探讨有效地控制各个工序中的微生物,延长保质期,有效保证和提升传统鸡肉制品的质量档次问题。

1. 材料与方法

（1）材料与设备

1）原材料及试剂:淘汰蛋鸡由江苏省常熟市王四食品厂提供;培养基自制;试剂均为食品级添加剂。

2）仪器与设备:GR750 真空滚揉机、热水循环式杀菌锅、SW-CJ-1C 型超净工作台、NN-K5441JF 型微波炉(800W,2450MHz)、DZQ4001SL T8 型真空包装机、LRH-150 型培养箱。

（2）研究方法

1）菌种检测:细菌总数按 GB 4789.2—2003 进行检测,大肠菌群按 GB 4789.3—2003 进行检测(Gao and Cheng,1991)。

2）"叫化鸡"的生产工艺:原料鸡→清洗→真空滚揉→卤煮→真空包装→熟化杀菌→冷却→成品。

3）感官评分:评定小组由 5 名有感官评定经验的评价员组成,对制品的外观、风味、质地采用−3~3 分的 7 分制进行评分:3 分为最好品质,2 分为很好,1 分为好,0 分为一般,−1 分为差,−2 分为很差,−3 分为极差。取 5 人评分的平均值。

2. 结果与分析

（1）"叫化鸡"标准化生产的危害分析及关键控制点的确定

　　本研究以运用 HACCP 体系为基础,对常熟市王四食品厂"叫化鸡"制品的生产过程进行了危害分析,确定了关键控制点。在此基础之上,有目的地设置栅栏,将栅栏技术应用于"叫化鸡"制品加工中,靶向性地抑制微生物的生长,从而有效地延长产品的货架期。由单成俊的前期研究结果中,可以得知"叫化鸡"的关键控制点(CCP)为接收原料与熟化杀菌两个环节。

（2）栅栏技术的应用

任何栅栏在食品防腐中的效果，都与食品初始的带菌量相关，初始的带菌量越低，防腐效果就越令人满意。有关实验结果表明：初始菌量低的肉制品的保存期是初始菌量高的产品保存期的两倍，初始菌量是决定叫化鸡制品保质期的关键因素，本实验分别用85℃热水、75％乙醇、50mg/L 二氧化氯、0.5％乙酸和0.5％乳酸喷洒于淘汰蛋鸡的胴体，对淘汰蛋鸡的胴体表面进行清洗，在 10℃条件下排酸 48h 后，测定"叫化鸡"胴体表面的微生物数量。结果得出 75％乙醇、50mg/L 二氧化氯、0.5％乳酸对胴体表面的微生物有良好的控制作用。

防腐剂的使用能有效地延长食品的货架期。多数的革兰氏阳性菌能引起食品腐败，并导致食物中毒，乳酸链球菌素（Nisin）对它具有抑制作用。山梨酸钾可以有效地抑制霉菌、酵母和好气性腐败菌。乳酸钠不仅可减低产品的水分活度，而且乳酸根离子有抑菌功能，能抑制食品中致病菌（如 HT 大肠杆菌、李斯特菌单核增生菌、肉毒梭状芽孢杆菌等）的生长，从而增加食品的安全性。实验研究得出：防腐剂的复合使用比单一使用效果好，成本低。

熟化杀菌是"叫化鸡"生产的关键因素，不仅影响产品的口感品质，而且对产品的货架期起到了决定性的作用。高压杀菌（121℃，15min）是最可靠、应用最普遍的物理灭菌法，然而此法对肉质破坏非常大，影响消费。

在反复进行单因素试验的基础上，本研究选择 $L_9(3^3)$ 正交表进行正交试验，考察了杀菌方式（A）、防腐剂（B）及胴体清洗方式（C）等保质栅栏因子及强度对"叫化鸡"制品中微生物残留和制品保藏性的影响，实验方案及结果如表 4-16 和表 4-17 所示。

表 4-16　$L_9(3^3)$ 正交试验因素及水平的选取

水平	因素		
	A 杀菌方式	B 防腐剂	C 胴体清洗方式
1	110℃，15min	0.3％山梨酸钾＋0.5％乳酸钠	50mg/L 二氧化氯
2	微波，5min	0.03％ Nisin＋0.5％乳酸钠	75％乙醇
3	100℃，30min	0.03％Nisin＋0.3％山梨酸钾	0.5％乳酸

表 4-17　$L_9(3^3)$ 正交试验结果

实验号	A	B	C	对数细菌总数
1	1	1	1	2.86
2	1	2	2	2.23
3	1	3	3	4.15
4	3	1	2	4.84
5	3	2	3	4.57
6	3	3	1	3.02
7	3	1	3	4.39

续表

实验号	A	B	C	对数细菌总数
8	3	2	1	3.28
9	3	3	2	3.71
k_1	3.08	4.04	3.05	
k_2	4.53	3.36	3.60	
k_3	3.79	3.62	4.37	
R	1.45	0.68	1.32	

从表 4-17 中极差分析结果可知:各栅栏因子对制品贮藏性的影响程度表现为杀菌方式＞胴体清洗方式＞防腐剂。最优栅栏组合为 $A_1B_2C_1$,即用 50mg/L 二氧化氯清洗胴体、用 0.03% Nisin ＋0.5%乳酸钠进行防腐、在 110℃条件下用蒸汽杀菌 15min。在此组合条件下,制品的细菌总数为 $1.39×10^2$ cfu/g。

(3)"叫化鸡"制品的贮藏效果

贮藏实验结果(表 4-18)得出:在上述最优栅栏组合条件下制得的"叫化鸡",在 25℃条件下可保存 6 个月,在 4℃条件下保质期可能更长;与传统裹泥制得的"叫化鸡"(在 25℃条件下只能保存 1 周)相比,其保质期明显延长。因此,栅栏技术与 HACCP 体系的结合科学有效地提高了"叫化鸡"产品的货架期,实现了传统鸡肉制品的现代化和标准化生产。

表 4-18　"叫化鸡"制品在 25℃条件下的贮藏结果

项目	贮藏期/月				
	0	2	4	6	8
对数细菌总数	2.09	2.44	2.91	3.78	4.89
大肠菌群数/(MPN/100g)	＜30	＜30	＜30	＜30	＜30
感官总分	3	3	2	1	0

3. 讨论

本书在传统食品"叫化鸡"的现代化加工和开发中引入 HACCP 体系,使得在选择栅栏因子时有据可依,还可检测所选的栅栏因子是否达到要求。根据危害分析得到"叫化鸡"生产中的关键控制点为接收原料与熟化杀菌,从而进一步确定胴体清洗方式、防腐剂及杀菌方式为保质栅栏因子。最后通过正交试验得出最优栅栏因子组合为:用 50mg/L二氧化氯清洗胴体、用 0.03% Nisin＋0.5%乳酸钠进行防腐、在 110℃条件下用蒸汽杀菌15min。在此组合条件下,制品的细菌总数为 $1.39×10^2$ cfu/g,在 25℃条件下可保存 6 个月,与传统裹泥制得的"叫化鸡"相比,保质期明显延长。栅栏技术与 HACCP 的结合科学地实现了中国传统食品的现代化加工,有效地延长了产品的货架期,增强了淘汰蛋鸡的市场竞争能力。

五、栅栏技术延长牦牛腱子制品货架期的应用研究

近年来,随着西部大开发的深入,高原牦牛、藏系羊被越来越多的人认知,牦牛肉、藏系羊肉软包装肉制品、干类制品深受广大消费者的欢迎。但是由于产品保质期短,很多产品销往省外后,常发生腐败变质而退货的现象。因此,为了给消费者提供可贮性强,安全可靠的食品,减少企业的经济损失,赵静等(2006)针对软包装牦牛腱子制品生产中的原料、辅料、各加工工序及用具中微生物的消长情况进行了研究,并应用栅栏技术控制微生物的生长,以提高成品率,延长产品的货架期,取得了较满意的效果。

1. 材料与方法

(1) 材料

1) 实验材料:原料肉、辅料及牦牛腱子制品取样于某肉制品厂。

2) 培养基:普通营养琼脂平板、乳糖发酵管、革兰氏染色液等均为自制;新洁尔灭、84消毒液、75％乙醇购自西宁中正化玻试剂店。

3) 加工设备:盐水注射机,真空滚揉机,真空包装机。

(2) 方法

1) 检测菌种:大肠菌群按 GB 4789.3—2003,细菌总数按 GB 4789.2—2003,沙门氏菌按 GB 4789.4—2003,志贺氏菌按 GB 4789.5—2003,肉毒梭菌按 GB 4785.12—2003,金黄色葡萄球菌按 GB 4789.10—2003,霉菌按 GB 4789.15—2003 检测。

2) 牦牛腱子制品工艺流程:原料肉→盐水注射→真空滚揉→煮制→烘烤→包装→抽真空→高温杀菌→成品。

2. 结果与分析

(1) 牦牛腱子制品加工中关键控制点的选择

栅栏技术的应用是以微生物学分析为基础的,在关键控制点确定前,对牦牛腱子制品生产过程中原料、辅料、各加工工序及用具等进行微生物学水平的检测,从而有目的地设置栅栏,抑制微生物的生长,确保牦牛腱子制品安全卫生,延长产品的货架期。

1) 肉缓化过程中微生物学的检测:将原料肉在 3 种不同的空气温度下进行缓化,缓化时间均为 24h,测定细菌总数及大肠菌群,结果见表 4-19。

表 4-19　不同缓化温度下原料肉中的细菌总数和大肠菌群数

微生物	20℃	15℃	10℃
细菌总数/(cfu/g)	4.9×10^4	1.1×10^3	5.5×10^2
大肠菌群数/(MPN/100g)	9000	<3000	<3000

通过实验结果可知,随着空气缓化温度增高,细菌总数和大肠菌群数也增高,是生产中的关键控制点。

2) 牦牛腱子制品各加工工序中微生物学的检测:对牦牛腱子制品各加工工序微生物的消长情况进行了检测,结果见表 4-20。

表 4-20　牦牛腱子制品各加工工序中的微生物数目

加工工序	细菌总数/(cfu/g)	大肠菌群数/(MPN/100g)	霉菌数/(cfu/g)	酵母菌数/(cfu/g)	致病菌
原料肉	$1.7×10^4$	<30	$1.1×10^4$	$1.6×10^4$	未检出
盐水注射	$2.2×10^4$	$2.4×10^5$	$2.9×10^4$	$2.8×10^4$	未检出
滚揉	$1.6×10^4$	$2.6×10^4$	$1.3×10^4$	$2.4×10^4$	未检出
煮制	$8.8×10^5$	$1.3×10^3$	$1.6×10^4$	$2.9×10^4$	未检出
烤制	$6.4×10^7$	<30	$3.0×10^4$	$2.3×10^4$	未检出
包装	$6.4×10^4$	<30	$1.7×10^4$	$2.9×10$	未检出
杀菌	$8.7×10$	<30	<10	<10	未检出

通过检测表明:在加工过程中,滚揉、煮制及烤制工序中细菌总数明显增多,盐水注射、滚揉工序中大肠菌群数量剧增,是生产中的关键控制点。

3) 牦牛腱子制品加工中所用辅料的微生物学检测:对牦牛腱子制品加工中所用的辅料进行了细菌总数和大肠菌群的检测,结果见表 4-21。

表 4-21　牦牛腱子制品加工中辅料的细菌总数和大肠菌群数

辅料种类	细菌总数/(cfu/g)	大肠菌群数/(MPN/100g)
辣椒	$8.7×10^5$	<30
花椒	$1.2×10^5$	<30
茴香	$1.9×10^8$	<30
草果	$1.1×10^5$	<30

通过检测结果,说明辅料是牦牛腱子制品中微生物污染的重要途径,是卫生质量保障的一个关键控制点。

4) 牦牛腱子制品加工设备、用具及工人手部的微生物学检测:对牦牛腱子加工设备、用具及工人手部的卫生状况进行了微生物的检测,检测结果见表 4-22。通过检测结果,加工设备、用具及工人手部的卫生状况是牦牛腱子直接污染的途径,这也是食品质量保障的关键控制点。

表 4-22　加工设备、用具及工人手部的细菌总数

加工工序	细菌总数/(cfu/cm²)					
	工人手部	食品托盘	设备	刀	菜板	料车
注射	$1.6×10^4$	—	$5.0×10^3$	—	—	$4.0×10^3$
滚揉	$1.3×10^5$	—	$4.7×10^4$	—	—	$5.5×10^3$
熟制品	$3.0×10^3$	$7.3×10^4$	—	$2.5×10^3$	$2.5×10^4$	—

因此,可以确定牦牛腱子制品加工过程中原料肉的缓化温度,盐水注射、滚揉、煮制及烤制工序,辅料和加工设备、用具、工人手部卫生状况是牦牛腱子制品质量保障的关键控制点。

（2）根据确定的关键控制点选择栅栏因子

1）原料肉缓化温度的选择：由实验结果可知，缓化温度在10℃时，冻肉可在24h左右达到完全解冻，而且在该温度下细菌总数及大肠菌群数相对较少，因此，从整个加工效益考虑，选择缓化温度为10℃最适宜。

2）3种杀菌方法处理辅料效果比较：采用了3种杀菌方法处理辅料，结果见表4-23。

表4-23　3种杀菌方式处理辅料后的效果比较　　　　（单位：cfu/g）

辅料种类	检测项目	巴氏杀菌 (80℃,10h)	紫外灯 (15W 50cm,2h,厚1cm)	微波 (1421MHz,2min)
辣椒	细菌总数	1.1×10^4	3.9×10^4	6.0×10^3
花椒	细菌总数	1.5×10^4	4.8×10^4	1.5×10^3
茴香	细菌总数	1.3×10^4	5.9×10^4	4.0×10^3
草果	细菌总数	1.4×10^4	9.2×10^4	1.5×10^3

通过对各种杀菌方法的方差分析，结果表明，P值小于0.01，故可认为3种杀菌方法处理辅料，其杀菌效果有很大的差别，通过均值比较确定微波对辅料杀菌效果最好（Downey，1987）。

3）3种消毒液对加工设备的消毒效果比较：选用适用于食品生产的3种消毒剂75%乙醇、新洁尔灭及84消毒液对加工设备进行消毒，结果见表4-24。通过比较均值，确定设备使用75%乙醇效果最好。

表4-24　3种消毒液对加工设备的杀菌效果比较　　　　（单位：cfu/cm²）

	75%乙醇(5min)	新洁尔灭(5~10min)	84消毒液(30min)
细菌总数	6.0×10^3	6.5×10^3	7.0×10^3

（3）通过确定的关键控制点，设置栅栏限值（Fischer and Palmer，1995；Wirth et al.，1990）

通过上述的结果分析表明，原料肉的缓化温度，盐水注射、滚揉、煮制及烤制等4道工序，以及在工序中半成品所接触到的设备和器具的清洁状况，工人手部卫生状况是牦牛腱子制品生产中的关键控制点。据此，确定牦牛腱子制品加工中的栅栏限值：缓化温度10℃，时间24h；加工辅料采用微波1421MHz,2min；工人手部戴一次性消毒手套；设备消毒液为75%乙醇，时间5min。

（4）验证所选关键控制点及所设置栅栏限值的作用

将确定的栅栏限值应用于牦牛腱子制品加工中，制成成品，放置在25℃保存9周，进行保温实验，每隔一周检测细菌总数和大肠菌群数（Gould，1985），以验证所选关键控制点及所设置栅栏限值的作用，进而检测是否延长了牦牛腱子制品的货架期，结果见表4-25。

表 4-25　产品保质期实验

时间	对照组			试验组		
	感官状态	细菌总数 /(cfu/g)	大肠菌群数 /(MPN/100g)	感官状态	细菌总数 /(cfu/g)	大肠菌群数 /(MPN/100g)
第1周	正常	2.8×10^2	<30	正常	2.5×10	<30
第3周	颜色稍浅	8.5×10^2	<30	正常	6.0×10^2	<30
第5周	颜色稍浅	3.0×10^3	<30	正常	4.5×10^3	<30
第7周	颜色发白	2.5×10^5	<30	正常	3.5×10^4	<30
第9周	颜色发白	2.1×10^8	<30	正常	4.5×10^4	<30

通过保温实验测定结果：所选关键点及设置的栅栏限值可使产品的保质期由原来的 25℃ 1 周延长至 9 周,4℃可能更长。这说明实验中所采用的栅栏技术是可行的,可使产品的货架期得到明显延长。

3. 讨论

(1) 栅栏技术

栅栏技术是多种质量卫生安全控制技术的有效协同作用而形成的一种食品贮藏新理论。利用栅栏理论,根据食品的种类、加工条件的不同,在食品生产中施加不同的限制因素,就可使食品微生物指标和稳定性得到保证,延长保存期;HACCP 是保证食品安全和产品质量的一种预防性管理系统。本研究在 HACCP 基础上,将栅栏技术应用于牦牛腱子制品加工中,使产品的货架期由原来的 25℃ 1 周延长至 9 周,为生产厂家解决了实际问题。

(2) 各加工工序、辅料及用具关键控制点的选择

从上述检测结果,牦牛腱子加工工艺中盐水注射、滚揉工序,辅料及人员手部和食品托盘、设备、刀、菜板、料车等用具是直接污染途径。牦牛腱子加工工艺中盐水注射、滚揉工序细菌总数明显增多,推测可能是加工过程中人员的手部、牦牛腱子接触的用具、工作台面没有进行彻底地清洗消毒,加上辅料本身带有较多的微生物,以及真空滚揉时的温度、时间及方式造成的污染。因为在制作牦牛腱子制品之前,工人的手部只是进行了简单的清洗工作,没有进行彻底消毒,并且加工设备也从未进行过消毒处理,导致这两个环节微生物数量增多。但经过煮制工序后微生物突然增多,针对这一结果,经分析可能是由于加入的辅料本身带有大量的微生物,加上煮制时间短,尚不能完全杀死牦牛腱子深部的微生物所造成的。

与此同时,通过对盐水注射机和滚揉机的微生物学检测表明,由于设备不同,所处的生产环境不同,其污染程度也各不相同,盐水注射机中的细菌总数高于滚揉机,推测可能是注射辅料及设备本身没有进行彻底地消毒带入的。另外,真空滚揉的温度、时间及方式还需进一步通过实验加以确定。

4. 结论

针对牦牛腱子加工过程的危害分析,关键控制点设置的栅栏为:辅料处理,栅栏为微

波 1421MHz,2min;原料肉缓化,栅栏为 10℃,时间 24h;二次污染控制,栅栏为工人操作戴一次性消毒手套,设备消毒液为 75％乙醇,时间 5min。结果表明:栅栏技术与 HACCP 结合应用于牦牛腱子制品加工生产中,可以延长产品的货架期。

六、栅栏技术在肉类调理食品中的应用研究

调理食品是按一定配方要求和工程设计程序,具有加工、保存、运输、销售和食用前调理等环节,由工业化生产的各种大众食品。为适应人们生活节奏加快及对食品质量的更高要求,近年还开发出了真空调理食品和新含气调理食品。这些食品不仅符合方便、高质、安全的要求,而且营养价值丰富。赵志峰等(2004)探讨将栅栏技术应用于预调理肉制品开发,从栅栏技术的角度出发,以土豆烧排骨为例,考虑了新型调理食品加工过程中的关键控制点,并提出和采用了可利用的栅栏因子,有效抑制了产品品质的劣变。

1. 材料与方法

(1) 实验材料

主料:猪排骨、土豆,市购。

辅料:酱油、料酒、食用调和油及其他调味料,市购。

包装材料:PET/PE 复合材料,厚度 0.16mm。

(2) 主要仪器设备

HG-306 型远红外线辐射恒温干燥箱,LGD-60-5 型紫外线杀菌消毒柜,KXH101-14 型恒温干燥箱,DZQ400/2 型真空包装机,VXB-114 型恒温培养箱,灭菌锅,冷藏柜及其他实验室常规仪器设备。

(3) 实验方法

1) 产品加工工艺如下。

猪排骨→清洗→腌渍→减菌化处理→油炒 ⎫
土豆→清洗→去皮→清洗→减菌化处理→切块 ⎬→蒸煮→真空包装→巴氏杀菌→成品

以主料猪排骨为计算基准,其他原料的比例如下:土豆 100％,高汤 25％,酱油 5％,豆瓣 10％,调和油 20％及其他调味料适量。

每样以 600g 猪排骨计,先加入酱油、调味料等,腌渍 30min,再把豆瓣和腌渍好的猪排骨依次加入已加热的调和油中炒制 10min,然后加入葱在 100℃条件下,加热 15min,再加入已切好块的土豆共同加热 10min。

2) 实验方案:①栅栏因子的选取。从原料可能受到的污染及所含微生物种类的角度考虑,新鲜猪肉所含微生物主要有细菌、乳酸杆菌、肠杆菌科菌、普通霉菌和酵母等(Clevelan,2001),而根茎类蔬菜中的微生物主要是大肠杆菌、沙门氏菌和土壤中的一些其他微生物(Downey,1987)。同时为了尽量减少对食品风味品质的影响及营养价值的破坏,在加工过程中采用了远红外线和紫外线辐射、100℃高温处理、巴氏杀菌、4℃低温冷藏等栅栏因子。用远红外线加热对食品进行杀菌,辐射可达一定深度,受热均匀,而且不会引起物质化学变化,减少了营养成分的损失(Fischer and Palmer,1995)。紫外线虽然穿透力差,但是能有效杀灭物料表面附存的大肠菌群、沙门氏菌及一些其他致病菌。而采用

100℃高温处理及 0～4℃低温冷藏的栅栏因子是从该调理食品的加工工艺及冷藏销售的角度考虑的。②实验步骤。首先,将购买的新鲜猪排骨用流动清水冲洗去杂;然后将土豆去皮后清洗一次,用 235W 紫外线处理;猪排骨加辅料腌渍过后,用 1500W 远红外线作杀菌处理;再将猪排骨和土豆经 100℃高温蒸炒;最后真空包装巴氏杀菌制成样品。

3) 样品处理条件。为了在不影响产品风味和口感的前提下,选取有效栅栏因子,通过预实验,选取了 4 组(第 1～4 组)不同处理条件的样品进行检测。样品的处理条件见表 4-26。经过实验确定样品包装后的巴氏杀菌强度为 87℃,25min。

表 4-26　样品的处理条件

组别	处理条件				
	远红外线脱水		紫外线灭菌	高温处理	贮藏温度
	温度/℃	时间/min	/min	/100℃	/℃
1	—	—	—	有	37
2	65	30	—	有	37
3	90	25	30	有	37
4	100	20	20	有	37
5*	95	20	25	有	37

* 第 5 组样品的处理条件是通过实验最终确定的最佳的样品处理条件

(4) 检测方法

将选取的各组样品放入 37℃恒温培养箱中观察其贮藏情况。每隔 24h 取样作感官评价和微生物检测。分析检测结果,找出所采用的栅栏因子的最佳强度。将采用最佳强度制备的样品在 0～4℃低温冷藏,定期作感官评价和微生物检测。

1) 感官检测:由食品科学与工程专业师生组成 10 人感官检测小组,对各个样品从风味、口感、外观 3 个方面按指定评价标准进行测定评价,评价标准见表 4-27。

表 4-27　样品感官评价标准

	风味	口感	外观
A(好)	与新鲜产品接近,香气纯正	与新鲜产品接近,无酸味,无涩味,质地很好	与新鲜产品相比,颜色无变化
B(一般)	香味清淡	质地较好,无酸涩味	与新鲜产品相比,颜色有轻微变化
C(较差)	无香味,有轻的异味	质地较差,无韧性,有轻微的酸味和涩味	土豆颜色发白
D(差)	有异味	质地差,有较明显的酸味和涩味	土豆颜色变为乳白色

2) 微生物检测:细菌总数的检测按 GB 4789.2—1994"食品卫生微生物学检测菌落总数测定"进行。

2. 结果与讨论

(1) 感官检测结果

从表4-28中可以看出,第3、4组样品感官检测结果优于第1、2组样品,而第2组样品又好于第1组样品,说明在第2、3、4组样品中所采用的主要栅栏措施——排骨腌渍后的远红外线杀菌具有明显的杀菌效果,而且没有对产品的感官指标造成影响。第3、4组样品与第2组样品相比,前者加工过程中还采用了紫外线杀菌,说明紫外线对该调理食品的贮藏有效,而且也对产品的口感和风味影响不大。

表4-28　样品感官检验结果

	气味			口感			外观			综合		
	1	2	3	1	2	3	1	2	3	1	2	3
保藏时间/h	12	36	60	12	36	60	12	36	60	12	36	60
第1组样品	B	D	D	C	C	D	B	C	D	B	C	D
第2组样品	A	B	D	B	C	D	A	B	C	A	B	D
第3组样品	A	B	C	A	B	C	A	A	C	A	B	C
第4组样品	A	A	A	A	B	B	A	A	B	A	A	B

(2) 样品的产气率

从图4-3可以看出,第2、3、4组样品的产气率明显低于第1组样品,说明所采用的栅栏措施——排骨腌渍后的远红外线处理,能有效抑制产气菌的繁殖。第3、4组样品和第2组样品相比,前者在土豆去皮后采用了紫外线处理,这一栅栏措施在该调理食品的加工中对于抑制产气菌的繁殖效果并不明显。

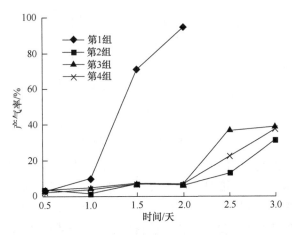

图4-3　样品产气率比较

计算产气率的样品基数为每组样品50袋

(3) 微生物检测结果

从表4-29可以看出,采用远红外线杀菌(第2、3、4组样品)以后,细菌繁殖速度明显得到控制。第 3、4 组样品与第 2 组样品相比,前者在土豆去皮后采用了紫外线处理,从表 4-29 中两者细菌总数的比较可以看出,紫外线对抑制杂菌的繁殖有一定作用。

表 4-29　样品细菌总数测定　　　　　　　　　　　　　（单位:cfu/g）

恒温保藏时间/h	第 1 组样品	第 2 组样品	第 3 组样品	第 4 组样品
12	$7.8×10^3$	$5.8×10^3$	$2.2×10^3$	$3.7×10^3$
36	无法计数	$1.0×10^6$	$9.3×10^5$	$5.5×10^4$
60	无法计数	$2.3×10^7$	$3.5×10^6$	$8.7×10^6$

在杀灭有害菌的前提下,为保证食品的风味和口感,尽可能采取低强度栅栏措施,并通过类似上述的实验,对所测数据进行对比,进一步确定了排骨腌渍后的远红外线处理最佳强度为 95℃,20min(排骨质量为 600g)。紫外线处理强度以 25min(即表 4-26 中的第 5 组样品)为宜。若用于工业化生产,则需综合考虑物料的处理量、设备情况及包装材料等因素以作进一步的调整。

(4) 冷藏条件下的贮藏情况

按照前面所做的贮藏性实验确定的有效栅栏措施最佳强度加工的样品,分别对其在 4℃ 和 37℃ 条件下恒温贮藏,细菌总数的测定结果见图 4-4。

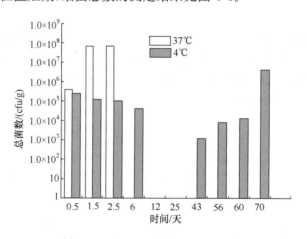

图 4-4　不同温度下的样品细菌增长图

由图 4-4 可以看出,低温对于该产品的贮藏非常必要。样品在 4℃ 低温贮藏时,细菌总数曾一度减少,分析认为,主要是低温不仅有效抑制了细菌的繁殖,而且随着时间的持续杀死了部分初始细菌。从图 4-4 中还可以看出,60 天后 4℃ 低温贮藏组细菌总数才开始明显增多,因此,判定该调理食品在加工过程中加入以上栅栏措施后,低温(0~4℃)冷藏下的保质期至少为两个月。

3. 结 论

1) 实验结果表明,采用 1500W 远红外线 95℃、20min,235W 紫外线 25min,0~4℃ 低

温冷藏及包装后的巴氏杀菌等栅栏因子作用于该产品的加工贮藏过程,能有效灭菌,而且不会对产品的风味和口感造成不良影响。

2）远红外线可以有效抑制肉类中的产气菌、产酸菌等一些腐败菌的繁殖,而且不会对该产品的风味和口感造成不良影响。

3）紫外线能有效抑制土豆表面的部分杂菌的繁殖。

4）加工过程中的高温处理、包装后的巴氏杀菌和低温冷藏在该调理食品的贮藏中,也是必不可少的栅栏因子,能有效杀灭食品中的多种嗜温性腐败菌和病原菌。其他栅栏因子,如产品包装材料、包装方式等的影响还有待进一步的深入研究。

第二节　肉类屠宰分割及生鲜调理加工与栅栏技术

一、生鲜调理肉制品贮运期栅栏因子及其控制研究

调理生鲜肉制品贮运通条件直接影响产品的保鲜期,贮运流通过程中微生物的变化是反映冷却产品鲜度最直接最重要的指标。目前,已有应用防腐剂、采用气调包装等方式延长其保鲜期的相关报道。王卫等在总结这些研究结果的基础上,探讨在调理冷保鲜肉制品贮运流通过程中不同温度条件、包装袋选择、气调配方、防腐剂等因素对产品微生物特性的影响,以选择生产环节栅栏关键控制因素点,筛选实用控制技术,并通过技术集成来延长产品保鲜期,以保证产品卫生安全。

1. 材料与方法

（1）实验材料

所实验的产品来自四川高金食品股份有限公司和四川省美宁实业集团食品有限公司、成都希望食品有限公司和成都佳享食品有限公司,为调理生鲜猪肉和牛肉制品。包装袋购自成都市食品包装公司,保鲜剂购自成都市食品添加剂有限责任公司。

（2）实验设计

采用正交试验进行因素筛选,实验设计见表 4-30。气调配方为实际生产常用组合,保鲜剂选择为从已有研究报道中进一步筛选的几种组合,具体配方见表 4-31。

表 4-30　不同贮运条件对调理生鲜肉制品微生物特性影响因素正交试验设计

水平	因素			
	A 温度/℃	B 包装方式	C 包装袋	D 保鲜剂
Ⅰ	A_1	B_1	C_1	D_1
Ⅱ	A_2	B_2	C_2	D_2
Ⅲ	A_3	B_3	C_3	D_3
Ⅳ	A_4	B_4	C_4	D_4

表 4-31　包装方式、包装袋及保鲜剂选择的实验设计

因素	1	2	3	4
A 温度/℃	2	5	8	12
B 包装方式	10% CO_2,90% N_2	空气	真空	50% CO_2,50% N_2
C 包装袋	尼龙	PVC	硬塑托盘,PVC 覆膜	聚乙烯/尼龙复合
D 保鲜剂	对照	抗坏血酸钠	乳酸菌肽	乳酸钠

（3）测定指标及方法

采用平板记数法测定细菌总数：在冷却牛肉出厂销售第 3 天取样,无菌操作剪取 25g 碎肉,放入盛有 225mL 无菌盐水的取样瓶中,高速振荡捣碎后,取 2～3 个较合适的稀释度倾倒平板,每个稀释度倒 3 个平板,于(36±1)℃培养(48±2)h 后记数。

2. 结果及分析

实验结果及分析见表 4-32～表 4-34。

表 4-32　不同贮运条件对冷却牛肉微生物特性的影响因素正交试验结果表

实验号	A 温度	B 包装方式	C 包装袋	D 保鲜剂	空列	系数 0.3	对数菌落总数
1	1	1	1	1	1	8.5	2.6
2	1	2	2	2	2	13.7	4.1
3	1	3	3	3	3	9.5	2.9
4	1	4	4	4	4	7.7	2.3
5	2	1	2	3	4	10.0	3.0
6	2	2	1	4	3	13.5	4.1
7	2	3	4	1	2	12.5	3.8
8	2	4	3	2	1	11.4	3.4
9	3	1	3	4	2	12.5	3.8
10	3	2	4	3	1	14.5	4.4
11	3	3	1	2	4	16.5	5.0
12	3	4	2	1	3	16.2	4.9
13	4	1	4	2	3	15.2	4.5
14	4	2	3	1	4	20.5	6.1
15	4	3	2	4	1	18.2	5.4
16	4	4	1	3	2	19.7	5.9
K_1	11.9	13.9	17.6	17.4	15.8		
K_2	14.3	18.7	17.4	17.0	17.6		
K_3	18.1	17.1	16.2	16.2	16.4		
K_4	21.9	16.5	15.0	15.6	16.4		
$\bar{K}_1$	2.98	3.48	4.48	4.28	3.95		
$\bar{K}_2$	3.73	4.68	4.35	4.25	4.4		
$\bar{K}_3$	4.53	4.28	4.05	4.05	4.1		
$\bar{K}_4$	5.48	4.13	3.75	3.9	4.1		
R	2.5	1.2	0.73	0.38	0.15		

表 4-33　方差分析表

变异来源	SS	df	MS	F	F_a
A 温度条件	13.43	3	4.48	32.0**	$F_{0.05}=29.46$
B 包装方式	3.99	3	1.33	9.5*	
C 包装袋	1.09	3	0.36	2.60	
D 保鲜剂	0.49	3	0.16	1.17	$F_{0.1}=9.28$
误差	0.42	3	0.14		
总变异	19.42	15	0.15		

表 4-34　多重比较(LSR 法)表

温度/℃		−2.98	−3.73	−4.53
10	5.48	2.5**	1.75**	0.95*
7	4.53	1.55*	0.8	
4	3.73	0.75		
2	2.98			
包装方式		−3.48	−4.13	−4.28
B_2	4.68	1.2*	0.55	0.4
B_3	4.28	0.8	0.15	
B_4	4.13	0.65		
B_1	3.48			
包装袋		−3.75	−4.05	−4.35
C_1	4.48	0.73	0.43	0.13
C_2	4.35	0.6	0.3	
C_3	4.05	0.3		
C_4	3.75			
保鲜剂		−3.9	−4.05	−4.25
D_1	4.28	0.38	0.23	0.03
D_2	4.25	0.35	0.2	
D_3	4.05	0.15		
D_4	3.9			

　　在本实验条件下,实验因素对产品微生物特性的影响强度依次为:A(温度)＞B(气调包装)＞C(包装袋)＞D(保鲜剂),其中,温度对产品微生物特性的影响为极显著,气调包装的影响为显著,选择不同的包装材料和添加保鲜剂也有一定影响,但影响不是特别大,尤其是保鲜剂影响作用有限。

　　调理冷保鲜肉制品在超市常规的几种温度下冷藏,2℃的保鲜效果最佳,其次是5℃,而温度在8℃和2℃条件下,保鲜效果最差。

　　不同组合的气调包装与真空包装均可延长产品保鲜期。3种组合气体比较,B_1 组合气体(10% CO_2,90% N_2)最佳,微生物总数比非气调真空包装 B_2 对照组少约 10^2 cfu/g,其次是 B_4 组合(50% CO_2,50% N_2),B_3(真空包装)在延长产品保鲜期上的作用相对较弱。

本实验所选用的是目前生产企业常规使用的几种包装材料,其对产品的保鲜期的影响有所不同,但差异不是很显著。所选用的4种材料真空包装冷却牛肉,C_4(聚乙烯/尼龙复合)效果最佳,C_3(硬塑托盘,PVC覆膜)次之,C_2(PVC)和C_1(尼龙)效果较差,但4种材料在保鲜效果上的差异不显著。

现有研究报道表明,添加保鲜剂有助于产品保鲜期的延长。本实验对此也予以了证实,所选择的3种保鲜剂,与不添加的对照组D_4比较,均不同程度上抑制了微生物的生长,但本实验所选择的3种组合的保鲜剂,D_3(抗坏血酸钠)和D_2(乳酸菌肽)效果略优于D_1(乳酸钠),但差异不是特别显著。

在本实验条件下,调理冷保鲜肉品保藏的最佳组合为$A_1B_4C_4D_4$,即采用2℃的温度条件,选择50% CO_2、50% N_2气体组合,采用聚乙烯/尼龙复合材料气调包装,以及添加乳酸钠保鲜剂。由于保鲜剂的效果不显著,还受生产成本增加和操作工艺复杂的限制,以及安全性等因素的影响,在实际生产中应尽可能不作添加剂使用。综合本实验结果分析,冷却牛肉应尽可能在2℃条件下冷藏,有条件的可采用气调包装,或者贮藏温度为2~5℃,并与真空包装相结合。

3. 讨论

微生物是影响调理生鲜肉制品的关键因素,微生物生长特性受到产品pH、温度等综合因素的影响。测定表明,调理产品水分活度高达0.99左右,在此范围内变化幅度对其特性影响不大;pH为5.8左右,而pH在5.3~7.8时不会对微生物的生长速率造成显著影响。因此,温度是影响微生物生长最主要的因素。对产品贮藏过程中不同温度条件、包装袋选择、气调配方、保鲜剂等因素对产品微生物特性的影响研究结果表明,最佳的控制栅栏是低温(t),控制参数为1~2℃;选择适宜的包装袋气调包装或真空包装(Eh)与低温(t)控制的结合,也可显著抑制微生物生长,延长保鲜期。但应根据实际生产对产品的要求,尽可能采用低成本高效能方法。保鲜剂可在一定程度上抑制不利微生物的生长,但对产品保鲜期的延长效果不是特别显著,还涉及生产成本增加和操作工艺复杂及安全性等环节,在实际生产中应尽可能不添加使用。

二、应用多靶栅栏技术控制羊肉生产与贮藏过程中的微生物

栅栏技术的要点之一,是利用肉制品中各栅栏因子之间的协同作用对肉制品进行预设计并调整出最佳的栅栏因子组合。当肉制品中有两个或两个以上的栅栏因子共同作用时,其作用效果强于这些因子单独作用的叠加。多靶栅栏技术就是要在实际生产过程中,将栅栏因子有机地组合起来,有效地控制生产过程中的微生物,最大限度地延长产品的货架期,保证产品的安全性。李宗在对羊肉生产环境及贮藏过程中主要污染微生物进行实验测定的基础上探讨了有针对性地筛选最佳的栅栏组合。

1. 材料与方法

(1) 生产车间微生物的控制

用100mg/L的稳定态ClO_2对车间进行喷雾消毒20min后,将盛有固体营养琼脂的

培养皿(直径为 9cm)放在车间 8 个不同的位置,开盖曝露 15min,以 cfu/皿的数量评价车间微生物的变化。

(2)胴体微生物的控制

分别用 50%乙醇+0.3%乳酸,75%乙醇和 50mg/L 的 ClO_2 喷洒剥皮后的羊胴体,10℃排酸 48h 后,分别测定排酸前后胴体表面的微生物数量。

(3)用正交试验优化栅栏组合

用正交试验对胴体消毒方法和分割羊肉的保鲜剂组合进行优化,实验因素和水平见表 4-35。采用 $L_9(3^3)$ 正交试验组合,实验用羊胴体经消毒处理,10℃排酸 48h 后,分割成 300g 左右的小块,真空包装后贮藏在(4±1)℃的环境中,每组 9 包,共 9 组,在不同贮藏期内采样进行分析。

表 4-35 正交试验的因素和水平

水平	因素		
	A 胴体消毒方法	B 乳酸钠/%	C 乳酸链球菌素/%
1	50%乙醇+0.3%乳酸	0.5	0.01
2	75%乙醇	1	0.015
3	50mg/L ClO_2	2	0.02

(4)微生物及理化分析

细菌总数按 GB 4789.2—1994 进行测定;挥发性盐基氮按 GBT5009.44—1996 进行测定;pH 按 GBT9695.5—1988 进行测定。

2. 结果与分析

(1)ClO_2 消毒前后车间微生物数量的变化

生产环境的卫生状况直接影响到产品的贮藏特性,这已经成为现代食品加工企业的共识。不同的食品生产企业有不同的控制措施,对畜禽屠宰生产车间来说,通常采用紫外线或活性氧进行空气消毒,紫外线的消毒范围在 2m 以内,且因为物体的阻隔而出现消毒不均匀。从表 4-36 可以看出,ClO_2 具有良好的消毒效果,可以使生产车间的微生物数量下降 1~2 个对数单位。特别是对排酸间和分割间微生物的控制,可以直接改善原料肉的卫生状况,有利于冷却分割羊肉的保鲜。

表 4-36 消毒前后空间微生物变化情况 (单位:cfu/皿)

平皿编号		1	2	3	4	5	6	7	8
杀菌前	屠宰间	254	87	208	116	187	164	185	207
	排酸间	42	25	40	26	63	108	50	55
	分割间	87	103	112	68	54	102	87	69
杀菌后	屠宰间	47	52	21	17	11	15	11	21
	排酸间	6	4	1	1	1	0	0	2
	分割间	4	6	7	1	0	7	12	11

　　大量实验研究表明,ClO_2 消毒剂不仅杀菌消毒作用强于其他消毒剂,而且对人、动物无害。目前,发达国家已将 ClO_2 应用到几乎所有需要杀菌消毒领域。美国环保部门在20世纪70年代的检测就已证明其杀菌效果比一般含氯消毒剂高2.5倍,而且在杀菌消毒过程中还不会使蛋白质变性,对动物的细胞也无影响,不会产生致癌、致畸、致突变物质,是一种可靠的消毒剂。1983年,美国环保部门批准用它进行医院、实验室、医药部门的环境和设备的消毒、防霉。之后,美国食品药物管理部门批准用它进行食品工业设备、用具和农产品、水果、蔬菜及动物饲料消毒,还可用作食品间接添加剂。美国农业部批准用它处理肉制品,控制微生物,杀灭霉菌等。日本的食品卫生法还将其列入化妆品添加剂及面粉改良剂等。

　　(2) 乙醇和 ClO_2 对羊胴体的消毒效果

　　喷洗在去除一些污染方面相当有效,但喷洗仅对去除微生物起部分作用。冲洗过度和高压喷洗可能破坏胴体表面膜的完整性。有人提出几种提高冲洗效果的方法,包括使用热水、氯水、乙酸和乳酸喷洗。在喷洗用水中加入合适的微生物抑制剂将会提高胴体清洗的效果,乙醇和稳定态 ClO_2 的胴体清洗效果见表4-37。

表 4-37　清洗对羊胴体表面微生物的影响(对数菌落总数)

	排酸前	排酸后
未经清洗处理	4.07±1.23	4.46±0.68
50%乙醇+0.3%乳酸	2.34±0.46	3.42±0.21
75%乙醇	1.47±0.13	3.06±0.33
50mg/L ClO_2	2.24±0.37	2.87±0.28

　　表4-37的结果表明,3种消毒剂(组合)对微生物胴体表面微生物的控制都有一定的效果,排酸前以75%乙醇的效果最好,排酸后则以 50mg/L ClO_2 的效果最佳。前者在排酸过程中胴体表面的微生物增殖最快,这可能与乙醇的挥发性有关。比较而言,乙醇和乳酸的组合在短期内清除微生物的效果不明显,但能有效地控制表面微生物的生长,在排酸过程中,胴体表面微生物的增幅最小,这与乳酸降低环境的 pH 有关。与 Could(1985)的结果一致。

　　(3) 正交试验结果

　　1) 不同贮藏期内细菌总数的变化:表4-38结果表明,对羊肉保鲜效果影响最大的是乳酸链球菌素(Nisin),其次是胴体的表面消毒,最后是乳酸钠。Nisin 不能抑制革兰氏阴性菌、酵母和霉菌,但能抑制葡萄球菌属、链球菌属、小球菌属和乳杆菌属的某些菌种;能抑制大部分的梭菌属和芽孢杆菌属的芽孢,能有效控制肉毒梭菌、李斯特菌、金黄色葡萄球菌等引起的食品腐败。Nisin 的微生物毒性研究表明,其无微生物毒性或致病作用,安全性很高,它是我国目前唯一批准使用的天然防腐剂。

表 4-38　不同贮藏期内细菌总数的变化（对数菌落总数）

时间/天	1	5	10	15	20	25	30
1#	3.43	4.02	4.31	4.28	4.37	4.87	4.91
2#	4.12	3.64	3.76	3.78	4.03	4.64	4.72
3#	4.44	4.45	4.41	4.67	5.02	5.07	5.32
4#	4.11	3.33	4.43	4.56	4.78	4.96	5.11
5#	4.34	4.54	4.76	4.67	4.77	5.13	5.44
6#	3.33	3.02	3.14	3.23	3.65	4.86	5.37
7#	2.89	2.90	3.07	3.78	3.64	4.43	4.84
8#	3.03	3.05	3.87	4.05	4.12	4.21	4.67
9#	2.97	3.11	3.23	3.56	3.89	4.34	4.86

　　就羊肉贮藏过程中细菌总数的控制而言,最佳的多靶栅栏组合为 8#,即 Nisin 0.1%,50mg/L ClO$_2$ 胴体表面消毒,乳酸钠 1%。贮藏 30 天,1#、2#、7#、8#、9# 试验组细菌总数均符合 GB 16869—2000。

　　2) 挥发性盐基氮测定结果分析(表 4-39)。

表 4-39　不同贮藏期内羊肉挥发性盐基氮的变化

时间/天	1	5	10	15	20	25	30
1#	8.76	9.87	16.33	12.93	7.30	9.30	11.31
2#	10.29	8.72	12.11	11.17	8.08	10.80	13.35
3#	4.71	8.42	13.35	10.92	11.48	15.97	12.66
4#	4.62	5.43	11.50	9.94	7.88	10.52	15.12
5#	4.13	9.63	9.47	11.32	7.53	8.85	10.65
6#	4.94	11.24	15.35	19.31	17.92	10.82	12.04
7#	9.72	9.14	9.44	10.94	12.93	12.92	12.06
8#	10.43	8.37	17.25	10.44	8.06	14.03	11.06
9#	9.30	8.57	18.50	16.62	8.21	10.85	9.23

　　从表 4-39 可知,对挥发性盐基氮影响最大的是乳酸钠,其次是乳酸链球菌素,胴体的表面消毒处理对挥发性盐基氮的影响最小,这与微生物的测定结果一致。因为挥发性盐基氮通常被认为是微生物生长分解蛋白质,产生氨和胺所致,挥发性盐基氮的水平从一个侧面反映了肉品中的微生物特性。前述结果表明,表面消毒处理和添加乳酸链球菌素可以有效地降低羊肉中的细菌总数。就各因素而言,50%乙醇+0.3%乳酸消毒组合对挥发性盐基氮的影响最小,这是因为低 pH 能有效控制肉品中腐败微生物的生长。

　　3) pH 的测定结果与分析:从表 4-40 可以看出,贮藏过程中不同实验组合的羊肉样品,pH 在正常范围内变动,变化呈先上升后下降的趋势。4#、5#、6# 3 个实验组合的 pH 整体上低于其他组合,这主要和乳酸处理有关,但并没有造成鲜肉的异常 pH,并且对羊肉的风味没有显著性的影响,说明胴体表面喷洒的乳酸并没有渗透到羊胴体的内部,具有良好的长效表面消毒效果。

表 4-40　不同贮藏期内肉羊 pH 的变化

时间/天	1	5	10	15	20	25	30
1#	6.11	6.44	6.28	6.17	5.81	6.65	6.64
2#	6.21	6.45	6.47	6.83	6.20	6.28	6.18
3#	6.25	6.28	6.36	6.83	6.35	6.23	6.21
4#	6.05	6.02	6.15	6.13	6.11	5.90	6.03
5#	6.15	6.05	6.11	6.03	6.08	6.28	6.31
6#	6.07	6.14	6.06	6.05	6.13	6.30	6.27
7#	6.17	6.15	6.11	5.79	5.71	5.77	6.65
8#	5.94	6.15	6.27	6.18	6.03	5.66	5.57
9#	6.35	6.17	5.85	6.00	6.11	6.12	6.07

3. 结论

在冷却羊肉的生产过程中,可以运用表面清洗消毒、添加化学生物防腐剂、真空包装、低温贮藏等栅栏因子,对羊肉产品的微生物进行控制。有效的多靶栅栏组合是采用 50mg/L 稳定态 ClO_2 对胴体进行表面消毒,添加 0.01% 乳酸链球菌素和 1% 乳酸钠,真空包装后于 $(4±1)$℃贮藏,可以使冷却分割羊肉的货架期达到 30 天。为了防止生产车间的微生物对某一类消毒剂产生适应性,建议不同的消毒剂交叉使用,可以提高消毒效果。

三、优质肉鸡屠宰加工 HACCP 体系及栅栏技术的应用

HACCP 是科学合理和完善的鉴别判断和控制危害的管理方法,苏瑛探讨了将其与栅栏技术结合,应用于优质肉鸡屠宰加工 HACCP 体系构建。

1. HACCP 体系与栅栏技术

(1) HACCP 体系

HACCP 体系以 7 个基本原理为基础,每个原理的应用都以科学为依据。

原理 1:危害分析。

优质肉鸡屠宰加工企业的危害分析应从原料鸡验收到产品运输每一道工序危害发生的可能性进行讨论。优质肉鸡屠宰加工流程中常见的危害如下。

1) 物理危害:在鸡屠宰加工过程中器具管理不严或使用不当,使磨损产生的金属碎片对原料鸡带来的金属标记物等外来杂质。

2) 化学危害:原料鸡在养殖过程中造成兽药残留危害,在肉鸡屠宰流程中使用清洗剂和消毒剂引起残留。

3) 生物危害:来自疫情地区或正发病的原料鸡,原料鸡内容物与产品之间的交叉感染,生产加工环境、器具、生产人员的健康和清洁等造成的微生物污染。

原理 2:确定关键控制点(CCP)。

　　根据危害分析的结果,确定哪些危害是显著的,结合制订的预防措施来确定哪些环节、步骤或点是关键控制点。

　　原理3:建立关键限值(CL)。

　　CL是确保食品安全的界限,每个CCP都必须有一个或多个CL。CL一般不用微生物指标而是采用物理或化学的易于快速、简便控制的因素,如时间、温度等。

　　原理4:建立监控体系。

　　监控程序是通过一系列有计划的观察和测定来评估CCP是否在控制范围内,同时准确记录监控结果,以备将来核实之用。

　　原理5:建立纠偏措施。

　　纠偏措施是指当监测结果表明CCP失控时所采取的措施,当监控人员发现CCP偏离CL时,必须进行纠偏,以防止进一步偏离。

　　原理6:建立验证程序。

　　其是验证HACCP体系是否正确运作和是否有效的程序,包括审核CL是否能够控制确定的危害保证HACCP计划正常执行。

　　原理7:建立记录保持程序。

　　记录优质肉鸡屠宰加工过程中所有的数据表格、证明等,并进行妥善保管。

　　(2) 栅栏技术的内容和原理

　　栅栏技术是通过各个栅栏因子的协同作用,利用食品的pH、水分活度(a_w)、氧化还原电位(Eh)等,建立一套完整的屏蔽体系,即栅栏效应,控制微生物的生长繁殖,以及引起食品氧化变质的酶的活性,阻止食品腐败变质及降低对食品的危害性。

2. 优质肉鸡屠宰流程中 HACCP 体系的建立

　　(1) 组建 HACCP 工作小组

　　具备多学科知识和食品安全管理体系经验的相关专业技术人员组成HACCP小组,描述产品类型和销售、制订消费群体。

　　(2) 绘制并确认优质肉鸡屠宰加工的工艺流程图

　　HACCP工作小组确定加工操作程序,然后绘制工艺流程图,以识别可能产生危害的因素和危害水平。优质肉鸡屠宰加工的工艺流程图如下(表4-41)。

表 4-41　优质肉鸡屠宰加工中的危害分析工作单

生产工序	可能存在的危害	危害是否显著(是/否)	对第三栏的判定依据	控制显著危害预防措施	是否CCP(是/否)
原料鸡检收	物理	是	活鸡身上携带的金属物	检查原料鸡来源、相关证明、原料鸡有无	否
	化学	是	药物残留	空腔黏液流出、呼吸堪症状等	是(CCP1)
	生物	是	活鸡携带病原菌、寄生虫等		是(CCP1)

续表

生产工序	可能存在的危害	危害是否显著（是/否）	对第三栏的判定依据	控制显著危害预防措施	是否CCP（是/否）
挂鸡	无				
电晕	无				
放血	物理	否	刀具磨损产生的金属碎片	通过金属探测器可控制	否
	生物	否	磨具引起的微生物污染	通过清洗消毒可控制	否
沥血	生物	否	微生物污染,污血残留影响	规范操作	否
浸烫	生物	否	浸烫用水引起病原菌的交叉污染	规范操作水温(60±1)℃	否
净毛	生物	否	与器具接触的交叉污染	通过冲洗消毒可控制	否
高压冲淋	无				
切爪	物理	否	刀具磨损产生金属碎片	通过金属探测器可控制	否
	生物	否	与器具接触交叉污染	通过清洗消毒可控制	否
转移	无				
开膛	生物	否	用具交叉污染	规范操作	否
掏膛	生物	是	消除内脏时,肠内废物流出引起微生物污染	提高技术水平,减少内脏破损,规范操作	否
胴体检验(事后检疫检验)	生物	是	鸡病变带来的病毒造成的胴体交叉污染	检疫发现病变鸡,立即规范处理	是(CCP2)
高压冲淋	生物	否	掏膛后,胴体聚集大量微生物,冲洗不彻底,有残留物	充分清洗,用水量保证,后续消毒,用水量1.5L/只	否
冷却	物理	是	预冷水不干净,水量不够,水温过高,时间过长使细菌繁殖生长	通过控制水温,水量,换水	否
	生物	是			
二次转移	无				
切割分级及深加工	物理	是	刀具磨损产生金属碎片	通过金属探测器可控制	否

续表

生产工序	可能存在的危害	危害是否显著（是/否）	对第三栏的判定依据	控制显著危害预防措施	是否CCP（是/否）
包装材料验收	生物	是	与器具接触交叉污染,侧键温度过高时细菌繁殖	通过冲洗消毒,控制车间温度(约12℃)消除	是(CCP3)
	物理	是	不合格包装材料潜在的有毒有害物质,微生物污染	包装材料严格验收	否
	化学	是			是
	生物	否			否
真空包装	生物	是	包装袋破损,包装不彻底,包装方式不当等造成微生物污染	处理破损的包装袋,加强操作者技术水平,严格控制车间卫生和温度条件	否
金属探测	物理	是	原料鸡,加工工序中带来的金属碎片	凡是未通过金属探测器的产品全部拆袋检查	是(CCP4)
入库贮藏	生物	是	贮藏温度过高导致微生物繁殖,鼠、蝇、虫等的影响	执行仓库管理办法,保持库内温度(-18℃),做好防鼠、虫等	否
成品检验	生物	是	包装污染或不完整	包装不完整,更换包装	是(CCP5)
运销	生物	是	运销车辆温度过高,卫生条件不合格造成潜在危害	所有运输工具每次装运前,均应彻底清洗,消毒;控温达到所需温度后装运	否

（3）建立产品危害分析工作单

HACCP工作小组根据优质肉鸡屠宰流程中潜在的危害分析建立危害分析工作单。流程中存在的危害并不都是显著危害,HACCP旨在控制显著危害。显著危害指可能发生并且一旦控制不当,就给消费者带来不可接受的健康风险的危害。

（4）制定HACCP计划表

根据关键限值、监控记录、纠偏程序、验证程序制订HACCP计划表(表4-42)。

表 4-42　HACCP 计划表

关键控制点（CCP）	显著危害	关键限值（CL）	监控程序	纠偏措施	验证	记录
原料鸡验收（CCP1）	致病菌、寄生虫存在；兽药残留	原料鸡来自非疫区，健康无病；具备有效证明；待宰10天前停药，24h前停食，10h前停水	审核动物检疫部门证明，车辆消毒等证明，进行群体和个体检疫，确认健康及无药物残留	拒收无证原料鸡，发现可疑传染病的鸡及时上报，按国家规定处理；禁止宰杀没有按期停药的原料鸡	对原料鸡送检化验，复核验收记录及饲养用药记录	原料鸡兽药残留记录，无禁用药物的证明；产地验收登记表；宰前检疫记录；原料鸡送检化验报告单；纠偏记录等
胴体检验（宰后检疫、病原体检验）（CCP2）	病原体	肌肉丰满、体表颜色正常，无内脏病变，胴体无粪便污染	进行感官检验	感官检验发现漏检病鸡及时上报处理	每天审核报表措施	宰前检疫记录
切割分级及深加工（CCP3）	细菌	车间温度控制≤12℃，冷却槽≤4℃，分割后产品温度为≤8℃，深加工后产品温度为≤10℃	定期观察温度计，并进行菌落总数检验	调节温室，工人、设备、工具定时消毒	每天测室温，抽样检验工具、设备、菌落总数	温室及菌落总数抽样检验记录
金属探测（CCP4）	金属异物	铁 φ1.5mm；不锈钢 φ2.5mm；非金属 φ2.0mm；无金属杂质	金属探测器监控金属异物	检出金属的产品为防止误报，重新测试3次，一次报警，视为金属物超标；超标产品贴上标签，记录后集中报废处理；每日检出记录超出10件，对超标原因作出评估	每日复核（金属检出记录表）；每1～2h校准金属探测器；每日核查校准记录表	金属探测器监控记录表；报废记录表；大量金属超标评估表；金属探测器校准记录表
成品检验（CCP5）	微生物污染及包装不完整	包装完整，标示清楚，无污染	包装污染或包装不完整	包装不完整，更换包装	检查记录表；入厂报告单	检查记录表；入厂报告单

（5）产品的召回程序

优质肉鸡屠宰加工企业生产的产品一旦出现安全卫生或质量问题，能及时、快速、完全地从市场上追溯回来，保证消费者安全。

3. 优质肉鸡加工中栅栏技术的应用

（1）可应用的栅栏因子分类

1）物理性栅栏：包括温度（F 和 T）；照射（UV、微波、离子）；电磁能；超声波；压力（高压、低压）；气调包装（真空包装、充氮包装、CO_2 包装）；包装材料（积层袋、可食性包膜）。

2）化学性栅栏：包括水分活度（a_w）；pH；氧化还原电位（Eh）；烟熏；气体（CO_2、O_2、O_3）；防腐剂（有机酸、乙酸钠等）。

（2）优质肉鸡加工中重要的几种栅栏因子

1）降低初始菌量（H）：实验表明初始菌量低的肉制品保存期是初始菌量高的产品保存期的两倍。

2）F 和 T：高温热（$\geqslant 62.8℃$）处理是利用高温对微生物产生致死作用，低温（温度$\leqslant 7.2℃$）可以抑制微生物生长繁殖，降低酶的活性和肉制品内化学反应的速度，延长肉制品的保存期。家禽 10℃ 的腐败速度是 5℃ 的 2 倍，15℃ 是 5℃ 的 3 倍。

3）a_w：a_w 是食品中水蒸气压力与同温度条件下纯水的蒸汽压的比值。$a_w > 0.96$ 时肉制品易腐败，须低温保存；$a_w < 0.95$ 时大多数导致肉制品腐败的微生物的生长均可受阻；$a_w < 0.90$ 时肉制品可常温贮存。a_w 可通过食盐、糖、脂肪、甘油、蛋白质、胶体的配比来调节。

4）pH：肉的 pH 为 4.5~7.0，大多数细菌的最适 pH 为 6.5~7.5，低 pH 可影响微生物代谢中酶的活性。

5）Eh：肉的 Eh 在 $-0.2~0.3V$，pH、防腐剂等都可改变肉的 Eh，好氧性微生物需要正的 Eh，厌氧性微生物需要负的 Eh。

6）气调技术：为了有效防止鸡肉的褐变和汁液流失，抑制微生物的生长，减缓脂肪的氧化，进行气调包装和真空包装。

4. 栅栏技术与 HACCP 的结合

科学地优选栅栏因子并使之相互作用达到产品保存期延长，但栅栏技术不能预防物理、生物或化学性的危害。优质肉鸡屠宰工艺流程中建立 HACCP 体系可预防、消除或降低对产品质量造成的危险，使最终生产出的产品具有良好的品质。因此，将 HACCP 体系和栅栏技术有机结合应用于优质肉鸡屠宰流程和深加工生产中，可以有效地控制各个工序中的微生物，延长保质期，充分保证了优质肉鸡的鸡肉质量，提升我国传统优质鸡肉制品的质量档次，对我国传统食品步入国际市场将有极大的促进作用和现实意义。

当然 HACCP 体系和栅栏技术并不是一成不变的，随着企业肉产品的不断更新而处于一种动态平衡之中。只有企业在实践中不断地发现问题和总结经验，才能使本企业的 HACCP 品质管理体系和栅栏技术更完善、更合理。

四、栅栏保鲜技术对冷鲜羊肉保鲜效果的研究

冷鲜羊肉贮藏方法大多是采用冷冻、真空包装、加防腐剂等，每种方法就是一道防止微生物生长繁殖的栅栏。现在人们虽然对各种天然防腐剂和包装材料及冷藏温度研究较

多,但将其结合在一起考察其共同对羊肉的作用效果还比较少。宋振等(2011)采用天然保鲜剂壳聚糖和多种市面上常见的包装材料,对冷鲜羊肉进行真空包装,考察这些栅栏对冷鲜羊肉贮藏期的影响。

1. 材料与方法

(1) 材料与仪器

鲜羊肉,购于乌鲁木齐市北园春市场;壳聚糖,武汉华东化工有限公司提供;OPP/PETA/PE、PET/PE、PA/PE、PET/AL/PE 包装袋,江南包装公司提供。

HunterLab D25 型色差仪、LD2X-50KB 型高压立式灭菌锅、YJ-1450 型无菌操作台、冰箱、真空包装机、半微量定氮仪、恒温培养箱、常规手术用具等。

(2) 实验方法

1) 实验设计:根据壳聚糖的溶解度及预实验的结果,以质量分数 1%、2% 的壳聚糖溶液为实验因素,用具有抑菌效果的稀酸溶解,同时选用 BOPP/PA/PE、PET/PE、PA/PE 和 PET/AL/PE 四种市面上常见的食品包装材料作为羊肉外包装,以确定最适宜的涂膜质量分数和最合适的包装材料。

2) 壳聚糖保鲜液的配置:在室温条件下,使用质量分数为 1% 的冰醋酸溶液溶解壳聚糖,使其质量分数分别为 1%、2%。不断搅拌至壳聚糖完全溶解,静置消泡后待用。

3) 羊肉原材料的处理:购买新鲜羊后腿 2 个,用已消毒的刀具去掉筋腱和脂肪,然后切分成 50g 片状或小块。分别用不同质量分数的壳聚糖溶液涂膜后装入指定材料的包装袋(其中对照组只用 PA/PE 包装袋真空包装,不涂覆壳聚糖保鲜液),用真空包装机密封,密封时间 20s,真空度为 -0.08MPa。密封后立即放入(4±1)℃的冰箱中贮藏。每隔 3 天抽取样品进行分析测定。

4) 感官评价:为使实验效果更接近现实的市场,由 3~5 人按照 GB 2078—1994 所确定的感官指标,对肉的黏度、弹性、气味和煮沸后肉汤的品质 4 方面进行综合评定。方法是:开袋后即闻肉的气味;取出后用手指触摸、指压等方法判断弹性及发黏状况;最后取肉样放入烧杯中,烧开煮沸 30min,夹出肉块,闻肉汤的气味,观察肉汤的浑浊情况及悬浮物等情况。对每项检测结果进行评分,取平均值为最后综合得分。评分标准为:10 分(最好),8 分(好),6 分(一般),4 分(较差),2 分(差)。

5) 色泽测定:采用色差仪测量。开袋放在冷却间(0~4℃)让色泽恢复 30min 后,将样品放置在色差仪量具中,取表面 3 个不同部位进行测量,读取色差计显示的数值(L,a,b)。每个肉样测定 5 次,取其平均值。

6) 菌落总数的测定:按照 GB/T 4789.2—2003 规定方法测定。

7) pH 的测定:按照 GB 9695.5—1998 规定方法测定。

8) 挥发性盐基氮的测定:按照 GB/T 5009.44—1996 规定方法测定。

2. 结果与分析

(1) 贮藏期间不同处理羊肉感官指标的变化

2% 壳聚糖保鲜液涂膜后羊肉 a 值变化曲线见图 4-5,1% 壳聚糖保鲜液涂膜后羊肉 a

值变化曲线见图 4-6,2％壳聚糖保鲜液涂膜后羊肉感官综合评价结果见表 4-43,1％壳聚糖保鲜液涂膜后羊肉感官综合评价结果见表 4-44。

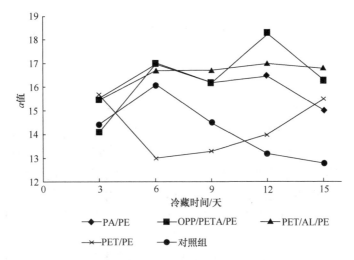

图 4-5　2％壳聚糖保鲜液涂膜后羊肉 a 值变化曲线

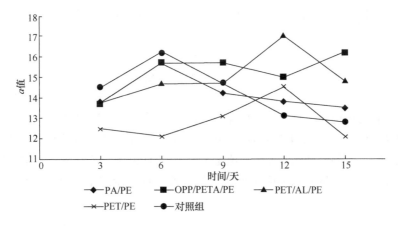

图 4-6　1％壳聚糖保鲜液涂膜后羊肉 a 值变化曲线

表 4-43　2％壳聚糖保鲜液涂膜羊肉感官综合评价结果

肉样	评价结果/分					
	0 天	3 天	6 天	9 天	12 天	15 天
PA/PE	10	9.7	9.4	9.1	8.6	8.0
OPP/PETA/PE	10	9.8	9.5	9.3	9.0	8.9
PET/PE	10	9.5	9.2	8.9	8.3	7.9
PET/AL/PE	10	9.6	9.3	8.9	8.7	8.4

表 4-44　1%壳聚糖保鲜液涂膜羊肉感官综合评价结果

肉样	评价结果/分					
	0 天	3 天	6 天	9 天	12 天	15 天
PA/PE	10	9.6	9.4	9.1	8.7	8.4
OPP/PETA/PE	10	9.8	9.7	9.4	9.2	9.0
PET/PE	10	9.6	9.2	9.0	8.6	8.2
PET/AL/PE	10	9.7	9.5	9.2	8.9	8.6

　　冷藏 6 天后,各处理组均有少于 1.0mL 的汁液流出,汁液流出量与冷藏 15 天时无很大的差别,以 PET/AL/PE 为包装材料的羊肉流出的汁液更加少于其他组;对照组在冷藏 9 天后出现了不可接受的气味,其他 4 组的羊肉均能保持良好的气味;冷藏 9 天后,除了对照组羊肉开始表现出稍亮的颜色,其他所有包装袋内的羊肉均保持原来的色泽;冷藏 15 天后,所有包装组均保持着良好的滋味,只有对照组在 9 天后就已经表现出不可接受的气味。

　　由以上分析可以看出,均以 OPP/PETA/PE 为包装材料的羊肉在感官评定中效果最好;以 PET/PE 为包装材料的羊肉在感官评定中各项指标的下降速度都很快。壳聚糖涂膜对于冷鲜羊肉有较好的护色效果,且质量分数为 1%的壳聚糖效果略好于质量分数 2%的壳聚糖溶液。

　　(2) 贮藏期间不同处理羊肉 TVB-N 值的变化

　　2%壳聚糖保鲜液涂膜后羊肉 TVB-N 值变化曲线见图 4-7,1%壳聚糖保鲜液涂膜后羊肉 TVB-N 值变化曲线见图 4-8。由图 4-7 和图 4-8 可见,随着贮藏时间的延长,各组 TVB-N 值均呈上升趋势。在第 12 天时,只有 OPP/PETA/PE 组处于 1 级鲜度,其余处理组的 TVB-N 值处于 2 级鲜肉范围,在第 12 天之后,OPP/PETA/PE 组 TVB-N 值上升相对较为缓慢,其他各处理组 TVB-N 值上升较快。且由图 4-7 和图 4-8 中 TVB-N 值的上升趋势来看,一定质量分数的壳聚糖涂膜能有效地抑制冷鲜羊肉制品的变质,以质量分数 2%为佳。

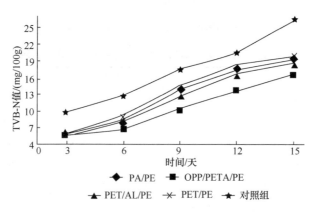

图 4-7　2%壳聚糖保鲜液涂膜后羊肉 TVB-N 值变化曲线

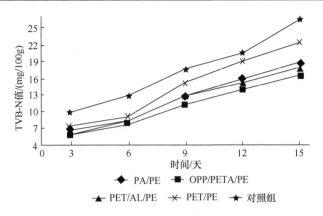

图 4-8　1%壳聚糖保鲜液涂膜后羊肉 TVB-N 值变化曲线

（3）贮藏期间不同处理羊肉 pH 的变化

2%壳聚糖保鲜液涂膜后羊肉 pH 变化曲线见图 4-9，1%壳聚糖保鲜液涂膜后羊肉 pH 变化曲线见图 4-10。在贮藏期间，羊肉的 pH 先降低，后有所回升，这主要与肉中含氮物质增加有关。从图 4-9 和图 4-10 可以看出，经过涂膜的冷鲜羊肉 pH 变动幅度小于对照组，不同包装材料对冷鲜羊肉 pH 的变化影响不大。

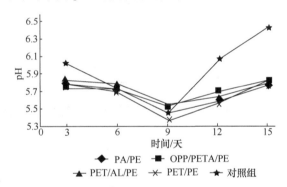

图 4-9　2%壳聚糖保鲜液涂膜后羊肉 pH 变化曲线

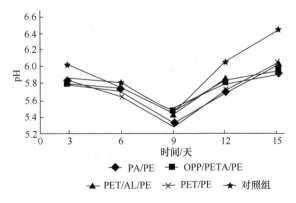

图 4-10　1%壳聚糖保鲜液涂膜后羊肉 pH 变化曲线

（4）菌落总数的评定

2％壳聚糖保鲜液涂膜后羊肉菌落总数值变化曲线见图 4-11,1％壳聚糖保鲜液涂膜后羊肉菌落总数值曲线见图 4-12。从图 4-11 和图 4-12 可知,对照组的菌落总数直线上升,其他组的菌落总数随贮藏时间的延长逐渐升高,但是只有包装材料为 PET/PE 的羊肉用 2％壳聚糖保鲜液涂膜时菌落总数上升到一定范围内开始保持稳定。除了 PET/PE 的变化不同于其他 3 种材料,另外 3 种的菌落总数变化趋势为前 6 天缓慢增长,第 6 天开始,生长速度都很迅速。原因是开始时鲜肉中的微生物数量较少,保鲜液对微生物抑制开始比较强。但后来微生物达到一定数量后,以几何对数繁殖,由于其数量迅速增加而使鲜肉腐败。

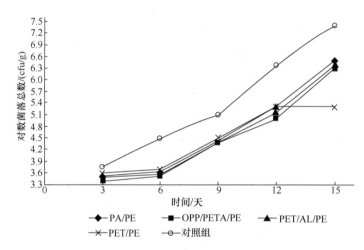

图 4-11　2％壳聚糖保鲜液涂膜后羊肉菌落总数值变化曲线

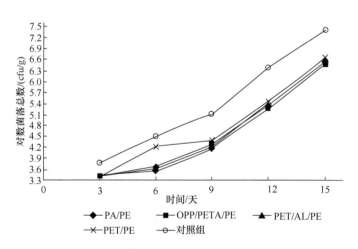

图 4-12　1％壳聚糖保鲜液涂膜后羊肉菌落总数值变化曲线

3. 结论

1）根据对冷鲜羊肉经不同质量分数的壳聚糖保鲜剂涂膜处理后采用不同包装材料

真空包装,在 4℃条件下贮藏过程中菌落总数、pH、TVB-N 值和感官检验的测定结果分析得出,综合壳聚糖的抑菌作用和低透氧性的塑料薄膜能够对冷鲜羊肉保鲜形成双层栅栏保鲜技术,对其贮藏期的延长有明显的效果。将这两种保鲜技术进行优化组合,从而能最大化地延长羊肉的贮藏期限。

　　2) 综合所有包装材料不难看出,1%的壳聚糖保鲜液涂膜后冷鲜羊肉感官指标较好,2%的壳聚糖保鲜液涂膜后冷鲜羊肉菌落总数和 TVB-N 值指标较好;包装材料中 OPP/PETA/PE 这种复合包装材料对羊肉的贮藏效果最好。虽然 OPP/PETA/PE 包装袋价格比其他材料稍贵,但是从长远的角度看还是物有所值的。

第五章　果蔬等加工贮运中栅栏技术的应用

第一节　果蔬保鲜与栅栏技术

一、利用食品栅栏技术进行番茄保鲜

番茄含水量高,营养丰富,是一种易烂蔬菜,其采后的保鲜期通常仅为一周多,张桂和赵国群(2010)为延长番茄的货架期,根据栅栏因子对番茄成熟度的影响,选择温度、涂膜和包装 3 个影响因素对番茄进行处理,以确定最佳的栅栏因子组合。研究结果表明,采用冰温、保鲜袋、涂膜 3 个栅栏因子的共同作用,番茄的呼吸强度得到抑制、失重率明显减小、维生素 C(VC)含量变化很小,最终保鲜时间达到了 30 天。

1. 材料与仪器

（1）材料

樱桃番茄:大棚采摘,选择无机械损伤、无病虫害及大小均匀一致的番茄果实,表面 80% 呈现粉色。水溶性壳聚糖(脱乙酰度≥85%),南海得被海洋生物工程有限公司;玉米醇溶蛋白,河北邢台平安糖业有限公司。草酸,标准 VC,2,6-二氯靛酚钠,可溶性淀粉,蔗糖等。

（2）仪器

BCD-138A 型电冰箱,海信电器有限公司;JJ-200 型精密电子天平,常熟双杰测试仪器厂电子天平;GY-1 型果实硬度计,牡丹江市机械研究所;GXH-3010D 红外线分析器,北京市技术应用研究所。

2. 实验方法

（1）番茄的处理

分别采用 3 种可食性材料:玉米醇溶蛋白溶液、淀粉混合溶液及壳聚糖溶液作为涂膜剂。选择了 3 个保鲜温度即常温(25±4)℃、7~8℃和 0℃,分别对涂膜与不涂膜进行对照,加保鲜袋与不加保鲜袋对照。跟踪保鲜过程番茄的感官状态、硬度、失重率、VC 含量、呼吸强度等多个番茄新鲜度指标。

（2）保鲜袋的准备

在厚度为 $20\mu m$,面积为 $15cm \times 28cm$ 的塑料保鲜袋上打孔数分别为 12 孔和 20 孔(每孔 $\varphi 2mm$)。

（3）各种可食性涂膜剂的制备

壳聚糖溶液(a):2.5g 草酸溶于 250mL 蒸馏水中,加热至 50℃,将 3.75g 壳聚糖溶解于加热的草酸溶液中,加入 $350\mu L$ 的甘油,混匀。

壳聚糖溶液(b):2.5g 草酸溶于 250mL 蒸馏水中,加热到 50℃,将 3.75g 壳聚糖溶解于加热的草酸溶液中,加入 7.5mL 1,2-丙二醇,2 滴吐温 20。

淀粉混合溶液（c）：10g 淀粉溶于 250mL 蒸馏水中，加热煮沸，加入 1.25g 明胶、0.75g VC、7.5g 柠檬酸、0.75g 苯甲酸、2 滴吐温 80，充分混匀。

淀粉混合溶液（d）：10g 淀粉溶于 250mL 蒸馏水中，加热煮沸，加入 1.5g 蔗糖、0.15g 苯甲酸、0.25mL 油酸和 2 滴吐温 80，待冷却后即可涂膜。

玉米醇溶蛋白溶液（e）：将 4g 玉米醇溶蛋白溶于 250mL 80% 的乙醇溶液中，待溶解后加入 0.15g 苯甲酸、1.35g 蔗糖、0.65g 单甘酯，充分混匀。

3. 结果与分析

（1）涂膜剂对番茄失重率的影响

新鲜果蔬的含水量可达 65%～96%，但采后失去了水分的补充，在贮藏和运输中逐渐失水萎蔫，使产品质量不断减少，直接造成经济损失。此外，失水还会引起产品失鲜。番茄采后的呼吸作用和蒸腾作用会导致其失水失重，失水使番茄组织原来的饱满状态消失，呈现萎蔫、疲软的形态，影响其生理代谢和外观品质。不同涂膜保鲜措施处理后在贮存期内失重率如图 5-1 所示。

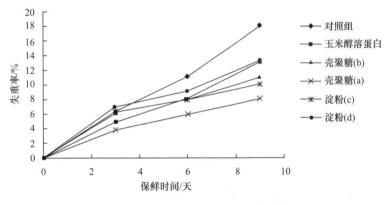

图 5-1　涂膜剂对番茄失重率的影响

由图 5-1 可知，随着保鲜时间的延长，失重率都在增加，但壳聚糖（a）涂膜剂对番茄失重率的影响最大，效果最好，使番茄净失重率最小。其他的对番茄失重率的影响都不显著，所以壳聚糖（a）是最佳的选择。

（2）温度对番茄失重率的影响

贮藏温度对番茄失重的影响见图 5-2，番茄失重率随温度的升高而增大，而且随着天数的增加而升高。常温下变化比较明显，7～8℃和 0℃变化比较缓慢。相比之下，0℃条件下的番茄失重率最小，由此可以推断 0℃是保鲜番茄最好的温度。

（3）保鲜袋对番茄呼吸强度的影响

图 5-3 所示，为 0℃条件下保鲜袋对番茄保鲜的影响，3 号是对照组，仅涂膜没有加保鲜袋；1 号涂膜并加保鲜袋（12 孔）；2 号涂膜与 1 号相同并加保鲜袋（20 孔）。从图 5-3 中可以看出，1 号保鲜袋抑制率要比 2 号保鲜袋的抑制率差，因为呼吸强度与保鲜袋的厚度、保鲜袋孔径大小及开孔的多少有关。打孔后保鲜袋能微调袋内的温度、湿度和气体的比例，配合低温能明显抑制呼吸作用。

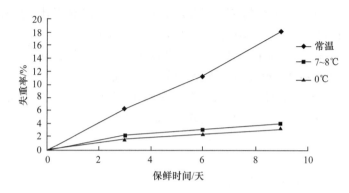

图 5-2　温度对番茄失重率的影响

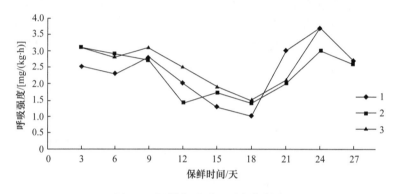

图 5-3　保鲜袋对呼吸强度的影响

（4）温度对番茄呼吸强度的影响

将不涂膜番茄放置在不同的温度下保鲜，每两天测定一次果实的呼吸强度，通过温度对呼吸强度的影响，可以研究温度对保鲜效果所起的作用。

图 5-4 中，1 曲线为 7～8℃条件；2 曲线为常温条件，呼吸强度一直大于其他两组的呼吸强度；3 曲线为 0℃条件，可见这个温度下的番茄呼吸一直处于低位。实验证明，温度是抑制果蔬采后呼吸强度的重要因素，抑制了呼吸强度，也就是抑制了果实的成熟与衰老速度，对保鲜是十分有利的。实验还发现将番茄放在低于 0℃条件（冰温保鲜），会出现严重的冻害，反而不利于保鲜。冰温保鲜不破坏细胞，有害微生物的活动及各种酶的活性受到抑制，呼吸活性低，保鲜期得以延长，水果、蔬菜的品质得以保障。

（5）保鲜袋对番茄 VC 含量变化的影响

VC 是番茄的重要营养成分，也是番茄新鲜程度的测量指标，保鲜袋除了可以防止微生物生长繁殖与氧化，可降低番茄的呼吸强度外，还可以为番茄提供一个稳定的 O_2 浓度和湿度，使得番茄的代谢缓慢，继而营养物质损耗降低。保鲜袋可以减慢 VC 的氧化，图 5-5 是在 0℃条件下，涂 2 号膜的实验数据，实验证明 2 号保鲜袋（20 孔）对 VC 含量的保护作用最好。

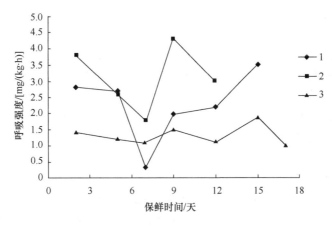

图 5-4　保鲜温度对番茄呼吸度的影响

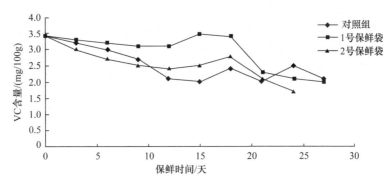

图 5-5　保鲜袋对番茄 VC 含量的影响

4. 结论

栅栏技术的应用在番茄保鲜中是有成效的,采用壳聚糖涂膜、外加合适的有孔保鲜袋、冰温保鲜等几个栅栏因子配合,减缓果实的呼吸强度,使其处于"冬眠"状态,同时又能抑制各种霉菌的繁殖。番茄能够保持果实表面光滑,色泽新鲜,果肉饱满,硬度保持好,以 VC 为代表的营养成分丢失少,保鲜达到 30 天之久仍有商业价值。

二、食品栅栏技术在草莓保鲜中的应用研究

草莓是非跃变呼吸型果实,含水量高、组织娇嫩,极易受损伤而腐烂变质,而且由于其果实属浆果,在常温情况下,放置 1～3 天就开始变色、变味,因此货架期极短,不耐贮藏和运输,仅限于产地销售且上市时间集中,严重限制了草莓生产社会效益和经济效益的提高。因此,研究草莓保鲜技术已成为草莓生产与流通中亟待解决的问题。张桂等(2010)探讨了温度、防腐剂及包装等多种栅栏因子对草莓保存性的影响,探讨了如何通过栅栏因子的设计和调节延长草莓保鲜期。

1. 材料与方法

(1) 材料、试剂、主要仪器

草莓:大棚采摘,选择无机械损伤、无病虫害及大小均匀、成熟度为微红的草莓果实。所用化学试剂均为分析纯。

BCD-138A 型电冰箱,海信电器有限公司;LG4-308 型电冰箱,浙江星星电器工业公司;GXH-3010D 红外线分析器,北京市技术应用研究所;GY-1 型果实硬度计,牡丹江市机械研究所。

(2) 方法

1) 基本操作流程。冰箱消毒→准备药品→配制试剂→原材料分选及分组→对各组原材料分别作不同栅栏因子处理→一定条件下贮藏→定期观察、测定各指标→记录→分析→重复优良方案。

2) 涂膜液的制备。醇溶蛋白Ⅰ:玉米醇溶蛋白4g,苯甲酸0.15g,蔗糖1.35g,单甘酯0.6g,溶于250mL 80%的乙醇中,制成涂膜液。醇溶蛋白Ⅱ:玉米醇溶蛋白4g,苯甲酸0.1g,蔗糖1.35g,吐温80两滴,油酸0.25mL,溶于250mL 80%的乙醇中,制成涂膜液。

3) 样品的处理。将配好的涂膜液用喷雾瓶分别喷于样品表面,待膜液在果实表面成型时置于相应温度下。套保鲜袋组果实处理:将适宜个数的草莓装于打孔保鲜袋中,在面积为15cm×28cm的保鲜袋上打孔22个(每孔 φ5mm),封口后置于相应温度下。按以上处理方法处理的样品分别置于7~8℃、0~1℃条件下,各组样品不得挤压。

2. 结果与分析

(1) 草莓感官变化

不同处理方法的草莓在不同温度下经过一段时间的保存,观察到的感官结果有比较显著的差别,不同温度下使用醇溶蛋白Ⅰ涂膜液处理的样品表面均出现明显的"白霜",严重影响样品感官,该方法被淘汰。醇溶蛋白Ⅱ涂膜液处理的样品具体情况见表5-1和表5-2。

表 5-1　草莓样品在7~8℃条件下保存结果

试验样品	保鲜处理	感官检验结果
1	醇溶蛋白Ⅱ涂膜液处理,套保鲜袋	保鲜第12天出现个别软化,第20天失水严重,无腐烂
2	醇溶蛋白Ⅱ涂膜液处理,不套保鲜袋	保鲜第10天出现软化样品,第13天出现腐烂样品,第16天样品软化失水严重
3	对照组	保鲜第10天出现软化样品,第13天出现腐烂样品,第17天样品软化失水严重

表 5-2　草莓样品在0~1℃条件下保存结果

试验样品	保鲜处理	感官检验结果
1	醇溶蛋白Ⅱ涂膜液处理,套保鲜袋	保鲜第15天出现个别软化,第26天失水严重,无腐烂
2	醇溶蛋白Ⅱ涂膜液处理,不套保鲜袋	保鲜第10天出现软化样品,第12天样品软化失水严重,第15天失去商品价值,无腐烂
3	对照组,不作处理	保鲜第10天腐烂样品增加,样品已完全失去商品价值

（2）草莓其他生理指标的变化

由于草莓在 7～8℃条件下保存的各项生理指标均不如 0～1℃条件下保存的好，故只显示 0～1℃条件下保存的情况。

1）草莓呼吸强度的变化：呼吸强度是表示果实组织新陈代谢的一个重要指标，其值越大说明呼吸作用越旺盛，营养物质消耗越快，加速产品衰老，缩短贮藏时间。

图 5-6 显示的是醇溶蛋白Ⅱ涂膜液处理样品在 0～1℃条件下保存的呼吸强度变化趋势，其中对照组保鲜时间最短，涂膜加保鲜袋处理效果最好。

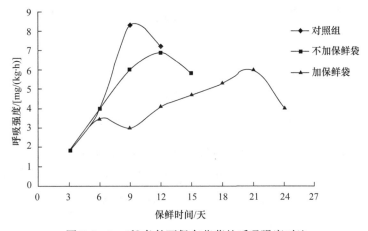

图 5-6　0～1℃条件下保存草莓的呼吸强度对比

2）草莓失重率的变化：草莓采后的呼吸作用和蒸腾作用会导致其失水失重，失水使草莓组织的膨压下降甚至失去膨压，原来的饱满状态消失，呈现萎蔫、疲软的形态，影响其生理代谢和外观品质。在贮藏期内，随着贮藏时间的延长，各组失重率都不断上升，并且，对照组失重率上升趋势较其他组更明显，在保鲜期内失重率达到最大；贮存条件下失重率最低的是涂膜加套保鲜袋组，其原因是保鲜袋能微调袋内样品的小气候，如温度、湿度和各种气体的比例等，减少水分蒸发，同时说明涂膜也能阻止果实内部水分的迁移和扩散，从而延长其保鲜期。

醇溶蛋白Ⅱ涂膜液处理样品在 0～1℃条件下保存的失重率对比如图 5-7 所示。

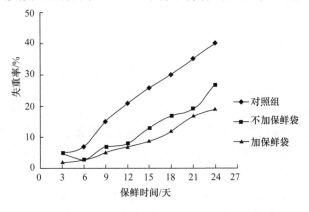

图 5-7　0～1℃条件下保存草莓的失重率对比

3）草莓硬度的变化：不同贮存条件下各试验组草莓的硬度变化见图 5-8，除了对照组的硬度呈波动下降趋势外，其余各组样品硬度均呈先增后减趋势，这一现象说明涂膜液及保鲜袋处理对保持草莓的硬度，防止软化有十分明显的效果。

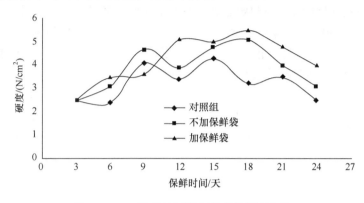

图 5-8　0～1℃条件下保存草莓的硬度变化

4）草莓中 VC 的变化：在贮藏期内，各组样品的 VC 含量均呈下降趋势，至 12 天的对照组，以及至 24 天的对照组和不加保鲜袋组均呈极显著的下降趋势，结果见表 5-3。

表 5-3　草莓样品在 0～1℃条件下保存 VC 含量的下降值　　　　（单位：%）

不同样品处理	第 12 天	第 24 天
对照组	60.25	90.27
不加保鲜袋	56.34	90.36
加保鲜袋	40.13	50.36

3. 结论

玉米醇溶蛋白涂膜、加保鲜袋和低温处理这 3 种栅栏因子均能延长保鲜时间，将这 3 种栅栏因子相结合，对草莓样品保鲜，在降低失重率、减少 VC 损失、降低呼吸强度及维持硬度方面具有更加良好的作用效果。实验表明，涂膜后套打孔保鲜袋包装在 0～1℃条件下，可使保鲜时间达到 24 天，无腐烂样品出现，且感官指标较其他保鲜条件好。

三、栅栏技术在食用菌保鲜贮藏中的应用

食用菌营养丰富，味道鲜美，质地细嫩，益于健康，是联合国粮农组织专家推荐的合理膳食"荤菜-菌菜-素菜"的一个重要组成部分。但鲜食用菌常温下易腐烂、变质，在包装和运输过程中也容易破损，降低质量，造成损失。在生产旺季销售食用菌，调节、丰富食用菌的市场供应，为了满足国内外市场的需要，必须做好保鲜和贮藏工作。徐吉祥等（2009）探讨了采用栅栏技术可以保持鲜食用菌的质量并延长其货架期，就栅栏技术及其在食用菌保鲜贮藏的应用进行了总结，以期为食用菌保鲜贮藏工业化生产提供一定的理论依据。

食用菌一般含水量高，营养丰富，质地柔嫩，生理生化活动强烈，为使收获后不能及时销售或加工的食用菌免遭损失，必须进行保鲜，保持鲜品的风味基本不变，并可最大限度

地保存其营养价值,且具有便于贮存和加工运输等特点。食用菌的保鲜贮藏是一个综合的加工过程,栅栏技术对保证食用菌的质量及货架期发挥着重要作用。从原料的前处理、包装到最后的配送,每一环节都应直接或间接地采取栅栏措施,以达到预期的保鲜贮藏目的。以下是徐吉祥等的研究总结。

1. 原料选择

选择八九成熟适时采收的、色泽正常、菇形完整、无机械损伤、朵形基本一致、无病虫害、无异味的合格菇体。对出现组织软化及腐烂等不良现象的食用菌要设立栅栏阻隔。清除杂质、去掉生霉和被病虫危害的鲜菇,这对于保证食用菌的产品质量非常重要。

一般情况下,蘑菇要切除菇柄基部,平菇应把成丛的逐个分开,并将柄基老化部分剪去,滑菇要剪去硬根。

2. 清洗与沥干

清洗处理是食用菌的保鲜贮藏中不可缺少的环节,清洗可除去表面细胞汁液并减少微生物数量,防止贮存过程中微生物的生长及酶氧化褐变。清洗后还应沥干除水,降低表面水分活度,否则更易腐烂。通常可采用离心脱水机除去表面少量的水分。

清水清洗并不能有效减少微生物数量,抗微生物的化学保存剂是重要的栅栏因子,通常在清洗水中添加一些化学物,如柠檬酸、次氯酸钠等作为控制微生物的栅栏以减少微生物数量。注意,次氯酸钠可提高清洗效果,但氯可能与食品中某些成分结合产生有毒物质,影响产品质量。也有将食用菌浸入加有适量维生素 C、维生素 E 的 0.1% 的硫代硫酸钠溶液中,防止变质。还有研究表明,5% H_2O_2 添加 1mg/mL EDTA 可有效抑制食用菌褐变。此外,清洗水还可含有一定浓度的二价钙离子,以便硬化组织,保持食用菌较好的品质。注意应尽量减少化学物质在食用菌中的残留,必须符合 FDA 的限量标准。可以采用大量清水冲洗经处理的食用菌,去除其表面的化学物质(Adrie,2005)。

3. 微生物控制

食用菌的腐烂与微生物的生长密切相关。处理食用菌在贮运期间的微生物是食用菌质量的第一个关键点,必须设置针对食用菌中微生物的栅栏。

在 pH6.0~7.5 时微生物生长繁殖最快,易使菌体感染致病菌。应用有机酸抗菌剂等栅栏因子,采用柠檬酸、苯甲酸、山梨酸、乙酸等降低 pH,可有效抑制微生物生长。有研究发现利用菌种间拮抗作用抑制腐败菌生长的生物控制法,如使用乳酸菌产生乳酸、乙酸降低 pH 等来加强阻止微生物生长的栅栏。

非热处理的物理方法如高压电场、超声波、放射线,尤其是辐照也逐步应用于食用菌的杀菌。辐照因子以其可以最大限度保持食品原有的营养成分受到青睐。例如,用[60]钴或[137]钯放出的 γ 射线为放射源对食用菌进行辐射处理,能有效地抑制开伞,杀死或抑制腐败微生物的活动。例如,平菇采收、清理包装好,用 10 万 lx 强度的[60]钴射线照射后,在 0℃条件下保存,保鲜时间可延长到 31 天,安全无毒。为了达到较理想的抑菌效果,一般需要综合使用多种栅栏因子。

4. 抑制褐变

处理食用菌在贮运期间褐变是食用菌质量的第二个关键点,其所设置的栅栏主要是针对食用菌的褐变。将鲜菇用某些抗氧剂等进行处理,或降低 pH 以抑制酶活性,能延长保鲜时间。

水质中铁离子、铜离子含量超过 2mg/kg,能使食用菌子实体颜色变暗。在 pH4～5 时,食用菌子实体内的多酚氧化酶活性最强,易使菇体褐色加重。

一般多采用亚硫酸盐来抑制食用菌褐变,但其对人体具有不良反应,现在已有使用柠檬酸(CA)与乙二胺四乙酸二钠(EDTA)混合剂替代亚硫酸盐使用,可获得较好的效果;EDTA 与铁离子、铜离子螯合能力很强;CA 也能与铁离子、铜离子螯合,并且可降低 pH。此外,还有 CA 与抗坏血酸(AA)或异抗坏血酸(EA)的结合、L-半胱氨酸、$Zn(Ac)_2$ 及 4-乙基间苯二酚(4-HR)等都是比较好的亚硫酸盐替代物。Saper 等发现 EA、半胱氨酸与 EDTA 配合使用于蘑菇防褐变效果很好,两种以上保存剂一起使用有相乘、相加作用。

5. 低温保藏

温度是影响食用菌呼吸作用的最主要的栅栏因子。在 5～35℃,温度每上升 10℃,呼吸强度即增大 3 倍。低温可以抑制微生物生长繁殖,降低酶的活性和食用菌内化学反应的速度,延长食用菌的保藏期。但冷藏温度也不宜过低,温度过低,会破坏一些食用菌的组织或引起其他损伤,而且耗能较多。因此在选择低温保藏温度时,应从食用菌的种类和经济两方面来考虑。

例如,低温保鲜法适宜草菇等食用菌保鲜。草菇装载箱可用高约 40cm 的木箱或塑料箱,下部垫厚约 5cm 的一层碎冰块,盖上塑料膜,膜上摆放厚约 20cm 的鲜草菇,再盖上塑料膜把冰放置在贮藏食用菌的上方。生产上常采用将食盐或氯化钙加入冰中,通常控制在 0～8℃。

而速冻保鲜法适宜平菇等食用菌保鲜。鲜菇采收后,先用剪刀分成单个子实体,并漂洗干净,按菇体大小、老嫩分放。然后沥水,按 1kg 的规格装入相应大小的无毒塑料食品袋中密封。最后,将菇装入食品箱中,置入冷库(温度为 -18℃ 左右)中即可,需出售或深加工时可随时取出。

6. 包装

包装可作为直接栅栏起阻隔作用,防止微生物侵染,同时调节食用菌的微环境,控制湿度与气体成分。气调包装原理是降低氧气浓度,增加二氧化碳浓度,从而抑制食用菌呼吸作用。在 0.1% 的低氧和 25% 的高二氧化碳浓度的环境中,食用菌子实体菌盖展开受到抑制,后熟(开伞)延迟。该技术包装多使用塑料薄膜,有聚乙烯(PE)、乙烯-乙酸乙烯共聚物(EVA)、聚丙烯(OPP)、聚氯乙烯(PVC)及低密度聚乙烯(LDPE)等,多采用 EVA 与 OPP 或 LDPE 形成混合材料提高透气性,人们还将一些具栅栏功能的成分添加到包装材料中去。这样的栅栏功能成分主要有脱氧剂(Fe 系脱氧剂、连二亚硫酸盐系脱氧剂等)、防腐剂、抗氧化剂、吸湿剂与乙烯吸收剂($KMnO_4$、活性炭等)。首先是检查种子含水量;其次是通风调节温度,隔 15~30 天检查 1 次,适时、谨慎通风,如果发现种子含水量发生较大的变化,就要在天气较稳定时翻晒种子;再次是 6~8 月,此阶段是广西的高温季节,种子呼吸强度增加,所以主要工作是检查种子温度,要经常通风降温,每周检查种子温度 1 次,且每月抽样检查种子发芽率;最后是 9~11 月,期间广西白天仍以高温为主,但昼夜温差变大,此阶段主要工作是检查种子温度和含水量,隔 15~30 天检查 1 次,白天以通风降温为主,如果此时种子的含水量偏离正常值(>13%)时,就要及时翻晒。

现在真空包装技术已被广泛应用,真空包装延长食用菌货架期的主要原理是采用非透气性材料,降低食品周围空气密度,从而抑制食用菌氧化及需氧微生物生长。在冷藏(0~4℃)条件下可使货架期延长。食用菌的保鲜贮藏最有潜力的方法是涂膜保鲜,食用菌表面涂膜的目的主要也是为阻隔内外气体和水分的交换。卡拉胶、壳聚糖、单甘酯、CMC、明胶及肌醇六磷酸都可成为今后用于食用菌保鲜的很有前景的涂层材料。

7. 栅栏技术在食用菌保鲜贮藏中的应用展望

我国是食用菌生产大国,资源丰富。2007 年生产食用菌总量已达 1460 万 t,占世界总产量的 70%,居世界首位。在我国食用菌大多数是以鲜销为主,鲜食为佳。在城市各种鲜菇都是充实“菜篮子工程”的重要组成部分,掌握这些新的保鲜技术,对发展国内的鲜菇市场,提高栽培者的经济效益,具有很重要的意义。

目前食用菌贮藏过程中不同栅栏因子的联合,已经成为获得安全的主要目标。栅栏技术已经广泛应用于各类食品的加工与保藏。其与传统方法和高新技术相结合更有效。HACCP 的引入,栅栏技术与现代高新技术和现代化科学管理的有机结合必然是未来栅栏技术的发展方向。

四、栅栏技术在鲜切果蔬质量控制中的应用

鲜切果蔬(fresh-cut fruit and vegetable)是指新鲜蔬菜、水果原料经清洗、修整、切分等工序,最后用塑料薄膜袋或以塑料托盘盛装外覆塑料膜包装,供消费者立即食用或餐饮业使用的一种新型果蔬加工产品,也可称为 MP 果蔬(minimally processed fruit and vegetable)或轻度加工果蔬、截切果蔬、半处理果蔬、调理果蔬及生鲜袋装果蔬。它具有品质新鲜、使用方便和营养卫生的特点,在国内也开始深受消费者的喜爱。与新鲜果蔬原料相比,鲜切果蔬由于经微处理,生理衰老、生化变化及微生物腐败是导致其产品色泽、质地、风味下降的主要原因。鲜切果蔬生理衰老及生化变化主要由一些相关的酶如多酚氧化酶和脂肪氧化酶等引起,而微生物腐败则是由于生产过程中产品表面受加工工具和环境中的细菌、霉菌、酵母菌等微生物的污染。引用栅栏观念(hurdle concept)于鲜切果蔬产品质量下降的酶及微生物的控制受到关注。赵友兴、郁志芳、李宁等就栅栏技术在鲜切果蔬质量控制中的应用作了分析和总结研究,以期为鲜切果蔬工业化生产提供一定的理论依据。

鲜切果蔬生产是一个综合的加工过程,栅栏技术对保证鲜切果蔬质量及货架期发挥着重要作用。从原料选择、前处理、加工、包装到最后的配送,每一环节都应直接或间接地采取栅栏措施,达到预期的保存目的。

1. 鲜切果蔬加工

(1) 原料选择

鲜切果蔬只适合于部分种类、品种的新鲜蔬菜、水果的加工。选择易于清洗、修整等良好加工性的优质原料,辅之以加工前正确的贮存及辅助处理,对于保证鲜切果蔬产品质量来说非常重要。果蔬原料因种类、品种不同,其内在的栅栏因子(a_w、pH)各不相同,导致贮藏特性和加工性能差异很大。鲜切果蔬产品在贮运过程中均有各自不同的腐败变质方式,胡萝卜经切分加工后会出现颜色变白现象,而芦蒿鲜切后易出现组织软化及腐烂等不良现象。为生产出高质量的鲜切果蔬产品,要求对不同果蔬原料进行系统深入的研究。随着科技的发展,尤其是生物技术的普及应用,选育、栽培符合鲜切果蔬原料特殊要求的品种将成为可能。

(2) 修整与切分

用于鲜切果蔬生产的水果、蔬菜按产品的要求经洗净后进行适当的修整,如去皮、根等,再按一定的切分方式进行切分,是鲜切果蔬生产的必要环节。修整与切分时最理想的方法是采用锋利的切割刀具在低温下进行手工或机械操作。工业化生产中,机械化操作如去皮应尽可能地减少对植物组织细胞的破坏程度,避免大量汁液流出,损害产品质量。研究表明,切分的大小对产品的品质也有影响,切分越小越不利保存,不同果蔬对切分大小要求各不相同。切分操作时,所有与果蔬接触的工具、垫板及所用材料必须符合相应的要求,并且都应进行清洗或消毒处理,避免发生交叉污染。

(3) 清洗与沥干

经切分的果蔬表面已造成一定程度的破坏,汁液渗出,更有利于微生物活动和酶反应的发生,引起腐败、变色,导致质量下降。清洗处理是鲜切果蔬加工中不可缺少的环节,清洗可除去表面细胞汁液并减少微生物数量,防止贮存过程中微生物的生长及酶氧化褐变。清洗后还应作除水处理,如沥干工序,降低表面水分活度,否则更易腐败。通常可采用离心脱水机加以除去表面少量的水分。清水清洗并不能有效除去微生物数量,通常在清洗水中添加一些化学物质,如柠檬酸、次氯酸钠等来减少微生物数量及阻止酶反应。氯水在一定程度上可提高清洗效果,但具有一定的缺陷,如对莴苣中的 *Listeria monocytogenes* 菌群作用不明显,且氯可与食品中某些成分结合,产生有毒物质,影响产品质量、安全,因此,氯水使用安全性深受质疑。目前,研究人员考虑采用 O_2、ClO_2、Na_2HPO_4 和 H_2O_2 等来取代氯水,尤其以 H_2O_2 研究较多,H_2O_2 辅助添加 EDTA 可有效防止褐变。研究表明,5% H_2O_2 添加 1mg/mL EDTA 可有效抑制蘑菇褐变。H_2O_2 也只适合于部分果蔬的清洗,如卷心白菜、青椒、莴苣及马铃薯等,而对青花菜、芹菜与番茄则效果不好。此外,清洗水还可含有一定浓度的二价钙离子,以便硬化组织,维持较佳品质。

清洗时采用化学物质作为控制微生物的栅栏,应选用适宜的清洗时间及化学物质浓度,尽量减少化学物质在鲜切果蔬中的残留,符合 FDA 的限量标准。一般,可采用大量清水冲洗经处理的果蔬,去除其表面的化学物质。另外,化学清洗应考虑果蔬的一些不良反应,如变色(褐变)及组织萎蔫等胁迫反应的发生会导致产品质量下降。

2. 微生物控制及褐变处理

鲜切果蔬在贮存期间褐变和微生物腐败是主要的质量问题,其保存所设置的栅栏主要是针对果蔬中酶类物质及微生物。化学保存剂是重要的栅栏因子,可分为抗微生物防腐剂和抗氧化、褐变的保鲜剂,化学保存剂的作用效果与果蔬种类、品种和微生物种类、数量有关。两种以上保存剂一起使用可能有相乘、相加或拮抗作用。

（1）褐变抑制

传统上,一般采用亚硫酸盐来抑制果蔬褐变,但其对人体具有不良反应,现提倡使用亚硫酸盐替代物。随着研究的不断深入,CA 与 EDTA 已作为螯合剂使用,CA 与 AA 或 EA 的结合物、L-半胱氨酸、$Zn(Ac)_2$ 及 4-HR 很可能成为亚硫酸盐替代物。李宁等单独采用 CA、EDTA 二钠盐、AA、EA、L-半胱氨酸及 $Zn(Ac)_2$ 都成功地抑制了鲜切藕片的褐变。几种试剂配合使用抑制褐变效果远优于使用单一试剂。Saper 等在鲜切蘑菇上发现 EA、半胱氨酸与 EDTA 配合使用防褐变效果最好,4% AA+1% CA+1%酸式焦磷酸钠能较好地抑制马铃薯褐变。最吸引人的鲜切果蔬抗氧化和抑制褐变的方法为天然法,Lozano-de-Gonzales 等使用菠萝汁可有效抑制新鲜苹果圈的褐变。另外,激素如 6-BA、NAA 等处理对防止某些鲜切果蔬腐烂变质具有明显效果。

（2）微生物的控制

鲜切果蔬腐烂与微生物的生长密切相关。目前,日本与法国等各国对鲜切果蔬产品都制定了相应的微生物标准,保证产品卫生及质量。鲜切果蔬防止微生物的生长主要是控制水分活度和酸度,应用防腐剂及低温冷藏等栅栏因子。蔬菜上的微生物主要是细菌,霉菌、酵母菌数量较少;而水果上除有一定细菌外,霉菌、酵母菌数量相对较多,且不同蔬菜、水果上的微生物群落差别很大。采用柠檬酸、苯甲酸、三梨酸、乙酸及中链脂肪酸等有机酸抗菌剂降低 pH 可有效抑制微生物生长。对某些果蔬用低浓度盐处理可适当降低 a_w,具有一定的抑菌效果。

非热处理的物理方法如高压电场、高液压、超强光、超声波及放射线,尤其是辐照也将逐步应用于鲜切果蔬的杀菌。研究者还发现利用菌种间拮抗作用抑制腐败菌生长的生物控制法,结合清洗、辐照及包装,最后进行冷藏可达到较佳的保存效果。如使用乳酸菌产生乳酸、乙酸降低 pH 及产生 lysozyme reuterin 等抗菌物来加强阻止微生物生长的栅栏。Vescovo 等成功地应用乳酸菌保存生菜色拉。控制鲜切果蔬微生物的方法很多,为了达到较理想的抑菌效果,一般需综合使用多种抑菌方法与技术。

3. 包装贮运

（1）包装

鲜切果蔬的迅速发展应归功于气调包装。包装本身可作为直接栅栏起阻隔作用,防止微生物侵染,同时调节果蔬微环境,控制湿度与气体成分。栅栏技术与食品包装的融合为鲜切果蔬的保存提供了一条新途径。

自发调节气体包装(MAP)是鲜切果蔬生产中最主要的包装方法,其目的在于使用适宜的透气性包装材料被动地产生一个组分为 2%～5% CO_2 和 2%～5% O_2 的气体环境。

所使用的塑料薄膜有聚乙烯(PE)、乙烯-乙酸乙烯共聚物(EVA)、定向聚丙烯(OPP)、聚氯乙烯(PVC)及低密度聚乙烯(LDPE)等。也可采用 EVA 与 OPP 或 LDPE 相结合形成混合材料提高透气性。研究发现,包装在这些混合材料中的甘蓝丝和胡萝卜条在 5℃ 条件下贮存,可获得 7~8 天的货架期。不同种类品种的果蔬都应建立各自不同的最佳 MAP 包装系统。迄今为止,国内在这方面的研究工作还很少。

随着食品包装技术的不断发展,人们已将一些具栅栏功能的成分添加到包装(材料)中去,使其发挥栅栏功能。这样的栅栏功能成分主要有脱氧剂(Fe 系脱氧剂、连二亚硫酸盐系脱氧剂等)、防腐剂与抗氧化剂、吸湿剂与乙烯吸收剂($KMnO_4$、活性炭等)几类。Cisneros-Zevallas 等采用吸湿性包装法包装去皮胡萝卜,有效地减轻了变色。就鲜切果蔬保存而言,最有潜力的方法是涂膜保鲜,即将可食性膜涂于果蔬表面形成涂层,改善产品质量。卡拉胶和壳聚糖用于鲜切果蔬是很有希望的涂层材料,另外,单甘酯、CMC、明胶及肌醇六磷酸都将成为今后涂层材料的研究对象。

(2)贮运与销售

温度是影响鲜切果蔬质量的主要因子。产品在贮运及销售过程中应处于低温状态,包装后的产品必须立即放入冷库中贮存。配送期间可使用冷藏车进行温度控制,尽量防止产品温度波动,以免质量下降。零售时,应配备冷藏设施,如冷藏柜等组成冷链,保证冷藏温度不超过 5℃。对于某些易发生冷害的果蔬产品应在冷害临界点以上的低温下贮存。

4. 栅栏技术在鲜切果蔬中的应用前景

鲜切果蔬作为仍具有生命的鲜活组织,在加工及保存过程中,极易腐烂变质,要求有一个原料、加工、贮运和销售高度配合的冷链系统,使组织的代谢和微生物的生长处于最低水平。目前,鲜切果蔬在我国仍处于起步阶段,很多问题有待研究解决。为能生产出高质量、卫生安全的鲜切果蔬产品,生产单位应采取严格的卫生措施和执行良好作业规范 GMP,制定相应的产品质量标准,包装标有最终食用日期(use-by-date)。

随着食品保存理论和手段——栅栏技术研究的不断深入,栅栏理论将成为鲜切果蔬生产和保存的重要理论指导依据。对不同果蔬设置符合保存要求的特定栅栏,可保持鲜切果蔬产品质量及获得足够的货架期。栅栏技术与关键危险点控制管理技术(HACCP)及微生物预报技术(PM)的结合,可望今后成为改善鲜切果蔬质量和货架期的重要手段。

五、栅栏技术在鲜切菜生产中的应用

鲜切菜与传统的罐藏蔬菜、速冻蔬菜、脱水蔬菜、腌制蔬菜相比,具有品质新鲜、食用方便、营养卫生等特点。鲜切菜加工始于 20 世纪 50 年代,进入 80 年代后作为一种朝阳产业在欧美、日本等发达国家迅速发展。进入 90 年代,我国鲜切菜加工悄然兴起,特别是近年来全国各地蔬菜配送中心的建立,为鲜切菜的大发展提供了有利条件。新鲜蔬菜在未受损伤的情况下,组织内部基本上"无菌"或菌数很少,一旦受到机械切割,微生物就会大量侵入;同时引起一系列不利于贮藏的生理生化反应,如呼吸强度加快、乙烯产生加速、酶促和非酶促褐变加剧、蒸腾失水加强、切分表面本质化等。所有这些变化都会加剧鲜切菜的品质下降,缩短其货架期,大大降低鲜切菜的商品价值。栅栏技术是近年来提出的一项综合保质技术,在肉制品加工中应用后取得了良好的保质效果。高翔和王蕊(2004)着重从栅栏技术的角度结合鲜切菜易出现的质量问题,提出了在鲜切菜生产中可以利用的保质栅栏因子,并就栅栏技术在鲜切菜质量控制中的应用作了概述,以期为生产优质、新鲜、营养、安全的鲜切菜提供一定的理论依据。

1. 鲜切菜易出现的质量问题及原因

(1) 微生物引起的腐败变质

蔬菜切割后由于失去了表层的保护,受到机械损害,营养物质流出,更容易受到微生物的利用而腐败变质。蔬菜上常见的细菌有欧文氏菌属、假单胞菌属、芽孢杆菌属、棒杆菌属、黄单胞菌属、梭状芽孢杆菌属等,引起鲜切菜变质的霉菌种类繁多,常见并广泛分布于蔬菜中的霉菌有灰葡萄孢、白地霉、根霉属、疫霉属、刺盘孢属、核盘菌属、链格孢属、链孢霉属等。但欧文氏菌属、假单胞菌属为最重要的。在高温、高湿、低氧、低盐、高 pH 等条件下,一些致病菌包括李斯特菌、梭状芽孢杆菌、耶尔森氏菌、沙门氏菌、大肠杆菌等,极可能生长并产生毒性。

(2) 褐变

在鲜切菜中,最易发生且最常见的生理化学反应就是褐变。它主要是由于切割破坏了蔬菜细胞膜的结构,影响膜透性,导致隔离的化合物(主要是酚类物质)流出,与空气中的氧气接触,在多酚氧化酶(PPO)的作用下氧化所致。另一个重要的酶是催化过氧化物反应的脂肪氧化酶,它能导致大量具有难闻气味的醛和酮类物质产生。苯丙氨酸解氨酶(PAL)是酚代谢中重要的酶之一,它催化 L-苯丙氨酸脱氨形成反式肉桂酸,增加酚代谢的底物,从而促进褐变。果蔬切割之后,其活性显著增高,故有人提议把 PAL 的活性作为褐变的指标。褐变是影响鲜切品质最常见的因素,包括芦蒿、马铃薯、莴苣、山药等多种蔬菜。褐变包括酶促褐变和非酶促褐变,鲜切菜的褐变主要是酶促褐变。

(3) 枯萎黄化

蔬菜由于受到机械切割,产生了一系列不利于贮藏的生理、生化反应,如呼吸强度加快、伤乙烯产生加速、蒸腾失水加强、切分表面本质化等。乙烯的产生速度与加工程度有着密切的关系,加工程度越大,乙烯产生越快,对品质的不利程度也越大,一般在切割 1h 之内,甚至数分钟之内乙烯便开始迅速增加。通常在 6～12h 达到高峰。由于伤乙烯的产生与伤呼吸的出现,组织中的的贮藏物质迅速降低,从而使品质下降和衰老,伴随着蒸腾失水和表面木质化,使鲜切菜枯萎、黄化。

2. 栅栏技术在鲜切菜生产中的应用

(1) 栅栏因子的筛选

鲜切菜加工成品要求新鲜、营养、方便、卫生。蔬菜虽经去皮切分,但仍是具有生命活力的营养体,因此,杀灭和抑制微生物生长、繁殖,破坏和抑制酶的活性就不能采用加热或冷冻工艺,必须采用适合鲜切菜加工特点的冷杀菌技术,筛选控制鲜切菜品质的栅栏因子是非常重要的。

1）控制微生物的栅栏因子：低温冷藏(t)、水分活度(a_w)、酸化(pH)、防腐剂(Pres.)、氧化还原值(Eh)、压力(P)、辐照、臭氧、气调、包装等。

2）抑制酶活性的栅栏因子：低温冷藏(t)、酸化(pH)、压力(P)、辐照、臭氧、气调、包装、VC、$CaCl_2$等。

3）控制衰老、黄化的栅栏因子：低温冷藏(t)、包装、VC、$CaCl_2$等。

（2）栅栏因子对鲜切菜品质的控制

1）浸泡清洗：在浸泡时加入0.2%的吐温80或者偏硅酸钠，或清洗中加入0.2%的次氯酸钠、10% H_2O_2等消毒剂有助于去除微生物，可以使微生物减少1~2个数量级；清洗水中加入一些如柠檬酸、次氯酸钠，可减少及阻止酶反应，可改善产品的感官质量。采用超声波气泡清洗有利于去除蔬菜表面微生物。

2）护色保鲜：护色主要是防止鲜切菜褐变，褐变是鲜切菜主要的质量问题。影响果蔬褐变的因子很多，主要有多酚氧化酶的活性、酚类化合物的浓度、pH、温度及组织中有效氧的含量。因此，可通过选择酚类物质含量低的品种，钝化酶的活性，降低pH和温度，驱除组织中有效氧的办法来防止褐变。传统抑制褐变采用亚硫酸钠，目前国际上也不允许使用，常用替代亚硫酸盐的化学物质有抗坏血酸、异抗坏血酸、柠檬酸、L-半胱氨酸、氯化钙、EDTA等。于平等对切割莴苣的研究表明，0.5%抗坏血酸＋0.5%柠檬酸和0.5%抗坏血酸＋0.2%氯化钙联合作用抑制切割莴苣的酶促褐变效果良好。吴锦铸等研究表明，把切分马铃薯分别浸泡异VC、植酸、柠檬酸，时间各为10min、15min、20min，浓度各为0.1%、0.2%、0.3%，均有一定护色效果，且浓度越高，浸泡时间越长，护色效果越好。最优处理组合为0.2%异VC、0.3%植酸、0.1%柠檬酸、0.2%$CaCl_2$混合溶液，影响护色效果的主次因素顺序为植酸、异VC、柠檬酸、$CaCl_2$。Weller等用1.0%或2.5%柠檬酸＋0.25%VC在包装前处理杨桃片，在4.4℃贮藏2周以上不褐变。Sapers等用抗坏血酸钠、半胱氨酸、EDTA在pH5.5处理MP蘑菇能抑制褐变。Gunes等用0.5%半胱氨酸＋2%柠檬酸处理能抑制MP土豆的褐变。质量分数为0.5%的抗坏血酸＋质量分数为0.5%的柠檬酸能够较好地抑制莴苣的酶促褐变。褐变果实中的钙具有维持细胞壁和细胞膜的结构与功能的作用，适当增加采后果实的钙水平，对其呼吸作用、乙烯释放、软化和生理病害等均有抑制作用，常用作蔬菜保鲜。潘永贵等用0.4%和0.6% $CaCl_2$处理MP菠萝，其在第10天仍然保持了良好的风味。$CaCl_2$可抑制猕猴桃切片、苹果切片、梨切片的褐变。

最新的研究表明，臭氧、辐照、CO_2、涂膜等保鲜技术具有比较理想的保鲜效果。臭氧除对蔬菜表面的微生物有良好的杀菌效果外，臭氧的强氧化性可将蔬菜产生伤乙烯氧化破坏，对延缓蔬菜后熟、保持蔬菜新鲜品质有理想的效果。Barth等对一种无刺黑莓用0.3ppm臭氧在温度为2℃环境中处理果实，色泽可保持12天不变。Kuprianoff发现每天用2~3ppm的臭氧对贮藏室消毒，使草莓的货架期延长几周。高浓度的臭氧可能对蔬菜固有的色泽、芳香风味等有不利影响。利用辐照处理新鲜蔬菜除了可杀灭蔬菜表面的微生物外，还可以抑制蔬菜自身后熟，通常用0.1~0.5kGy的照射剂量处理即可延缓成熟，防止腐烂。Tsushida的实验表明，保存在波纹形橱柜里的水果和蔬菜，用一层可渗透的布分隔，容器底部释放二氧化氯气体，香蕉、白菜在室温下贮藏7天仍然保存原有质量和新鲜度。可食性模具有减少水分损失、阻止氧气进入、抑制呼吸、延迟乙烯产生、防止芳香成分挥发并能夹带延迟变色和抑制微生物生长的添加剂作用。卡拉胶和壳聚糖对轻微加工果蔬来说是很有希望的涂层材料。此外,β-环状糊精、葡甘聚糖、海藻酸钠也是很好的涂层材料。华淑楠等用壳聚糖涂膜保鲜竹笋研究表明,1.5%壳聚糖混入1.0%对羟基苯甲酸乙酯制成的涂膜剂有较好的保鲜效果,抑制失重和纤维素含量增加有明显的效果。沈东风等用不同相对分子质量的壳聚糖对草莓防腐效果的研究,相对分子质量1万~10万的壳聚糖在2%浓度时对草莓防腐效果最为明显。魔芋甘露聚糖对水果蔬菜也有明显的保鲜效果。最吸引人的抑制褐变的方法是"天然"保鲜剂。例如,菠萝汁是防止新鲜苹果圈褐变很有潜力的亚硫酸盐替代物。

3) 冷杀菌:目前研究最多的鲜切菜杀菌方法有臭氧、辐照等冷杀菌技术。用6~10ppm的臭氧对冷库消毒24h可杀灭90%的细菌和80%的霉菌。假单胞菌接受0.4kGy剂量照射可被全部杀死,各类细菌中假单胞菌属和黄杆菌属的细菌对辐照最为敏感,酵母和霉菌抗性要强一些。Chervin和Boosscan用2kGy的辐射处理来代替氯冲洗后旋转干燥处理法,处理切片胡萝卜,结果好氧菌和乳酸菌群被抑制了,而且感官评价认为辐射处理的胡萝卜风味比原处理法更好。Farkas等将李斯特菌接入预切好的胡萝卜和柿子椒中,然后用1kGy剂量辐射,再贮存在1~16℃,李斯特菌的活性和数量都降低了。Hagenmaitr和Baker把鲜切生菜的辐射剂量降低至0.19kGy,在辐射处理8天后,未辐射处理的生菜上的细菌总数为$2.2×10^4$cfu/g,而经辐射处理的只有290cfu/g。卫生学上细菌总数$1×10^2$cfu/g是传染病可能发生的最低量,$1×10^3$cfu/g是食物中毒可能发生的最低量,$1×10^7$cfu/g为食物腐败基准,基于此,作为可否食用的界限,鲜切菜的细菌指标应定为细菌总数不超过$1×10^5$cfu/g。

4) 离心脱水:表面水分活度大小直接影响鲜切菜的质量,含水量高即水分活度大,呼吸强度大,机体营养物质消耗快,微生物繁殖迅速,不利于保藏;含水量少即水分活度小,容易引起鲜切菜失水枯萎、黄化、纤维化组织老化,品质下降。因此,对浸泡处理后的鲜切菜进行离心脱水,保持适当的表面水分活度是十分必要的。

5) 包装:鲜切菜通常用塑料薄膜包装,以维持天然、新鲜的品质,并防止微生物污染。薄膜包装包括聚氯乙烯、聚丙烯和聚乙烯等。复合薄膜通常采用乙烯-乙酸乙烯共聚物,可有效地隔氧、隔光,延长货架期。

气调包装(CA保鲜)CO_2浓度为5%~10%,O_2浓度为2%~5%,可以抑制褐变和苯丙氨酸裂解酶的活性,降低组织的呼吸速率,阻止微生物生长。自发气调包装(MA保鲜)体积分数为10%~15%的CO_2,可抑制草莓、樱桃灰霉病的发生;体积分数为10%CO_2+10% O_2可阻止叶绿素的降解。黄光荣等对芦笋MAP保鲜研究显示,在各种初始气体浓度比例中以5% O_2+5% CO_2和10% CO_2+10% O_2的MAP贮藏保鲜,5℃条件下贮藏18天后仍有较好的品质。减压包装是指将产品包装在大气压为40kPa的坚硬的密闭容器中并贮存在冷藏温度下的保鲜方法,可改善青椒、苹果切片和番茄切片的微生物情况,可提高杏和黄瓜的感官质量及改善绿豆芽、切割蔬菜混合物的微生物及感官质量。AP包装是指包含各种气体吸收剂和发散剂的包装,其作用机制在于它能影响产品呼吸强度、微生物活力及植物激素的作用浓度。通常使用的乙烯吸收剂有高锰酸钾、活性炭加氯化钯催化剂等。不同果蔬对最高 CO_2 浓度和最低 O_2 浓度的忍耐度不同,如果 O_2 浓度过低或 CO_2 浓度过高,将导致低 O_2 伤害和高 CO_2 伤害,产生异味、褐变和腐烂。同时嫌气条件有利于一些嫌气性有害微生物的生长,如 *Clostridium botulinum*。

6)低温贮藏销售:鲜切菜贮藏销售最好在冷链下进行,低温可抑制果蔬的呼吸作用和酶的活性,降低各种生理生化反应速度,延缓衰老和抑制褐变;同时也抑制了微生物的活动。Nguyenthe 在 MP 胡萝卜、MP 菊苣、MP 生菜中发现,随着贮藏温度从 10℃降到 2℃,嗜温菌的生长显著被抑制。环境温度越低,果蔬的生命活动进行就缓慢,营养素消耗也少,保鲜效果就好,但是不同果蔬对低温的忍耐力是不同的,每种果蔬都有其最佳保存温度,当温度降低到某一种程度时会发生冷害及代谢失调,产生异味及褐变加重等,货架期反而缩短,同时冷藏中产生嗜冷菌。因此,有必要对每一种果蔬进行冷藏适温实验,以期在保持品质的基础上,延长 MP 果蔬的货架期。

3. 结论

鲜切菜作为仍具有生命的鲜活组织,在加工及保存过程中,极易腐烂变质,鲜切菜最易出现的质量问题是微生物引起的腐烂变质、生理生化反应引起的褐变、枯萎和黄化等,在实际生产中可以利用栅栏技术,通过控制温度、pH、水分活度、气体成分、氧化还原电位、防腐剂、压力、辐照、臭氧和包装等栅栏因子,有效控制鲜切菜在贮藏过程中的变质问题,从而达到延长鲜切菜贮藏期的目的,使组织的代谢和微生物的生长处于最低的水平。栅栏技术在鲜切菜生产上的引入和推广,并结合危害分析和关键控制点及微生物预报技术,必将为我国新兴的鲜切菜行业持续、快速发展提供有力的质量保证。

第二节　果蔬等加工贮藏与栅栏技术

一、栅栏技术在麻糬生产综合防腐中的应用

麻糬,又称为糯米糍、草饼,是一种用糯米粉熟化后作为皮而包馅的方便休闲食品,盛行于日本、中国台湾和闽南等地,近些年大陆市场刚刚兴盛。其因软、糯、弹等特性,加上产品新颖、风味独特、口味多样,很快受到了市场的欢迎和热捧。目前,麻糬在业内公认的生产技术难点有:防腐(长霉、胀袋、发酸)、保软(老化、开裂、发硬、析水)、裹粉(产品粘袋)、馅料(柔软度、稳定性)。例如,食品厂生产的麻糬产品在超市销售期间,出现外表长霉的问题而被下架和退货,给厂家带来经济损失。近年来,我国食品科技工作者在栅栏技术、综合防腐保鲜应用于延长肉制品、鲜切果蔬、水产品的保质期作了大量的研究,但在麻糬等粮油产品防腐保鲜中的应用却未见报道。

麻糬属于冷成型食品,在熟化之后很容易污染上周遭的微生物,通常没有二次杀菌工序,在常温下贮运、保存、销售(低温易使产品过早老化),因此产品很容易在流通环节中、消费者食用前出现霉变等质量问题。吴浩、邵华平和朱勇等研究利用栅栏技术因子保鲜理论,从麻糬食品生产的工艺环节入手,分析造成产品长霉的主要原因和途径,并通过科学实验设计和因子组合,以检测的菌落总数等指标来衡量、优化、改进其中的防腐配方、芝

麻烘烤、紫外线二次杀菌等关键技术环节,达到解决长霉问题,延长产品保质期的目的。

1. 材料与方法

（1）材料与设备

糯米粉、麦芽糖浆、豆沙馅、白芝麻、包装塑料盒等原材料由鄞州荣昌记食品厂采购；山梨酸钾、脱氢乙酸钠、双乙酸钠均为食品添加剂,市购；平板计数琼脂培养基、硝酸钾(分析纯)、氯化钠(分析纯)、硝酸镁(分析纯)、氯化镁(分析纯),市购。主要的仪器设备:麻糯专用的蒸练机和包馅机(食品厂自上海定制),超净工作台,水分快速测定仪(MA35,德国赛多利斯),康威微量扩散皿,分析天平。

（2）实验方法

1）麻糯生产工艺:糯米粉与水加 0.12MPa 蒸汽蒸练 30min→加麦芽糖浆→加山梨酸钾等防腐剂→出锅冷却→包馅→裹芝麻→装模(不包装)→紫外线照射(二次杀菌,改进后加此工序)→包装→入库。

2）麻糯皮防腐配方设计:根据事先经验估计、我国食品添加剂使用卫生标准和单因素设计分析,选择耐高温、耐紫外线、防霉效果好的防腐剂,选择不同浓度的山梨酸钾、脱氢乙酸钠、双乙酸钠按表 5-4 进行 3 因素 3 水平正交设计组合 $L_9(3^4)$,在正常工艺生产条件下加入产品中,并以不同处理的样品在室温下保存 7 天后测定的相应菌落总数为指标,经过 SPSS17 统计软件处理,结合生产实际选择合适优化的防腐剂品种和浓度组合。

表 5-4　防腐剂正交试验因素水平表　　　　　　　（单位:mg/kg）

水平	因素		
	A 山梨酸钾	B 脱氢乙酸钠	C 双乙酸钠
1	0.2	0.1	0
2	0.4	0.2	1.5
3	0.6	0.3	3.0

3）裹芝麻的烘烤处理:将白芝麻分别在不同的条件进行预处理(0.02MPa 水蒸气蒸 30min、沸水煮、2‰脱氢乙酸钠溶液煮沸或没有处理),接着选择相同的温度(150℃)与不同的时间(45min 或 90min)组合进行烘烤,冷却至常温后立即检测菌落总数,并结合芝麻的香气、色泽及生产成本筛选合适的处理方法,参见表 5-9。

4）紫外线二次杀菌工艺:将预包装的麻糯置于光源 1.5m 以内、四周和上方的紫外线照射之下,考察不同的时间水平下菌落总数情况,结合生产成本选择合适的照射时间。

5）生产车间的沉降菌落总数的测定:GB 15979—2002 一次性使用卫生用品卫生标准(附录 E)生产环境采样与测试方法。

6）产品菌落总数的测定:GB/T 4789.2—2010 食品卫生微生物学检验(菌落总数测定)。

7）水分含量的测定:使用水分快速测定仪(MA35,德国赛多利斯),将接近于 2g 的样品尽可能地摊平于设备托盘上,于 125℃快速蒸发 15min,机器自动给出水分百分比。

8）水分活度的测定:康威微量扩散皿进行扩散法测定。

2. 结果与讨论

（1）麻糬产品长霉的主要原因探讨

1）长霉原因分析：通过品管会议技术分析，原因可能包括：在工艺高温蒸练中可能有活菌或芽孢残留；冷却过程中车间微生物沉降而污染产品；外裹的芝麻可能存在微生物；包馅、包装生产中可能有设备、器具带来的微生物的污染；生产人员在熟区手工操作接触食品潜在的微生物污染等。

2）主要原因的技术性探究：跟进检测蒸练后麻糬皮、冷却后表面麻糬皮、包装后的产品（带馅）、贮存 7 天后产品（带馅）的菌落总数、水分含量、水分活度，外裹芝麻的菌落总数，以及各个生产车间的沉降菌落总数。数据整理之后，如表 5-5 和表 5-6 所示。

表 5-5　麻糬中间产品的菌落总数、含水量、水分活度等指标

产品	平均菌落总数/(cfu/g)	平均水分含量/%	平均水分活度
蒸练后麻糬皮	$<1\times10$	28.25 ± 0.13	0.902 ± 0.006
冷却后表面麻糬皮	80	28.12 ± 0.25	0.900 ± 0.002
包装后的产品（带馅）	240	27.73 ± 0.27	0.850 ± 0.003
贮存 7 天后产品（带馅）	7600	27.65 ± 0.22	0.848 ± 0.004
外裹的芝麻	100	—	—

表 5-6　生产工场各个车间暴露 15min 后的沉降菌落总数　（单位：cfu/m³）

车间	过道	配料间	生成型间	熟成型间	冷却间 1	冷却间 2	包装间
菌落总数 1	130	400	350	410	1100	280	250
菌落总数 2	340	510	320	560	1300	550	510
平均	240	460	340	490	1200	420	380

从表 5-5 可以看出，经过 0.12MPa 的蒸汽蒸 30min，产品中心有 108℃以上，麻糬皮基本无菌，与此对应的，实际检测中 3 个稀释梯度均无菌落形成，所以按照 GB/T 4789.2—2010要求报告＜1×10cfu/g 的结果。但在此后的产品却均有菌落检出。因此，可以推定在高温蒸练中可以杀死几乎所有微生物，达到无菌，并说明微生物来源于此后的操作工序。这样就可以否定了"在工艺高温蒸练中可能有活菌或芽孢残留"的可能性。

从表 5-6 可以看出，该工厂各车间的沉降菌落总数，除了冷却间 1 相对较大（$p<0.01$），其余相差不大，但是根据 GB 15979—2002 要求，装配与包装车间空气中细菌菌落总数应＜2500cfu/m³，均满足这一要求。同时冷却后表面麻糬皮检出微生物菌落，可以认为在冷却过程中受到了车间空气中的微生物污染。冷却间 1 的沉降菌落总数偏大，很可能表明冷却中物料水分蒸发，车间空气偏湿，温度偏高，相对其他车间，给微生物提供了较好的生长环境。

表 5-5 结果中裹的芝麻检出有菌落，说明这个也应列为产品污染源，这与生产一线工人们的判断一致；在冷却之后的包馅、裹芝麻、包装等工序是机器、工人、传送带配合的流水线操作，时间很短，微生物增殖不快，但发现包装后的带馅产品的微生物菌落明显增多，

说明包馅、裹芝麻、包装过程存在微生物污染。

实际生产上,麻糬的馅含水量在26%左右,水分活度为0.78~0.79,所以表5-5中带馅的成品麻糬含水量和水分活度都略有下降。麻糬皮的水分活度在0.90左右,如果没有其他栅栏因子限制(如防腐剂、真空包装等),不少细菌和大部分霉菌在此时都可以很好地快速繁殖,所以产品在贮存一周后微生物就很快接近"GB 7099—2003糕点、面包卫生标准"规定中冷加工糕点菌落总数10 000cfu/g的上限了。

(2) 麻糬皮的水分活度控制

根据栅栏技术因子保鲜理论、食品加工保藏与微生物学常识,通常认为水分活度低于0.80以下时,大多数霉菌停止生长,水分活度低于0.91时大部分细菌停止生长,将水分活度列为首个栅栏技术因子。所以在不影响产品口感的条件下,有意识地将麻糬皮的含水量和水分活度下降,当含水量在26%~27%,水分活度保持在0.82~0.83,这时产品相对于原先水分活度0.90安全得多,实验表明,麻糬表面长霉出现时间大大延迟。若水分活度低于0.8~0.82,麻糬皮口感较干硬,风味变劣。

(3) 麻糬皮防腐配方正交试验统计学分析

1) 防腐配方正交试验结果:加入必要的安全的防腐剂是产品第二项栅栏技术保鲜因子。正交试验具体设计处理见表5-7,不考虑交互因素。考虑到微生物的生长规律,其菌落总数应该用几何平均数来统计,而SPSS单变量的多因素方差分析处理的平均数是算数平均数,故将其转化成菌落总数的对数之后(菌落总数"<1×10",对数以"1"计算),作为分析的变量,这样处理更科学、客观、有效。

表5-7　防腐剂配方的正交试验结果

实验号	A	B	C	菌落总数/(cfu/g)	对数菌落总数
1	1	1	1	5600	3.75
2	1	2	2	4800	3.68
3	1	3	3	3800	3.58
4	2	1	1	780	2.89
5	2	2	2	640	2.81
6	2	3	3	410	2.61
7	3	1	3	100	2.00
8	3	2	1	30	1.48
9	3	3	2	<1×10	<1

2) 防腐配方正交试验方差分析与结果优选:从表5-8中可以看出,影响麻糬皮防腐效应(即菌落总数增长)的因素依次是山梨酸钾>脱氢乙酸钠>双乙酸钠。其中山梨酸钾的浓度对麻糬皮的菌落总数增长有显著的抑制作用($p<0.05$),而脱氢乙酸钠浓度和双乙酸钠浓度的效应均不明显($p>0.05$),甚至双乙酸钠的均方接近于误差的均方,说明它对菌落总数的抑制作用贡献最小。而实际上,双乙酸钠在糕点类的最大使用量为4.0mg/kg,使用中会产生一股乙酸味,从而影响产品的感官质量。

表 5-8　正交试验的主体效应方差分析表

变异来源	Ⅲ型平方和	df	均方	F	Sig.
模型	70.571	7	10.082	220.801	0.005
山梨酸钾	7.183	2	3.592	78.659	0.013
脱氢乙酸钠	0.350	2	0.175	3.831	0.207
双乙酸钠	0.115	2	0.057	1.254	0.444
误差	0.091	2	0.046		
总计	70.663	9			

注：$R^2=0.999$（调整 $R^2=0.994$）

结合表 5-7 和表 5-8，从统计学的角度选择 $A_3B_3C_2$ 为最佳防腐配方组合，它几乎没有菌落生长。但从生产成本和保质期角度来考虑，组合 $A_3B_2C_1$ 的菌落总数在 30cfu/g，可以满足产品质量要求，而且不添加双乙酸钠的产品没有乙酸味，感官上更易于接受。通过验证试验，按山梨酸钾 0.6mg/kg、脱氢乙酸钠 0.2mg/kg、不加双乙酸钠的菌落总数均在 30cfu/g 左右，所以最后产品选择这一防腐配方组合。

（4）外裹芝麻的烘烤处理结果

芝麻烘烤的无菌化处理是麻糬防腐保鲜的第三项栅栏技术因子。通过设计，对比各个处理的菌落总数、感官情况和综合成本，见表 5-9。综合比较选择处理 3，即白芝麻 0.02MPa 水蒸气蒸 30min、后用 150℃烘烤 45min，产品效果较好。这样就放弃原先直接烘烤 45min 的处理。

表 5-9　外裹芝麻的烘烤（150℃）处理情况

序号	处理条件	菌落总数/(cfu/g)	感官情况	综合成本
1	直接烘烤 45min	1800	香味良好、颗粒一般、色泽白中带黄	低
2	直接烘烤 90min	110	香味偏淡、颗粒发干、色泽黄中带焦	中
3	先蒸 30min，后烤 45min	<1×10	香味良好、颗粒饱满、色泽发白	中
4	先沸水煮 15min，后烤 90min	<1×10	香味较淡、颗粒干瘪、色泽发黄	高
5	2‰脱氢乙酸钠溶液煮沸 15min，后烤 45min	80	香味良好、颗粒饱满、色泽发白	中

通过实验，发现直接烘烤不能把微生物全部杀死，类似于干热灭菌温度和时间要比湿热灭菌苛刻，所以想到加湿再热化处理，而且加湿处理能有效保护芝麻过干，同时将时间控制在 45min，让芝麻散出香味又不至于色泽过黄或发焦。

（5）紫外线处理

将紫外线处理作为二次杀菌手段，作为麻糬延长保质期的又一项关键的栅栏技术因子。经过包装，将装包装盒的产品暂不密封，放在专门装有紫外灯灭菌的车间内进行二次冷杀菌，产品四周和上方各有数盏 30W 紫外灯照射麻糬表面，对比普通麻糬产品不照射，照射 15min、25min、35min、45min 残留的菌落总数，照射强度约 4W/m²，照射距离 1.4m 之内（实际生产在 0.2~1.4m），处理见表 5-10。

表 5-10　紫外线二次灭菌效果

处理	不照射	照射 15min	照射 25min	照射 35min	照射 45min
菌落总数/(cfu/g)	300~600	120~220	55~80	20~40	10~20

从表 5-10 大致可以推算出，在照射强度约 $4W/m^2$ 下，麻糬表面微生物菌落大约每 15min 衰减 60%，照射 45min 衰减了约 95%，菌落总数可以满足产品卫生要求；照射 45min，卫生程度虽优于照射 35min，但空间产生臭氧会影响麻糬风味，而且长时间紫外线照射可以反复诱变微生物，造成紫外线抗性。因此，生产上选择照射 35min。

3. 结论

通过技术分析，找到麻糬长霉的主要来源是生产中空气的微生物沉降和外裹芝麻带入的微生物。采取一系列措施，降低麻糬皮的水分活度至 0.83，用山梨酸钾 0.6mg/kg、脱氢乙酸钠 0.2mg/kg 的组合防腐剂配方，芝麻用 0.02MPa 水蒸气蒸 30min、经 150℃烘烤 45min 及经强度为 $4W/m^2$ 的紫外线照射 35min，发现麻糬产品经过 2 周室温保存完好，经过 60 天未见长霉，有效延长了产品货架期，为生产厂家解决了产品质量问题。

二、栅栏技术在苹果果脯保藏应用中的研究

苹果营养丰富，产量居水果之首，但其加工产品仅占鲜果的 20%。其中，苹果果脯由于保藏困难，更是在市场上少见。利用栅栏技术研究苹果果脯的保藏技术，是一种很好的尝试。为此，李云捷等（2011）探讨了栅栏技术在苹果果脯保藏中的应用，通过对鼓风干燥温度、Ph、a_w、防腐剂和包装 5 个栅栏因子进行优化，确定了苹果果脯保藏的最佳栅栏条件，旨在为苹果果脯的保藏技术研究提供参考。

1. 材料与方法

（1）材料

1）原料：苹果，市售；PET/PE 复合材料，市售。

2）主要试剂与仪器：蛋白胨（BR），唐河天弘化学品有限公司；琼脂（BR），上海洛林物资有限公司；牛肉膏（BR）和葡萄糖（AR），江苏南京奥佳化工有限公司；氯化钠（CP），上海绿源化工有限公司；其他调味品及食品添加剂均为市售。DZQ450T 型台式真空充气包装机，浙江杭州万丰机械制造有限公司；a_w-1 型智能水分活度测定仪，江苏无锡碧波电子设备厂；LG 牌电磁炉，LG 电子电器有限公司；CSYF 型恒温培养箱和无菌操作箱，天津市泰斯特仪器有限公司；AE2003 型电子天平和高压灭菌锅，山东诸城永泰机械有限公司；PHS-25C 数显酸度计和 CS101 型电热鼓风干燥箱，上海实验仪器总厂。

（2）方法

1）苹果果脯生产工艺：苹果→去皮→清洗→切分，去核→护色→渗糖→糖煮，浸泡→加柠檬酸调 pH→加防腐剂→烘干，上胶衣→包装→成品。

2）测定项目与方法：水分含量测定采用常压加热干燥法，a_w 测定采用水分活度测定仪，在（25.0±0.1）℃条件下测定霉菌和酵母菌菌落总数，测定采用平板菌落记数法。感

官评定从外观、口感、质地和风味几个方面进行评定(表 5-11)。

表 5-11　苹果果脯的感官评分标准

项目	特征	得分
外观(3分)	外观均匀,呈金黄色	3
	外观有小气泡,呈金黄色	2~3
	外观较潮湿多汁,呈褐黄色	1~2
	胀气,褐色	0~1
口感、质地(3分)	嚼劲很好,质地有韧性	3
	嚼劲较好,质地开始变软	2~3
	嚼劲一般,质地较软	1~2
	嚼劲消失,质地软绵	0~1
风味(4分)	风味突出,协调	4
	风味较好,较协调	3~4
	风味一般,可以接受	2~3
	风味较差,稍有霉味	1~2

3) 单因素试验。

a. 温度对苹果果脯保藏性的影响。在 pH 为 5.0 的条件下,分别在温度为 45℃、55℃、65℃、75℃条件下干燥至 a_w 为 0.65 时,测定微生物数量变化对苹果果脯保藏性的影响。

b. 对苹果果脯保藏性的影响。在 pH 为 5.0,最佳温度为 75℃的条件下,检测 a_w 分别为 0.65、0.70、0.75、0.80、0.85 时苹果果脯存贮的霉菌和酵母菌数量的变化。

c. pH 对苹果果脯保藏性的影响。在 a_w 为 0.65 和干燥温度为 75℃的条件下,研究 pH 为 3.5、4.5、5.5、6.5 时检测到的微生物数量对苹果果脯保藏性的影响。

d. 苯甲酸钠对苹果果脯保藏性的影响。在 a_w 为 0.65、干燥温度为 75℃、pH 为 3.5 的条件下,检测加入 0.2g/kg 苯甲酸钠和不加苯甲酸钠对苹果果脯霉菌和酵母菌菌落数量的影响。

e. 包装对苹果果脯保藏性的影响。在 a_w 为 0.65、干燥温度为 75℃、pH 为 3.5、添加 0.2g/kg 苯甲酸钠的条件下,分别将真空包装和普通包装对苹果果脯保藏性的影响进行了比较。

4) 正交试验:以干燥温度(T)、pH、a_w 三个栅栏因子作为正交试验因子(表 5-12),采用 $L_9(3^3)$ 正交试验设计,确定苹果果脯保藏的最优配方。

表 5-12　$L_9(3^3)$ 实验因素与水平

水平	A 干燥温度	B pH	C 水分活度
1	55	5.5	0.65
2	65	4.5	0.70
3	75	3.5	0.75

2. 结果与分析

(1) 单因素试验结果

1) 温度对苹果果脯保藏性的影响：高温长时间处理易造成产品软烂或碎片，且美拉德反应和焦糖化程度加剧，使成品色泽加深。通过实验研究苹果果脯在鼓风干燥箱中干燥的温度，发现当真空鼓风干燥箱中干燥的温度升至 65～75℃时，霉菌和酵母菌生长受到明显抑制（图 5-9），且产品颜色保持较好；当干燥温度超过 80℃后，导湿温性逐渐加强，不利于果脯内部水分排出，且表面干燥速度过快，产品品相较差。

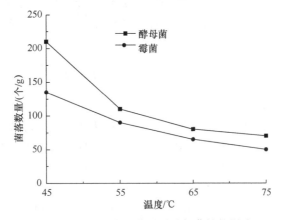

图 5-9　干燥温度对苹果果脯保藏性的影响

2) a_w 对苹果果脯保藏性的影响：由图 5-10 和图 5-11 可知，苹果果脯 a_w 在 0.65～0.70 时，整个贮存期内霉菌和酵母菌的菌落数量增加趋势缓慢；苹果果脯 a_w 在 0.75～0.85 时，随着贮存时间延长，霉菌和酵母菌菌落数量显著增加，且贮藏 90 天后霉菌菌落高达 210 个/g，已远超过国家卫生指标。这表明，水分活度越大，霉菌和酵母菌的活性就越大，增长的趋势就越快，苹果果脯的保藏性就越低。a_w 为 0.65 为实验范围内的最佳因子。

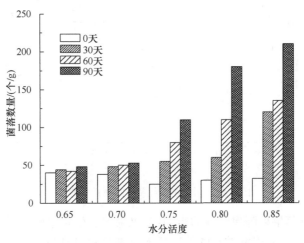

图 5-10　a_w 对苹果霉菌菌落数的影响

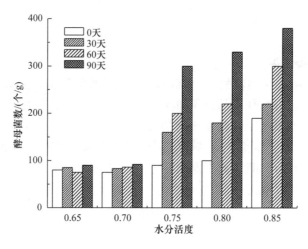

图 5-11　a_w 对苹果酵母菌菌落数的影响

3）pH 对苹果果脯保藏性的影响：降低 pH 不会对苹果果脯口感产生不良影响，但 pH 对苹果果脯中的霉菌和酵母菌有很大影响。苹果果脯中酵母菌和霉菌的最适 pH 为 5.0～6.0。在 pH 低于 4.5 的酸性食品中存在的微生物一般都不耐热，易被杀死，一些热敏性成分在低 pH 条件下不易被破坏，适当的酸味还可赋予苹果果脯良好的风味。实验通过加入柠檬酸来调节苹果果脯的 pH。图 5-12 表明，苹果果脯 pH 在 5.5～6.5 时，霉菌和酵母菌生长迅速，产生的霉菌和酵母菌都已超出了苹果果脯耐贮的范围，苹果果脯在该范围内的保存期很短，不易贮存；而苹果果脯 pH 在 3.5～4.5 时，霉菌和酵母菌生长受到抑制，特别是 pH 在 3.5 时受到的抑制最强。因此，pH 控制在 3.5 时，苹果果脯的保藏性最好。

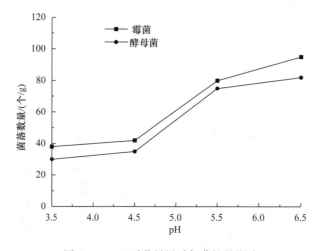

图 5-12　pH 对苹果果脯保藏性的影响

4）苯甲酸钠对苹果果脯保藏性的影响：苹果果脯上生长繁殖的微生物主要是酵母菌和霉菌。表 5-13 表明，苯甲酸钠在酸性环境下对霉菌和酵母菌有较好的抑制作用。苯甲酸钠在 pH3.5 时，防腐效果最佳，是 pH7.0 时的 5～10 倍。实验通过对果脯添加少量苯甲酸钠与未添加苯甲酸钠进行比较,发现添加少量苯甲酸钠可大大延长苹果果脯的保藏期,而苯甲酸钠的添加量远低于市售产品的添加量($1\sim2g/kg$)。

表 5-13　苯甲酸钠对苹果果脯霉菌和酵母菌菌落数的影响

苯甲酸钠添加量/(g/kg)	霉菌菌落数量				酵母菌菌落数量			
	0 天	30 天	60 天	90 天	0 天	30 天	60 天	90 天
0.2	54	67	87	110	75	120	210	320
0	50	58	67	75	78	85	76	76

5) 包装对苹果果脯保藏性的影响:苹果果脯由于水分活度较低,易吸潮和长霉,采用阻隔性高的塑料袋密封包装或抽真空密封包装可有效防止成品吸潮和长霉,包装材料最好不透光。将水分活度、pH、温度、添加剂 4 个栅栏因子经过组合后再与包装结合对于果脯保藏是一个很大的提升。为了达到食品保存效果,需将各种栅栏因子结合在一起。实验将包装分为真空和普通进行了对比。由表 5-14 可知,在普通包装下,霉菌和酵母菌呈不断上升的趋势;而在真空包装下,霉菌和酵母菌的生长受到抑制,说明真空包装有利于延长苹果果脯的保藏期,延长货架期。

表 5-14　包装对苹果果脯霉菌、酵母菌菌落总数的影响　　　　　（单位:个/g）

包装类型	霉菌菌落数量				酵母菌菌落数量			
	0 天	30 天	60 天	90 天	0 天	30 天	60 天	90 天
真空包装	20	43	75	85	25	37	53	60
普通包装	23	58	110	180	30	86	120	170

（2）正交试验结果

根据单因素试验,得到各栅栏因子的最佳条件,并按照表 5-15 进行正交试验,结果表明,3 个栅栏因子对苹果果脯保藏性影响程度的顺序为 A>B>C,即干燥温度是影响苹果果脯保藏性的最主要因素。均值最小的为最佳因子,则最佳栅栏因子组合为 $A_3B_3C_1$,即当干燥温度为 75℃、干燥至 a_w 为 0.65、pH 为 3.5 时,苹果果脯的保藏性能最佳。

表 5-15　$L_9(3^3)$ 正交试验设计及结果

实验号	因素			霉菌和酵母菌总数/(个/g)	感官评分
	A	B	C		
1	1	1	1	180	3
2	1	2	2	230	0
3	1	3	3	108	5
4	2	1	2	185	2
5	2	2	3	154	4
6	2	3	1	90	8
7	3	1	3	105	6
8	3	2	1	81	9

续表

| 实验号 | 因素 | | | 霉菌和酵母菌总数/(个/g) | 感官评分 |
	A	B	C		
9	3	3	2	97	7
K_1	172.7	156.7	117.0		
K_2	143.0	155.0	170.7		
K_3	94.3	98.3	122.3		
R	78.4	58.4	53.7		

（3）验证试验结果

按照最佳栅栏组合 $A_3B_3C_1$ 进行验证试验，检测产品的霉菌和酵母菌菌落总数为 75 个/g，颜色金黄，有苹果原有的味道，外表光滑，嚼劲较好，感官评分为 9.5 分，综合各项指标均最好。

3. 结论

实验通过对苹果果脯生产过程中的栅栏因子——温度、a_w、pH、添加剂及包装的研究，得到了最佳保藏条件：鼓风干燥温度为 75℃；a_w 为 0.65；pH 为 3.5；苯甲酸钠添加量为 0.3g/kg；真空包装。在 5 个栅栏因子的协同作用下，苹果果脯可在常温下保藏 90 天，除其颜色有微小褐变外，口感、质地、风味等品质都较好。另外，由于 a_w 为 0.65 时，含水量已较低，虽保藏性能较好，但咀嚼性较高水分活度下要差，可在进一步的研究中适当提高水分活度进行改进。

三、栅栏技术在软包装榨菜中的应用研究

榨菜是我国的主要腌渍蔬菜和世界三大酱腌菜之一，四川和浙江两省是我国榨菜的主要生产地，并已经成为当地农业的经济支柱之一。但是软包装榨菜，尤其是低盐软包装榨菜在贮藏运输及销售过程中易因微生物的腐败变质产生胀袋现象，严重制约了腌渍蔬菜行业的发展，影响了农民收入与农村经济的发展。为了防止腐败菌的生长与繁殖，一些生产企业使用过量的苯甲酸钠来达到目的，这严重影响了软包装榨菜行业的信誉与销售。为此，蒋家新、黄光荣、蔡波和童玲芳在已对软包装榨菜腐败菌进行了分离与纯化的基础上，将栅栏技术应用到软包装榨菜的防腐保鲜上，以期为软包装榨菜的生产加工提供指导。以下是蒋家新等的实验研究。

1. 材料与方法

（1）主要实验材料

引起榨菜胀袋的微生物：本实验前期所分离纯化。

微生物培养基：细菌为营养琼脂培养基，酵母为马铃薯蔗糖营养琼脂培养基，培养温度为 35℃，时间 24h。

（2）主要实验仪器和设备

YXQ. SC41. 280B 型手提式蒸汽杀菌锅；DZQ400-2S 真空充气包装机；LRH-150B 生化培养箱；E4PH-F-A-DL 相差显微镜；PHS-3C 数显酸度计等。

（3）实验方法

单因子栅栏对微生物的影响：分别在控制不同盐度和酸度的细菌或酵母培养基中接入 75×10^6 cfu/g 细菌或 2.4×10^7 cfu/g 酵母菌，然后在 35℃ 条件下培养 24h 后观察生长情况。

多因子栅栏对微生物的影响：设置 3 个栅栏因子三水平的正交试验，以观察防腐剂、盐分和酸度对微生物生长的影响，因国家标准中规定的苯甲酸钠和山梨酸钾的添加量均不超过 0.5g/1000g，因此本实验控制的添加量也为 0.5g/1000g，各因子的水平见表 5-16。

表 5-16　三因素三水平正交试验表

因子	水平 1	水平 2	水平 3
防腐剂	苯甲酸钠(0.05%)	山梨酸钾(0.05%)	空白
NaCl	3%	4%	5%
pH	5.0	5.5	6.0

2. 结果与讨论

（1）单因子栅栏对微生物生长繁殖的影响

任何微生物生长繁殖都需一定的 pH 条件，过高或过低的 pH 环境都会抑制微生物的生长。表 5-17 表明，过低的 pH 可抑制引起软包装榨菜胀袋的 3 种微生物——短杆菌、链球菌和酵母，短杆菌、链球菌和酵母在 pH5.0 以下的环境中不能繁殖。盐可以用来控制微生物生长繁殖，但不同的微生物所能忍耐的最高盐分的量不一样；在以前生产的榨菜中常用大量的盐来抑制微生物腐败，但随着人们生活水平的提高和生活习惯的改变，特别是近年来"食盐的过量摄取会引起高血压等疾病"大量报道以来，低盐化是腌制榨菜的一个趋势。表 5-18 表明，一定浓度的盐可以抑制引起软包装榨菜胀袋的三种微生物，短杆菌在 5.0% 以上浓度的盐中不能生长，链球菌在 5.5% 以上浓度的盐中不能生长，酵母在 3.0% 以上浓度的盐中不能生长。

表 5-17　不同 pH 下微生物生长繁殖的情况

pH	短杆菌	链球菌	酵母
3.0	—	—	—
4.0	—	—	—
5.0	—	—	—
5.4	＋＋	＋＋	＋＋
5.8	＋＋＋	＋＋＋	＋＋
6.0	＋＋＋	＋＋＋	＋＋
7.0	＋＋＋	＋＋＋	＋＋＋

注："＋＋＋"大量生长，"＋＋"较多生长，"—"无生长；所有实验均做 3 个平行样品

表 5-18　不同 NaCl 浓度下微生物生长繁殖的情况

短杆菌		链球菌		酵母	
NaCl/%	生长情况	NaCl/%	生长情况	NaCl/%	生长情况
1.0	＋＋＋	1.0	＋＋＋	1.0	＋＋＋
3.0	＋＋＋	3.0	＋＋	1.5	＋＋
3.5	＋＋＋	5.0	＋	2.0	＋
4.0	＋＋	5.5	—	2.5	＋
4.5	＋	6.0	—	3.0	—
5.0	—	6.5	—	5.0	—
7.0	—	7.0	—	7.0	—

注:"＋＋＋"大量生长,"＋＋"较多生长,"＋"少量生长,"—"无生长;所有实验均做 3 个平行样品

（2）栅栏因子交互作用对微生物生长繁殖的影响

防腐剂、pH 和 NaCl 浓度 3 个栅栏因子交互作用对所分离得到的 3 种微生物的影响见表 5-19。从表 5-19 可以得知,pH 是这 3 个栅栏因子中对微生物影响最大的因子,在 pH5.5 以下时,无论盐的浓度为 3% 还是 5%,或者无论有无防腐剂,此 3 种微生物均不能生长;当 pH6.0 时,再联合添加苯甲酸钠（0.05%）和盐浓度达 5% 也可控制此 3 种微生物的生长,此时若降低盐的浓度至 4%,则短杆菌仍不能生长而链球菌和酵母可以生长;当 pH6.0、盐浓度为 3% 时,此 3 种微生物均生长良好。因此,适当控制 3 种栅栏因子（防腐剂、pH 和 NaCl 浓度）的强度,可以达到控制引起软包装榨菜胀袋的微生物活动的目的。此外,作者实验中也发现,原料榨菜的 pH 在 6.0 左右,若降低至 pH5.0～5.5 也并无过酸的感觉,因此适当增加酸度在实际应用中也是可行的。

表 5-19　栅栏因子交互作用对微生物生长繁殖的影响

实验号	实际处理	实验结果		
		短杆菌	链球菌	酵母
1	苯甲酸钠（0.05%）＋pH5.0＋5% NaCl	—	—	—
2	山梨酸钾（0.05%）＋pH5.0＋3% NaCl	—	—	—
3	pH5.0＋4% NaCl	—	—	—
4	苯甲酸钠（0.05%）＋pH5.5＋4% NaCl	—	—	—
5	山梨酸钾（0.05%）＋pH5.5＋5% NaCl	—	—	—
6	pH5.5＋3% NaCl	—	—	—
7	苯甲酸钠（0.05%）＋pH6.0＋5% NaCl	—	—	—
8	山梨酸钾（0.05%）＋pH6.0＋4% NaCl	—	＋＋	＋＋
9	pH6.0＋3% NaCl	＋＋＋	＋＋＋	＋＋＋

注:"＋＋＋"大量生长,"＋＋"较多生长,"—"无生长;所有试验均做 3 个平行样品

3. 结论

3种栅栏因子——防腐剂、pH和NaCl浓度对分离得到的引起软包装榨菜胀袋的3种微生物均有抑制作用,其中影响最大的是pH;3种因子交互作用可以很好地抑制此3种微生物;分离得到的短杆菌、链球菌和酵母在pH5.0以下的环境中均不能生长;在pH5.5以下时,无论盐的浓度为3%还是5%,或者无论有无防腐剂,此3种微生物也不能生长。

四、低糖脆梅加工中栅栏技术的研究

青梅属于蔷薇科樱桃属植物梅,原产我国。低糖脆梅是青梅加工品中较为特别的一种产品,它以八成熟青梅加工制得,较好地保持了梅果原有的果形、色泽与质地,口感酸甜清脆。低糖脆梅由于含糖量只有17%左右,传统的脆梅加工单纯依靠在糖渍过程中大量添加防腐剂的方法来抑菌及保存成品,而在渗糖前后都没有采取其他微生物控制措施,因此产品存在保质期短、防腐剂超标等问题。汪艳群等(2007)探讨了将栅栏技术应用于脆梅加工中,为延长脆梅保质期提供借鉴。

1. 材料与方法

(1) 材料与仪器

脱硫后脆梅半成品($SO_2 \leqslant 0.05g/kg$,云南丽江照水青梅),由云南丽江得一食品有限责任公司提供。

食品级优质白砂糖,购于超市。消毒剂、山梨酸钾、营养琼脂培养基、马铃薯培养基、NaCl为北京化学试剂公司产品。

质构仪,QTS-25,英国STENEN公司;真空渗糖装置(组装),旋转蒸发仪,SENCOR-501,上海申顺生物科技有限公司;循环水式多用真空泵,SHB-Ⅲ,郑州市上街华科仪器厂;实验型微波炉,NJL07-3,南京杰全微波设备有限公司;实验医用型洁净工作台,DL-CJ-lF,哈尔滨东联电子技术公司;电热恒温培养箱,DHP-9082,海一恒科技有限公司;自动电热压力蒸汽灭菌器,ZDX-35BI,上海申安医疗器械厂;迷你振荡器,MSl,广州IKA科仪公司;电热封口机,SF-300,江苏连云港微波电器厂。

(2) 处理方法

1) 加工工艺:鲜梅果→半成品保存处理(硫处理)→刺孔(200孔/个)→脱硫→糖渍→包装→脆梅。

2) 实验方法:微波处理极限时间的确定如下。将200g梅果放在实验型微波炉中,选用650W功率进行处理,记录出现梅果炸核的时间,以此时间为处理极限时间,重复10次。

微波处理时间对脆梅产品硬度的影响:选用650W微波处理,对产品杀菌,处理时间为0s、37.5s、75s、115s、150s,处理后测定梅果硬度。

微波处理时间对脆梅产品微生物的影响:选用650W微波处理功率,对脆梅产品进行杀菌,处理时间为37.5s、75s、115s、150s,处理后测定菌落总数、霉菌和酵母菌总数。

单一栅栏因子对脆梅产品微生物的影响。栅栏因子A:渗糖前将脱硫后($SO_2 \leqslant 0.05g/kg$)梅果用40mg/L ClO_2溶液浸泡10min(料液质量比为1:2)。栅栏因子B:渗糖过程中加入防腐剂山梨酸钾(0.665g/kg)。栅栏因子C:渗糖包装后进行微波杀菌(650W、75s)。单独使用每个栅栏因子,对脆梅成品进行菌落总数计数、霉菌与酵母菌计数,与未使用栅栏因子的处理(CK)作比较,考察每个因子的抑菌效果。

栅栏因子组合对脆梅产品微生物的影响。将栅栏因子A、B、C进行组合运用:A+B、A+C、B+C、A+B+C,对脆梅成品进行菌落总数计数、霉菌及酵母菌计数,与未使用栅栏因子的处理(CK)作比较,考察组合因子的抑菌效果。

栅栏技术参数确定:在上述实验的基础上,采用$L_9(3^4)$正交表安排实验,以确定杀菌工艺的参数。4因素分别为A(ClO_2的浓度)、B(ClO_2的浸泡时间)、C(山梨酸钾的添加量)、D(微波处理时间),料液质量比均为1:2,以处理后对数菌落总数、霉菌与酵母菌总数对数为指标,考察各个因素水平对微生物的抑制杀灭效果。

以上实验均设3个重复,测定均重复2次。

3)测定方法如下。

微生物指标:平板计数法。

硬度的测定:质构仪法。取200g梅果,用纱布吸干表面水分,用质构仪在梅果果线两侧赤道部位各取一个部位进行测定。选用平头探头($D=6mm$),以60mm/min的速度进行TPA二次压缩,压缩距离为7mm。

2. 结果与讨论

(1)微波处理极限时间的确定

如图5-13所示,在650W下,10组200g左右的梅果,均在约155s处炸核。因此,650W微波处理的基线时间应是150s,以避免在处理过程中出现炸核现象。

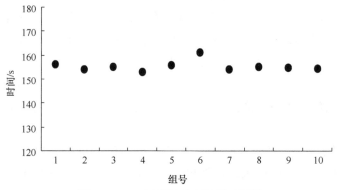

图5-13　650W微波处理极限时间图

(2)微波处理时间对脆梅产品硬度的影响

脆梅的硬度随着微波处理时间的延长逐渐下降,如图5-14所示。在前75s下降较为缓慢,处理 75s 后梅果仍较为清脆;梅果近核部位果肉稀软,出现离核现象。

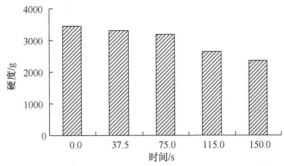

图 5-14 微波处理时间对脆梅硬度的影响

（3）微波处理时间对脆梅产品微生物的影响

目前,微波杀菌已被广泛应用于食品工业杀菌工艺中,它能够有效缩短杀菌时间,延长产品保质期。采用 650W 微波对梅果处理,结果如图 5-15 所示。随着微波时间的不断延长,菌种对数不断降低,说明微生物不断被杀灭,方差分析表明,微波处理时间对杀菌效果有显著影响（$p < 0.01$）,但处理 75s 后,菌落对数仍为 4.0,即在保持梅果硬度的前提下,单凭微波处理不能达到食品卫生指标（菌落总数≤1000 个/g,霉菌≤50个/g）。

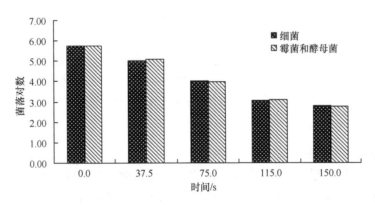

图 5-15 微波处理时间对脆梅微生物的影响

（4）单一栅栏因子对脆梅产品微生物的影响

按照上述方法,进行处理后结果分析见图 5-16,各个栅栏因子对降低菌落总数均有一定的效果,其中,以微波 650W、75s 效果最好,其次是添加防腐剂山梨酸钾,最差是渗糖前短时 ClO_2 浸泡处理。但是单一的栅栏因子的使用都不能达到菌落总数 1000 个/g,霉菌 50 个/g 的要求。

（5）栅栏技术对脆梅产品微生物的影响

栅栏因子组合运用可以更有效地降低菌落对数,但若只是两两组合运用,皆不能达到卫生要求,但当 3 个栅栏因子组合在一起,即脱硫结束后现将梅果用 40mg/L ClO_2 溶液浸泡 10min,再渗糖,渗糖过程中加入防腐剂山梨酸钾,避免糖渍过程中发生发酵,糖渍结束包装好后进行微波 650W、75s 杀菌处理,从渗糖前、渗糖中、渗糖后 3 个时期对微生物进行控制,就能达到很好的抑菌效果,菌落总数≤10 个/g,霉菌与酵母菌总数≤10 个/g(图 5-17)。

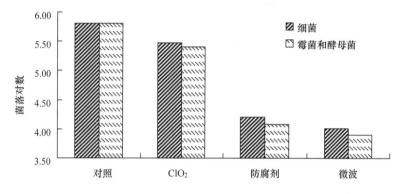

图 5-16　单一栅栏因子对脆梅成品微生物的影响

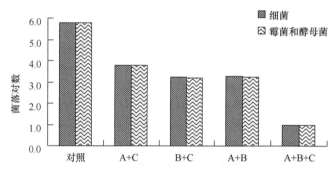

图 5-17　栅栏组合对脆梅成品微生物的影响

A. CO$_2$;B. 防腐剂;C. 微波

(6) 栅栏技术参数的确定

ClO$_2$ 浓度、ClO$_2$ 浸泡时间、山梨酸钾的添加量及微波处理时间对微生物的杀灭、抑制效果均有显著影响(表 5-20～表 5-23)。其中,微波处理时间是最主要的影响因素,其次是 ClO$_2$ 浓度,再次是防腐剂山梨酸钾的添加量,最后是 ClO$_2$ 浸泡时间。最优组合应是 A$_1$B$_3$C$_3$D$_1$,即糖渍前 60mg/mL ClO$_2$ 浸泡 15min,糖渍时添加 0.65g/kg 山梨酸钾,糖渍包装后 650W 微波处理 75s。但是处理 1(A$_1$B$_1$C$_1$D$_1$)和处理 5(A$_2$B$_2$C$_3$D$_1$)的对数细菌总数分别为 1.96 和 2.10,小于 3.00(lg1000=3.00),霉菌与酵母菌总数对数分别为 1.50 和 1.60(lg50=1.70),即糖渍前 60mg/L ClO$_2$ 浸泡 5min,糖渍时添加 0.25g/kg 山梨酸钾,糖渍包装后 650W 微波处理 75s,就可以有效地将菌落总数控制在 1000 个/g,霉菌和酵母菌总数控制在 50 个/g,使产品达到国际标准。因此,不需要将每个因素都取为最高处理水平。考虑到成本,由于山梨酸钾较 ClO$_2$ 便宜,选择因素水平组合 A$_2$B$_2$C$_3$D$_1$,即栅栏因子参数确定为脱硫后渗糖前用 40mg/L ClO$_2$ 浸泡 10min,渗糖时在糖液中添加 0.65g/kg 山梨酸钾,糖渍包装后用 650W 微波处理 75s。

表 5-20 栅栏因子对细菌总数影响的正交表

实验号	因素							
	ClO_2 浓度 /(mg/L)	浸泡时间 /min	山梨酸钾 /(g/kg)	微波时间 /s	实验结果(X_i) (对数细菌总数)			$\sum X_i$
1	1(60)	1(5)	1(0.25)	1(75)	2.04	1.09	1.95	5.89
2	1	2(10)	2(0.45)	2(56)	3.38	3.34	3.36	10.08
3	1	3(15)	3(0.65)	3(37.5)	4.00	4.04	4.11	12.15
4	2(40)	1	2	3	4.38	4.34	4.36	13.08
5	2	2	3	1	2.18	2.04	2.07	6.29
6	2	3	1	2	3.70	3.65	3.76	11.11
7	3(20)	1	3	2	3.64	3.61	3.59	10.84
8	3	2	2	3	4.61	4.58	4.65	13.84
9	3	3	1	1	3.18	3.1	3.20	9.49
K_1	28.12	29.81	30.84	21.67				
K_2	30.48	30.21	32.65	32.03	$T=\sum\sum X_i=92.77$			
K_3	34.17	32.75	29.28	39.07	$X=3.44$			
R	6.05	2.94	3.37	17.40				

表 5-21 栅栏因子对细菌总数对数影响的方差分析表

变异来源	SS	df	MS	F	F_n
A	2.07	2	1.04	520**	$F_{0.05(2,18)}=3.55$
B	0.57	2	0.29	145**	$F_{0.01(2,18)}=6.01$
C	0.63	2	0.32	160**	
D	17.02	2	8.51	4255**	
误差	0.04	18	0.002		
总变异	20.33	26			

表 5-22 栅栏因子对霉菌与酵母菌总数对数影响的正交表

实验号	因素							
	ClO_2 浓度 /(mg/L)	浸泡时间 /min	山梨酸钾 /(g/kg)	微波时间 /s	实验结果(X_i) (细菌总数对数)			$\sum X_i$
1	1(60)	1(5)	1(0.25)	1(75)	1.48	1.48	1.54	4.50
2	1	2(10)	2(0.45)	2(56)	3.28	3.26	3.23	9.77
3	1	3(15)	3(0.65)	3(37.5)	3.95	3.90	4.00	11.85
4	2(40)	1	2	3	4.32	4.28	4.30	12.90
5	2	2	3	1	1.54	1.65	1.60	4.79
6	2	3	1	2	3.66	3.62	3.73	11.01

续表

实验号	因素				实验结果(X_i)			$\sum X_i$
	ClO_2浓度 /(mg/L)	浸泡时间 /min	山梨酸钾 /(g/kg)	微波时间 /s	(细菌总数对数)			
7	3(20)	1	3	2	3.59	3.56	3.53	10.68
8	3	2	2	3	4.58	4.54	4.61	13.73
9	3	3	1	1	2.95	2.90	3.00	8.85
K_1	26.12	28.08	29.24	18.14				
K_2	28.70	28.29	31.52	31.46	$T=\sum\sum X_i=88.08$			
K_3	33.26	38.71	27.32	38.48	$X=3.26$			
R	7.14	3.63	4.02	20.34				

表 5-23 栅栏因子对霉菌和酵母菌总数对数影响的方差分析表

变异来源	SS	df	MS	F	F_n
A	2.90	2	1.45	725**	$F_{0.05(2,18)}=3.55$
B	0.92	2	0.46	230**	$F_{0.01(2,18)}=6.01$
C	0.98	2	0.49	245**	
D	23.72	2	11.86	5930**	
误差	0.04	18	0.002		
总变异	28.56	26			

3. 结论

650W 微波处理 200g 一组的梅果,其最长处理时间为 150s,但是处理后梅果发软,75s 的处理时间能较好保持梅果的硬度。ClO_2 的浓度、ClO_2 的浸泡时间、山梨酸钾的添加量、650W 微波的处理时间对杀菌效果均有极显著的影响。其中以微波处理时间为最主要影响因素,其次为 ClO_2 浓度,再次为山梨酸钾添加量,最后是 ClO_2 的浸泡时间。栅栏因子结合应用的效果优于单个因子,其适宜的参数为:脱硫后用 40mg/L ClO_2 浸泡梅果 10min,渗糖时在糖液中添加 0.65g/kg 的山梨酸钾,渗糖包装后以 650W 的微波处理 75s。

五、栅栏技术在软包装低盐化盐渍蔬菜生产中的应用

盐渍蔬菜食用方便,口感鲜美,历来是人们餐桌上的佐餐小菜。近年来,随着人们生活水平的提高,低盐化、方便化小包装的发展趋势使小小盐渍蔬菜成为人们不可或缺的休闲食品、旅游食品、馈赠佳品,有的甚至成为出口创汇产品,并已经成为当地农业的经济支柱之一。但是软包装盐渍蔬菜,尤其是低盐化软包装盐渍蔬菜在贮藏运输及销售过程中

易因微生物的腐败变质产生胀袋等质量问题,严重制约了盐渍蔬菜行业的发展,影响了农民的收入与农村经济的发展。为了防止腐败菌的生长和繁殖,一些生产企业使用过量苯甲酸钠、山梨酸钾等防腐剂来达到目的,这严重影响了软包装盐渍蔬菜行业的信誉与销售。为此,张长贵等(2006)对栅栏技术在低盐化盐渍蔬菜防腐保鲜的应用进行了探讨,以期为软包装低盐化盐渍蔬菜的生产加工提供参考。

1. 生产工艺流程

新鲜蔬菜→预处理(清洗、分级等)→高盐腌制→修整、成型→脱盐→(压榨或离心)脱水→拌料(调色、香、味)→装袋→真空密封→灭菌→冷却→检验→成品。

2. 主要保质栅栏因子的控制

在低盐化盐渍蔬菜的加工中,主要有水分活度(a_w)、pH、食盐浓度、温度、防腐剂、气体成分及氧化还原势等一些保质栅栏因子对盐渍蔬菜的防腐保质发挥着重要作用。

(1) 水分活度的控制

微生物学方面的研究表明,酵母菌、霉菌及细菌等微生物的生长繁殖,与食品水分活度关系密切,且微生物生长繁殖和化学反应利用的水分主要是自由水,这就为生产含水量较高而保质期又较长的低盐化盐渍蔬菜提供了理论依据。因此,只要减少自由水,将低盐化盐渍蔬菜的水分活度降低到一定程度以下就可以控制微生物生长。但是,在实际生长中不可能将水分控制在很低的水平,否则就会影响盐渍蔬菜的口感和脆度。实际生产上,只能是在不影响口感和脆度的基础上尽量降低水分含量。另外,在调味的过程中,可以适当添加水分活度剂,如食盐、蔗糖、有机酸、乙醇等辅料来降低水分活度;同时还需要其他栅栏因子的配合使用。

(2) pH 的控制

酸碱度对微生物的活动影响极大,任何微生物生长繁殖都需一定的 pH 条件,过高或过低的 pH 环境都会抑制微生物的生长。大多数细菌的最适 pH 为 6.5~7.5,放线菌最适 pH 为 7.5~8.0,酵母菌和霉菌最适 pH 为 5.0~6.0。在 pH 低于 4.5 的酸性食品中存在的微生物一般都不耐热,易被杀死,一些热敏性成分在低 pH 的条件下不易被破坏,适当的酸味还可赋予盐渍蔬菜良好的风味。低盐化盐渍蔬菜属微发酵制品,一般在生产加工时需直接添加酸,如乳酸、柠檬酸等有机酸将其 pH 控制在 4.0~4.5,这样既为了赋予产品适口的酸味,又可抑制微生物的生长繁殖,同时还可降低热杀菌的温度和缩短热杀菌的时间,避免了使产品过度受热而软烂,影响其风味和质地。

(3) NaCl 浓度的控制

食盐具有很高的的渗透作用,1.0% 的食盐溶液就会产生 6×10^5 Pa 渗透压。而一般微生物细胞的压力在 $3.4 \times 10^5 \sim 1.64 \times 10^6$ Pa,细菌一般也不过 $2.9 \times 10^5 \sim 1.57 \times 10^6$ Pa。微生物的细胞液、原生质和食盐溶液构成一个渗透系统,起到调节细胞内外渗透压的作用。当食盐的渗透压大于微生物细胞的渗透压时,细胞内的水分会渗透到细胞外面,造成细胞脱水,使其代谢受到抑制而停止生长或死亡。一般微生物的耐盐力较差,但也有些有害微生物的耐盐力较强,如酵母和霉菌,在 20%~25% 的盐浓度才受到抑制。

因此,食盐可以用来控制微生物的生长繁殖,但不同的微生物所能忍耐的最高盐分的量不一样;传统方法生产的盐渍蔬菜中常用高含量的盐分来抑制微生物的腐败,但随着人们生活水平的提高和生活习惯的改变,特别是近年来"食盐的过量摄取会引起高血压等疾病"大量报道以来,低盐化是盐渍蔬菜的一个必然趋势。现在,在盐渍蔬菜生产加工时一般将其 NaCl 控制在 3.0%~3.5%,但是此盐度对微生物的抑制能力较弱,对低盐化盐渍蔬菜的保藏是不利的。因此在低盐化盐渍蔬菜的保藏中,还需要其他栅栏因子的配合使用。

(4) 防腐剂的添加

食品防腐剂使用方便,效果好,成本低,一般不会出现加热杀菌所造成的营养价值损失和品质的破坏等,因此在食品加工中被广泛应用。随着人民生活水平的不断提高,消费者对食品添加剂的要求也越来越高,不仅要求高效,而且要求高度安全。防腐剂种类很多,在低盐化盐渍蔬菜中使用最多的是苯甲酸、山梨酸及其盐类等。苯甲酸和山梨酸钾属于酸性防腐剂,这类防腐剂的特点是体系酸性越大,其防腐效果越好。它们抑菌谱较广,对霉菌、酵母菌和多数腐败菌具有一定抑制作用。山梨酸钾适宜在 pH5~6 以下使用,苯甲酸抑菌的最适 pH 为 2.5~4.0,当 pH 高于 6.0 时,抑菌活性显著降低,对多种霉菌和酵母均无抑制作用。在食品保藏上使用的这些防腐剂,有些只能对特定的菌种起到抑制作用,有些则受到 pH 的影响,在应用上受到限制,因此可以使用两种或两种以上的防腐剂组成复合防腐剂来应用,且复合防腐剂具有良好的协同效应。在低盐化盐渍蔬菜的加工中,常常将苯甲酸钠和山梨酸钾复配使用,但其添加量必须符合卫生标准(GB 2760—1996 规定:在低盐酱菜中允许最大添加量为 0.5‰),不能超标使用,根据此标准在低盐化盐渍蔬菜中一般防腐剂总量按 0.2‰~0.3‰添加即可,若产品初始带菌量少,加工操作规范,则添加量更低,甚至不添加。

(5) 氧化还原势的控制

在低盐化盐渍蔬菜的加工过程中,常发生一个问题就是褐变。这与盐渍蔬菜处于一个氧化还原势较高的环境有关。氧化还原势的高低取决于其组成成分,还原性物质如维生素 C 等可以降低氧化还原电位,氧气和某些金属离子如三价铁则会使氧化还原势增加。在生产加工时,添加抗氧化剂如抗坏血酸、异抗坏血酸等可显著降低其 Eh,也可添加柠檬酸、乙二胺四乙酸二钠等螯合剂来螯合三价铁等一些金属离子,同时加工中要使用不锈钢的器具,这些方法都可以降低 Eh。另外,真空包装则可以减少氧气的含量,降低氧化反应速度和抑制微生物的生长繁殖。

(6) 对气体成分的控制

低盐化盐渍蔬菜的败坏通常由各种微生物,如霉菌、酵母菌和细菌等引起,很多都是好氧性微生物,真空包装可以创造无氧或低氧的环境,从而在很大程度上抑制其活动。同时氧气的存在也易导致营养成分的破坏和产品色泽的变化,真空包装则可以有效地减少低盐化盐渍蔬菜在这方面的变化。另外,使用的包装材料最好不透光,避免产品的色泽和营养成分在光线照射下加速劣变。

(7) 热力杀菌

尽管经过前面多道保质栅栏,微生物仍然有可能残存下来并在以后的贮存过程中生长繁殖,为保证质量,还需进行适度杀菌。因为加热杀菌是防止低盐化盐渍蔬菜变质的最常用、最行之有效的方法之一。加热杀菌不仅可以防止微生物引起的食物败坏,也可以防止酶引起的变色、变味。前面多道保质栅栏使杀菌的强度大大降低,避免了使用高温长时间杀菌。目前,低盐化盐渍蔬菜加工主要采用巴氏杀菌,一般采用 80~85℃杀菌温度,杀菌时间 8~12min。这样既保证了产品具有脆嫩的质地和良好的色泽,同时也避免了产品因高温处理产生蒸煮味。加热杀菌虽然是贮藏的有效措施,但任何形式的加热都会使产品的营养、色泽、风味和质地受到一定程度的破坏,所以在达到杀菌工艺时,要尽量减轻因加热杀菌对盐渍蔬菜品质的破坏。因此杀菌温度不能太高,当加热到 85℃以上时,就会有损于产品的脆度。同时,盐渍蔬菜制品杀菌处理后须采用流水快速冷却到室温以防止过度受热,这对保证产品的色、香、味及脆度都是大有好处的。另外,初始带菌量是影响产品保存时间长短的重要条件,并对加热杀菌、添加防腐剂等处理效果影响很大。因此要选择染菌少的优质原料、做好原料清洗,在加工过程中,尽量减少产品的最初污染菌数,以便于缩短加热时间和温度。

(8) 低温贮藏和低温运输

低温主要在产品的贮藏、运输、销售阶段,一般要求产品最好处于低温、阴凉状态,以减少长菌、营养成分的损失、色泽的变化,以延长货品的货架期。

3. 结语

在低盐化盐渍蔬菜实际加工生产过程中,仅仅采用以上任意单一的栅栏因子就想控制微生物的生长,使产品达到较长的保存时间,这是不可能也是不切实际的。必须通过同时控制温度、pH、水分活度、气体成分、氧化还原电位、防腐剂、包装等保质栅栏因子,充分利用它们产生的交互作用来控制低盐化盐渍蔬菜在贮藏过程中的腐败变质,从而达到延长产品货架期的目的,以保证低盐化盐渍蔬菜的质量稳定。即在生产过程中加强卫生管理,尽量减少杂菌的污染,以减轻杀菌的强度;选择合适的杀菌温度和杀菌时间,既要达到杀菌,减少带菌量的目的,又要保持低盐化盐渍蔬菜原有的风味和品质;同时使用严格的包装材料并采用真空包装。综上所述,将栅栏技术应用于低盐化盐渍蔬菜的实际生产是可行的,既可避免过去单靠大剂量超标使用防腐剂来贮藏该产品的弊端,又可大大降低热力杀菌强度,使得低盐化盐渍蔬菜既具较长的保存期,又有良好的品质。

六、栅栏技术原理在蔬菜罐头中的应用

目前蔬菜罐头的主要品种有高温杀菌类产品和酸化类产品。高温类产品由于需杀死罐内的致病菌及抑制非致病菌,常采用 115~121℃的高温高压处理,蔬菜经这种强度的杀菌后,组织变得软烂,接收性很差;酸化类产品一般采用乙酸调节蔬菜的 pH 至 4.5 以下,依靠有机酸分子对细菌的破坏作用使之死亡,这类产品一般可用 100℃沸水杀菌,产品的组织感得到保存,但过度的酸化使蔬菜带有明显的酸味,失去了原有的风味。余坚勇、李碧晴和王刚探讨了应用栅栏技术,研究一种既能保持产品脆度,又较好口感的蔬菜罐头杀菌新工艺。以热力杀菌、酸化、防腐剂分别作为栅栏因子,每种因子只用中等强度,以有效地解决高温杀菌造成的组织软烂和过度酸化造成的品质下降问题,产品也能达

到商业无菌的要求。

1. 实验材料与方法

(1) 实验材料及设备

实验原料：豆芽、莴笋、柠檬酸、Nisin、山梨酸钾、调味料。

实验设备：清洗机、浸泡锅、杀菌锅、OTS 流变仪。

(2) 实验方法

工艺流程：蔬菜原料→去皮→清洗→热烫、浸泡→冷却→装罐→封口→杀菌→冷却。

感官质量评价：按 JXUB6—96"军用食品感官评价方法"对实验结果进行评价。

微生物检测：按 GB 4789.26"罐头食品商业无菌的检验"来检测。

2. 结果与讨论

(1) 杀菌条件研究

选用豆芽作试验样品，各栅栏因子的水平分别如下。

热力杀菌因子：a. 100℃ 10min，b. 100℃ 15min，c. 100℃ 20min，d. 100℃ 25min，e. 115℃ 15min。

酸化因子(以乙酸酸度计)：f. 0.25，g. 0.30，h. 0.35，i. 0.40。

防腐剂因子(mg/kg)：j. 100，k. 150，l. 200。

经实验发现 a、f 组达不到商业无菌要求，说明在酸化不足的情况下，热力杀菌不能太低。e 组所用高温杀菌，样品组织已非常软烂，接收性很差，也予以剔除。因此，下一步的实验就可在三因素三水平的基础上设计正交试验方案，实验结果见表 5-24。

表 5-24　杀菌工艺条件正交试验表[$L_9(3^4)$]

序号	杀菌因子	酸化因子	防腐剂因子	实验结果
1	b	g	j	1.81
2	b	h	k	1.78
3	b	i	l	1.32
4	c	g	k	1.75
5	c	h	l	1.76
6	c	i	j	1.30
7	d	g	l	1.56
8	d	h	j	1.64
9	d	i	k	1.23
M_1	$M_{b1}=4.91$	$M_{g2}=5.12$	$M_{j3}=4.64$	
M_2	$M_{c1}=4.81$	$M_{h2}=5.08$	$M_{k3}=4.76$	
M_3	$M_{d1}=4.33$	$M_{i2}=3.85$	$M_{l3}=4.64$	
R	0.58	1.27	0.12	

由实验结果可以看出，酸化因子和热力杀菌因子对产品的感官品质影响作用最大，防腐剂因子作用最小，从位级之和得出热力杀菌为 100℃ 15min，酸化为 0.3 左右，防腐剂

可用 0.1‰～0.2‰。

（2）工业化生产可行性研究

研究发现，罐头初始微生物的菌数愈多，杀菌所需的温度愈高，时间愈长。例如，肉毒杆菌 NO. 97 含量为 $1.6×10^9$ cfu/mL 时，100℃杀菌需 120～125min，而含量为 $1.6×10^9$ cfu/mL 时，只需 45～50min，因此，在实验室清洁的环境中制订的工艺，在工业化大生产中是否就安全呢？为验证这一问题，模拟了工业化生产中的微生物变化情况，从表 5-25 和图 5-18 中可以看出，清洗、热烫能大大降低原料的污染程度，产品流程的快慢、产品积压也对杀菌效果有较大影响。经不同阶段产品装罐杀菌的商业无菌检验结果分析，如能将蔬菜原料的原料细菌总数控制在 10 000 个/g 的水平，用该工艺在工业化生产中安全性是有保障的。在蔬菜罐头的工厂中试对微生物的污染进行了分析，发现在封罐后杀菌前细菌总数一般为 200～300g，离 10 000 个/g 的安全水平相差很远，因此，该工艺工业化生产是安全的。

表 5-25　细菌污染程度与商业细菌的关系

样品	热烫后	热烫后 2h	热烫后 4h	热烫后 12h
商业无菌	—	—	—	+

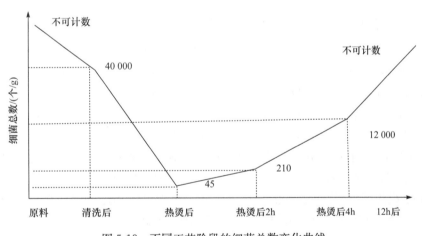

图 5-18　不同工艺阶段的细菌总数变化曲线

（3）防腐因子的降解研究

该工艺的一个很重要的因子是防腐因子。所用的防腐剂是一种天然食品防腐剂，能强烈抑制许多引起食品腐败的革兰氏阳性菌，而这类菌是耐热性比较强的一类菌类，需较强的热力杀菌强度才能杀死。由于该防腐剂是一种蛋白质多肽，会在热力杀菌及贮存中发生降解，失去活性，因此，对其降解的分析研究对保障该工艺的可靠性就显得非常重要。从防腐剂的降解曲线可以看出，产品在贮存 2 年后，有效浓度仍能达到 40U/g，贮存 30 个月达到 30U/g。根据研究实验发现，该防腐剂在 30U/g 时就能对革兰氏阳性菌发挥抑制作用。因此，该防腐剂在 2 年的贮存期内是有效的。为保证产品更加安全的效果，在正式生产中建议将用量保持在 200mg/kg，以提高产品的安全性。

（4）感官性能分析

为评价新工艺的效果,以新工艺和原工艺分别试制了莴笋和豆芽样品,进行了产品脆性和食品感官分析,实验结果显示,新工艺莴笋的硬度是原工艺的 10.1 倍,豆芽为 2.8 倍;新工艺莴笋弹性模量是原工艺的 23 倍,豆芽为 3.76 倍,说明新工艺在产品脆性方面比原工艺有很大提高。按"军用食品感官评价方法"比较新工艺产品与高温杀菌产品和酸化产品在感官方面的差异,分别选取 $s=7$,样品 $r=3$ 进行感官评价,经实验分析,计算结果为:莴笋 F 样 $=7.977$,按样品自由度 2 为分子自由度,误差自由度 12 为分母自由度,查 F 分布表,$F_{12}^2(0.05)=3.855$,说明新工艺莴笋在 5% 的显著性水平上比原工艺存在差异;豆芽 F 样 $=5.86>F_{12}^2(0.05)=3.855$,说明新工艺豆芽在 5% 的显著性水平上比原工艺存在差异。

3. 结论

将栅栏技术原理应用于蔬菜罐头,通过杀菌工艺研究、工业化生产可行性研究及生物抑菌剂降解试验等方面的研究,大大降低了热力杀菌强度和酸化强度,试制成功了一种新的蔬菜罐头生产工艺,新产品在脆度、感官接受性等方面取得了较大突破,具有很好的市场前景。

七、栅栏技术在低糖果脯生产中的应用

果脯是人们喜爱的传统休闲食品,但传统果脯由于含糖量高,一直受到包括冠心病、糖尿病、肥胖症等患者的忌讳。随着生活水平的提高,饮食健康日益受到人们的重视,食品加工逐渐向功能型和保健型的方向发展,因此,果脯低糖化已势在必行。近几年,食品科技工作者在这方面做了大量的工作,开发出很多种类的低糖果脯。但是,由于低糖(含糖量 400g/kg 左右)果脯不能像传统的果脯那样利用高糖(含糖量 600~700g/kg)产生的高渗透压来保持品质,因而普遍存在保质期较短的现象。要延长低糖果脯的货架期,就必须采取其他手段。成坚和曾庆孝(2000)从栅栏技术的角度分析了在低糖果脯生产过程中影响产品贮藏的因素,提出了在低糖果脯生产过程中可以利用的保质栅栏因子(hurdle factor),为生产耐贮藏高品质的低糖果脯提供了理论依据。

1. 低糖果脯易出现的问题和原因

（1）长菌

低糖果脯由于含糖量较低,一般为 400~500g/kg,水分活度较高,易引起耐高渗微生物的生长繁殖而导致变质,因此,含糖量低是低糖果脯变质的主要原因。能在低糖果脯上生长繁殖的微生物主要是嗜渗酵母和霉菌,如蜜蜂接合糖酵母（*Zygosaccharomyces mellis*）、路为氏酵母（*Saccharomycas ludwigii*）、扩展青霉（*Penicillium expansum*）、交链孢霉属（*Alternria*）、芽枝霉属（*Cladosparium*）、葡萄孢霉属（*Botrytis*）和卵孢霉属（*Ospora*）等。

（2）褐变

褐变主要为酶促和非酶促褐变,如美拉德反应、糖焦化、多酚类物质的氧化等常常是

导致变色的主要原因。

(3) 维生素损失

热敏性维生素易在高温下发生氧化分解,如维生素 C、类胡萝卜素、维生素 B_1 等均易被氧化分解。

2. 栅栏技术在低糖果脯生产过程中的应用

(1) 温度的控制

温度的控制主要有高温和低温两方面。高温主要在果脯制作过程中的热烫、加热煮制和烘干阶段,可以加快糖渍和烘干速度,也可以起灭酶和杀菌的作用。但高温长时间处理易造成产品软烂或碎片;美拉德反应和焦糖化程度加剧,使成品色泽加深;也是果脯中热敏性维生素损失的主要原因。所以热烫和加热煮制的时间应尽可能短,真空渗糖、硬化剂保脆、亚硫酸盐处理对克服上述缺点有较好的效果。低温主要在产品的保存阶段,一般要求产品在阴凉处存放,以减少长菌、减少营养成分的继续损失和色泽的进一步加深。

(2) pH 的控制

pH<4.5 的酸性食品中存在的微生物一般都不耐热,易在热烫、煮制和烘干中被杀死,一些热敏性成分在低 pH 的条件下不易被破坏,适当的酸味还可赋予果脯良好的风味。

(3) 水分活度的控制

微生物生长繁殖和化学反应利用的水分主要是自由水,这就为生产含水量较高而保质期又较长的低糖果脯提供了理论依据。因此,只要将低糖果脯的水分活度降低到一定程度以下就可以控制微生物的生长。图 5-19 为苹果果脯水分活度与坏袋率的关系曲线。

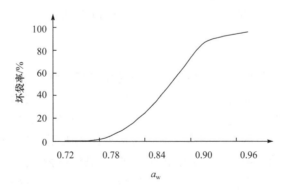

图 5-19　苹果果脯水分活度与坏袋率关系曲线(30℃)

除了降低果脯的总含水量以外,还有很多降低水分活度的方法,如添加适量的食盐、柠檬酸、柠檬酸钠、葡萄糖、低聚糖、淀粉糖浆、山梨醇、甘油等都可以有效地降低果脯水分活度,其中柠檬酸及其盐类既是酸味剂和 pH 调整剂,也有一定的抗菌能力。图 5-20 为添加不同降水分活度剂后苹果果脯的等温吸湿曲线。

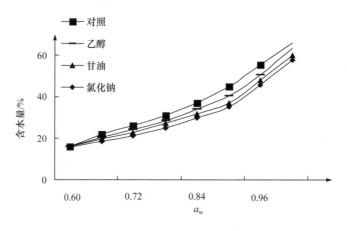

图 5-20　添加不同降水分活度剂后苹果果脯的等温吸湿曲线(25℃)

（4）氧化还原势的控制

水果中很多热敏性成分如维生素 C、类胡萝卜素等在氧化还原势较高的环境中容易被氧化破坏，多酚类物质也容易发生氧化褐变。控制果脯制作时的氧化还原势，还可以减少营养成分的损失。果脯氧化还原势的高低取决于其组成成分，还原性物质如维生素 C、类胡萝卜素和抗氧化剂等可以降低氧化还原电位，氧和某些金属离子如 Cu^{2+} 则会使 Eh 增加。在果脯制作时用柠檬酸、食盐配成低浓度的溶液可作为去皮果实良好的护色液，添加抗氧化剂如抗坏血酸、异抗坏血酸、亚硫酸盐等可以显著降低果脯的 Eh，真空渗糖和真空包装则可以减少果脯中氧气的含量，降低氧化反应速率。

（5）气体成分的控制

在低糖果脯制作过程中，氧气的存在易导致营养成分的破坏和产品色泽变深，而成品贮藏过程中，氧气的存在不仅使营养成分继续受到破坏和果脯的颜色进一步加深，也有利于需氧菌的生长繁殖。真空渗糖和真空包装可以有效地减少低糖果脯在这方面的变化。

（6）防腐剂的添加

能在低糖果脯上生长繁殖的微生物主要是耐高渗酵母和霉菌，目前对这两种微生物抑制效果较好的防腐剂主要有山梨酸、山梨酸钾、苯甲酸、苯甲酸钠、二氧化硫、亚硫酸钠和脂肪酸等。这几种防腐剂均要求在酸性条件下使用，在生产上常与柠檬酸及其盐类同时使用。二氧化硫和亚硫酸钠对霉菌和细菌的毒害作用大于酵母，苯甲酸和苯甲酸钠对酵母的影响大于对霉菌的影响，山梨酸、山梨酸钾和脂肪酸等都是有效的霉菌抑制剂。李桂琴等在低糖冬瓜脯的研究中，用 2g/kg 柠檬酸和 0.5g/kg 苯甲酸钠结合密封包装，使产品在室温下存放 12 个月而无腐败；庞志申等在低糖山楂脯加工工艺的研究中，用 0.25～0.5g/kg 苯甲酸钠和 0.25～0.5g/kg 山梨酸钾作为防腐剂，无论单独使用还是联合使用，都可以有效地抑制山楂脯的霉变。

（7）真空密封包装

低糖果脯容易吸潮和长霉，采用阻隔性高的塑料袋密封包装或抽真空密封包装可以有效地防止成品吸潮和长霉。对于高档果脯，还可以在密封包装袋内放置吸氧剂以除去袋内残存氧气。另外,使用的包装材料最好不透光,避免出现产品的色泽和营养成分在光线照射下加速变化。

（8）杀菌

尽管经过前面多道保质栅栏,耐旱酵母或霉菌仍然有可能残存下来并在以后的贮存过程中生长繁殖,为保证质量,某些低糖果脯还需进行适度杀菌。目前,低糖果脯主要采用微波或紫外线进行杀菌。夏杏洲在天然低糖杨桃脯生产工艺研究中发现,用塑料袋真空(0.08MPa)密封包装的产品,常温下只能贮存 6 个月,而包装后用紫外线杀菌后,在同样的条件下,贮存期延长到 10 个月。

3. 结语

本书就低糖果脯易出现的微生物生长和化学变化方面的问题,讨论了在实际生产中可以利用的保质栅栏,认为通过控制温度、pH、水分活度、气体成分、氧化还原电位、防腐剂、压力、辐照、发酵和包装等栅栏因子,可以有效控制低糖果脯在贮藏过程中的变质,从而达到延长低糖果脯贮藏期的目的,为生产耐贮藏的高品质低糖果脯提供理论依据,以供实际生产操作时参考。

第六章　水产制品加工与栅栏技术

第一节　鱼类制品加工与栅栏技术

一、应用栅栏技术确定带鱼软罐头杀菌工艺的研究

　　杀菌是罐头食品生产过程中不可缺少的重要环节。罐头食品杀菌是指用热力杀灭食品中的致病菌、产毒菌、腐败菌及破坏食品中酶活性的过程，使食品耐藏两年以上不变质，同时尽可能保存食品原有的品质和营养价值。罐头食品杀菌加热工艺条件是否适当，直接关系到罐头食品的贮藏安全和品质。食品热力杀菌过程的运行除了必须考虑被杀菌食品的热传递特性及热源（如火焰、蒸汽或热水等）的特点以外，还必须考虑微生物的耐热机制及营养成分的破坏等问题，因此，其温度和时间的选择是相当重要的。目前，在中国的食品工业中，普遍采用一般法或古典法来推算杀菌条件。该方法是在了解主要腐败菌，如梭状芽孢杆菌中的肉毒杆菌的耐热特性和食品的传热规律的前提下，将整个热杀菌过程中微生物的致死率累积求和，从而评价其最终杀菌效果，推算出合理的温度和时间条件组合，并通过实验来确定具体的杀菌工艺参数。微生物（包括致病菌和腐败菌）的生长繁殖、酶促和非酶促化学变化等往往是引起食品腐败变质的主要原因，但微生物的生长繁殖和各种化学变化须具备一定的条件，同时也受很多因子如营养成分、底物、酶、温度、水分活度、氧气、光线等的影响，根据栅栏技术的基本原理，这些起主要影响作用的可归结于栅栏因子，其单独或相互作用，形成特有的防止食品腐败变质的"栅栏"，决定着产品中微生物稳定性，抑制引起食品氧化变质的酶类物质的活性，即所谓的栅栏效应（hurdle effect）。陈丽娇和郑明锋以带鱼为实验材料，考察了水分活度（a_w）、pH、杀菌温度（T）和杀菌时间（t）4个栅栏因子对带鱼软罐头食品中细菌总数的影响，并建立这4个主要栅栏因子对产品细菌总数影响的动态数学模型，应用该数学模型进行实际生产中的动态控制和预测产品质量，同时也为更科学合理地确定杀菌工艺条件提供依据。以下是陈丽娇等的实验研究。

1. 材料与方法

（1）材料

　　原料为冰鲜带鱼，每尾重 200g 以上；辅料有精盐、味精、砂糖、陈醋、色拉油；包装材料为 PVDC/AL/PE 复合薄膜蒸煮袋。

（2）设备

　　电热恒温干燥箱、称量瓶、坩埚钳、电子天平、PHS-2 型 pH 计、Aw-1 型智能水分活度仪。

（3）测定方法

　　1）水分活度的测定：采用无锡市碧波电子设备厂生产的 Aw-1 型智能水分活度仪

测定。

2）pH 的测定（酸度计法）：称取混匀试样 10g 于烧杯中，加入 90mL 蒸馏水，搅拌均匀，放置 30min，并不断振摇，然后过滤。滤液用酸度计测定，直接读取 pH。

3）细菌总数的测定：杀菌冷却后的产品，置于（37±2）℃的保温箱中保温 7 天，按平板培养计数法测定细菌总数。

（4）杀菌实验方案

本实验采用二次回归通用旋转组合实验设计方案，全部实验计划按照 $N=31$、$P=4$、$r=2$、$Mc=16$、$Mr=8$、$Mo=7$ 的方案实施，分别建立了细菌总数与水分活度（X_1）、pH（X_2）、杀菌温度（X_3）、杀菌时间（X_4）关系的数学模型。然后通过降维分析，给出各因素对实验指标的影响趋势图。各实验因素及其 5 个水平编码和实验方案分别见表 6-1 和表 6-2。

表 6-1　实验因素及其 5 个水平编码表

水平	−2	−1	0	1	2
$a_w(X_1)$	0.75	0.80	0.85	0.90	0.95
pH(X_2)	4.0	4.5	5.0	5.5	6.0
杀菌温度(X_3)/℃	90	95	100	105	110
杀菌时间(X_4)/min	15	10	25	30	35

表 6-2　细菌总数实验方案与结果

实验号	$a_w(X_1)$	pH(X_2)	$T(X_3)$/℃	$t(X_4)$/min	细菌总数(X)/(个/100g)	模拟值(Y)/(个/100g)
1	0.80	4.5	95	20	200	200.6
2	0.80	4.5	95	30	145	139.7
3	0.80	4.5	105	20	100	37.5
4	0.80	4.5	105	30	40	7.3
5	0.80	4.5	95	20	540	520.8
6	0.80	4.5	95	30	360	370.6
7	0.80	4.5	105	20	280	291.5
8	0.80	4.5	105	30	180	272.5
9	0.90	4.5	95	20	440	427.5
10	0.90	4.5	95	30	350	352.3
11	0.90	4.5	105	20	230	233.1
12	0.90	4.5	105	30	190	189.2
13	0.90	5.5	95	20	800	846.5
14	0.90	5.5	95	30	640	682.5
15	0.90	5.5	105	20	600	585.8
16	0.90	5.5	105	30	440	453.1
17	0.75	5.0	100	20	100	149.4
18	0.95	5.0	100	30	700	656.9

续表

实验号	$a_w(X_1)$	$pH(X_2)$	$T(X_3)/℃$	$t(X_4)/min$	细菌总数(X)/(个/100g)	模拟值(Y)/(个/100g)
19	0.85	4.0	100	20	120	171.0
20	0.85	6.0	100	30	800	755.2
21	0.85	5.0	90	20	500	464.4
22	0.85	5.0	110	30	30	71.9
23	0.85	5.0	100	15	320	340.2
24	0.85	5.0	100	35	160	146.0
25	0.85	5.0	100	25	280	257.1
26	0.85	5.0	100	25	300	257.1
27	0.85	5.0	100	25	220	257.1
28	0.85	5.0	100	25	230	257.1
29	0.85	5.0	100	25	240	257.1
30	0.85	5.0	100	25	250	257.1
31	0.85	5.0	100	25	280	257.1

(5) 工艺流程

冰鲜带鱼→清洗去内脏、切成 4cm 长的带鱼段→盐渍→油炸→调味→除湿→装袋→抽真空密封→杀菌、冷却。

(6) 操作要点

1) 盐渍:将鱼段放入 3% 的盐水中盐渍 8～10min(厚的鱼段盐渍时间偏长些),液温保持在 10℃以下,使鱼段部分脱水。

2) 油炸:盐渍后的鱼块定量投入 170～200℃的油中油炸(投料量为油量的 10%～15%),炸至鱼块呈金黄色(需 2～3min)、鱼肉有坚实感为宜。

3) 调味:调味液的配方为糖 8%、酱油 3%、盐 1%,pH 根据实验设计要求用食醋调节,趁热将鱼块浸没于调味液中 10min,然后将鱼捞起并沥去鱼块表面的调味液。

烘干(a_w 控制):将调味后的鱼块放入 38～40℃干燥箱中脱去水分,达到实验设计要求的 a_w。

4) 装袋与真空封口:采用 PET/AL/CPP 复合薄膜高温蒸煮袋。装袋时注意封口处切忌被油污染,以免影响封口质量。装袋后放入真空包装机热合封口,真空度控制在 0.09～0.10MPa 为宜,热合封口必须牢固。

5) 杀菌与冷却:按实验设计的杀菌温度和时间进行。杀菌后应立即冷却至室温。

2. 结果与分析

采用二次回归通用旋转组合实验方案进行实验。表 6-3 是对调味带鱼软罐头常压杀菌的实验结果分析。利用二次旋转通用组合设计程序库,建立细菌总数的回归数学模型,

删除未达到 $t_{0.05(16)}$ 水平的系数项后的回归数学模型为

$$Y = 257.1 + 126.8X_1 + 146.0X_2 - 98.1X_3 - 48.5X_4 +$$
$$24.7X_1X_2 - 22.2X_2X_4 + 36.5X_1^2 + 51.5X_2^2$$

式中自变量取代码值,因变量取实际值。由模型可计算出模拟值(Y')见表 6-2,并用方差分析对方程显著性和回归拟合性进行 F 检验,结果如表 6-3 所示。

表 6-3　方差分析

来源	df	SS	MS	F
回归 U	14	1 318 481	94 177.21	53.69
离回归 Q	16	28 065.76	1 754.11	
总和 T	30	1 346 547		
纯误差 E	6	5 342 844	890.47	
失拟 L	10	22 722.92	2 272.29	2.55

方程的 F 值检验:

$F_1 = 255 < F_{0.05}(10,6) = 4.06$,方程拟合性好。

$F_2 = 53.69 > F_{0.01}(14,16) = 3.41$,方程显著。

为进一步探明各因素对细菌总数的影响特性,在分析时,在 4 因素中任取一个因素,把其他 3 因素固定在零点时,对模型进行降维分析,得到结果如图 6-1 所示。

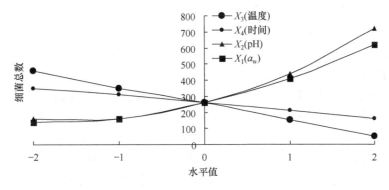

图 6-1　各栅栏因子对细菌总数的影响特性

（1）水分活度对细菌总数的影响

微生物生长繁殖和化学反应利用的水分主要是自由水。由数学模型和图 6-1 可见,Y 随 X_1 的增大而增大,即降低带鱼软罐头的 a_w 时,可降低微生物的耐热性,减少细菌总数。在 a_w 处于较低水平（$-2 < a_w < 0$）时,曲线斜率变化平缓,说明 $a_w < 0.85$ 时可有效地抑制细菌的繁殖;在 a_w 处于较高水平（$1 < a_w < 2$）时,曲线斜率变化明显加大,既微生物的耐热性随着 a_w 的提高而增强,细菌总数明显增加。例如,在 pH 为 5.5、杀菌条件为 95℃ 20min 时,若制品的 a_w 从 0.9 降到 0.8,则细菌总数从 800 个/100g 降到 540 个/100g。

（2）pH 对细菌总数的影响

酸碱度是微生物的重要生活条件,基质中的 pH 对微生物的生命活动有很大的影响。

其作用机制是氢离子浓度会引起菌体细胞膜电荷性质的变化,因而影响微生物对某些营养物质的吸收。另外,氢离子浓度会影响到微生物代谢过程中酶的活性。对于大多数芽孢杆菌来说,在中性范围内耐热性最强,pH 低于 5 时,细菌不耐热。例如,鱼制品中肉毒杆菌芽孢的耐热性显著减弱。图 6-1 的结果显示,在 pH 处于较低水平($-2<$pH<0)时,曲线斜率变化比较平缓,尤其在 pH$<$4.5 时对细菌总数的变化并不显著,说明 pH 能有效降低微生物的耐热性;在 pH 处于较高水平($0<$pH<2)时,曲线斜率变化明显加大,说明 pH$>$5.0 时对细菌总数的影响明显加大,细菌耐热性明显增强。pH 对微生物的耐热性的影响趋势与 a_w 是一致的,在高水平时,pH 的影响比 a_w 强。例如,在 a_w 为 0.9、杀菌条件为 95℃ 20min 时,若制品的 pH 从 5.5 降到 4.5,则细菌总数从 800 个/100g 降到 440 个/100g。

（3）杀菌温度和时间对细菌总数的影响

由数学模型和图 6-1 可见,X_3 和 X_4 对 Y 构成线性负相关,细菌总数会随杀菌温度和时间的增大而成正比地下降。而且,a_w、pH 对微生物的耐热性影响很大,从回归数学模型可以看出,a_w、pH 与杀菌温度、时间存在负相关关系,说明在低水分活度、高酸性罐头中细菌的耐热性明显减弱,既杀菌所需的温度、时间减少。

（4）模型验证与应用

为验证该模型对实际生产的影响,设置各栅栏因子的参数($X_1=-0.2$,$X_2=0.6$,$X_3=0.5$,$X_4=-0.2$),即 $a_w=0.83$、pH$=5.3$、$T=95℃$ 和 $t=23$min,每次取 10 包,重复 3 次实验,得到细菌总数平均值为 275。而将(-0.2,0.6,0.5,-0.2)代入模型,得 $Y=280$,结果与实验基本相符,再取(-0.3,-1,1.5,0)10 包,重复 3 次实验,得到细菌总数平均值为 270。而将(-0.3,-1,1.5,0)代入模型,得 $Y=290$,同样,结果与实验基本相符,说明该模型可以很好地反映客观生产情况,对实际生产具有指导意义。可以通过改变工艺条件来实现应用该数学模型在实际生产中动态控制和预测产品质量的目的。例如,以上述工艺条件为例,为使 $Y=150$,可以通过保持 $X_1=-0.2$,$X_3=0.5$,$X_4=-0.2$ 不变,改变 X_2 得到,即把 $X_1=-0.2$,$X_3=0.5$,$X_4=-0.2$,$Y=150$ 代入模型,得 $X_2=-1.2$(pH$=4.3$),说明当 pH 从 5.3 降到 4.3 时,Y 也从 280 降到 150。可通过改变任意两项参数,从而把细菌总数控制在所需水平。例如,改变 a_w 和 pH,应用模型容易得到(0.4,0.4,0.5,-0.2)、(0.3,0,0.5,-0.2)等多种工艺参数达到质量要求。也可通过改变任意 3 项参数,得到多组数据,达到同样效果。

3. 结论

1）验证了应用栅栏技术确定调味带鱼软罐头食品杀菌工艺条件的可行性。

2）采用二次回归通用旋转组合实验设计方案对调味带鱼软罐头杀菌工艺进行研究,所给出的 a_w、pH、杀菌温度和时间 4 个栅栏因子对产品质量和细菌总数的影响动态数学模型为

$$Y=257.1+126.8X_1+146.0X_2-98.1X_3-48.5X_4+$$

$$24.7X_1X_2-22.2X_2X_4+36.5X_1^2+51.5X_2^2$$

应用该数学模型在实际生产中可达到动态控制和预测产品质量的目的。

3）较低的 a_w 和 pH 可有效地降低细菌的耐热性。杀菌温度和时间对细菌总数构成线性负相关。

二、栅栏技术优化即食调味罗非鱼片工艺的研究

罗非鱼原产于非洲,形似本地鲫鱼,故又称"非洲鲫鱼",属于鲈形目鲡科罗非鱼属。其产量近年来不断增加,已有超过传统"四大家鱼"之势,甚至可称为淡水养殖的"第五大家鱼"。罗非鱼产业在我国广东、广西等地区发展迅速,已形成了粗具规模的繁育、养殖和加工的产业基地,广东的湛江和茂名是罗非鱼产业化发展最快的地区。目前我国罗非鱼产量已占世界总产量的 55%,在全世界罗非鱼产业中占有举足轻重的地位。但罗非鱼与其他淡水鱼一样具有浓重的腥味,造成其出口及深加工都不及其他海产品。颜威等(2012)通过分析影响罗非鱼即食食品的各种因素和各因素间的协同作用,运用栅栏技术相关理论,进行高营养价值和感官较好的即食调味罗非鱼片的研发,并降低了能耗和生产成本,为罗非鱼的深加工提供了理论依据。以下是颜威等的研制实验。

1. 材料和方法

（1）实验原辅料

罗非鱼:购于湛江市霞山区步行街菜市场;酱油、白砂糖、辣椒粉、胡椒粉、生姜粉、蒜头、碘盐、食用调和油、味精,均为食用级,购于湛江市霞山区沃尔玛超市。

（2）试剂及仪器

硫酸铜、硫酸钾、盐酸、硫酸、葡萄糖、无水乙醚、重蒸酚、营养琼脂、伊红亚甲蓝、乳糖胆盐、氧化镁、硼酸、甲基红、乙醇、次甲基蓝等,均为分析纯。

SPX-250B 型数显生化培养箱;101-2A 型数显电热恒温干燥箱;AUW120 型电子分析天平;KWS-140A 型电烤箱;PFS-300 型塑料薄膜封口机;Hygrola 3 四通道台式水分活度仪等。

（3）实验方法

1）工艺流程:原料挑选→洗净→去鳍→头→尾→内脏→剖片→修整→盐渍→脱盐→烤制→烘干→装袋→真空包装→低温弱化菌→杀菌→冷却→检验。

2）罗非鱼五香鱼片品质的评价:感官评定采用十分制评分法,划分为 5 个等级。评定者按 10 人的感官评定给出相应的得分,最终得分取平均值。评定标准见表 6-4。

表 6-4　即食调味鱼片的感官评定标准

序号	评定得分/分	即食调味鱼片的品质
1	9～10	棕黄色,有罗非鱼特有的香味和滋味,有嚼劲,不僵硬
2	7～8	棕黄色,有焦香味,口感有嚼劲,无僵硬片
3	5～6	深黄色,较薄处有烤焦,有焦香味,口感脆,无鱼腥味
4	3～4	肉白色,无香味散发,口感嫩而无嚼劲
5	1～2	深褐色,较薄处有烤焦,有焦香味,口感脆而苦

3）一般营养成分测定：蛋白质，半微量凯氏定氮法；脂肪，索氏抽提法；水分，直接干燥法；水分活度 a_w，Hygrola 3 四通道台式水分活度仪直接测定；挥发性盐基氮，微量凯氏定氮法。

4）采肉率的计算如下：

$$鱼的采肉率＝（取出鱼肉的质量/鲜鱼的总质量）×100\%$$

5）微生物检验：菌落总数，GB/T 4789.2—2003；大肠菌群，GB/T 4789.3—2003；致病菌，GB/T 4789.4—2003 和 GB/T 4789.16—2003。

6）3 种杀菌方式：低温杀菌，采用 0～4℃冰箱低温处理产品；紫外线杀菌，将低温处理的产品放于紫光灯下，要求用于消毒的紫外灯在电压为 220V，环境相对湿度为 60％，温度为 20℃时，辐射的紫外线强度为 253.7nm；巴氏杀菌，封口后，将制品放入，再在 0～4℃冰箱中放置 24～48h 进行低温弱化菌，弱化处理后尽快杀菌，杀菌温度 85～90℃，时间 30～35min，杀菌时的温度应以水银温度计所示的温度为准，反压应维持到冷却结束为止，杀菌过程中应严格按操作规程进行，以免造成次品或废品。

2. 结果与讨论

(1) 不同盐渍条件对鱼肉的口感及鲜度影响

不同盐渍条件对鱼肉的口感及鲜度影响见表 6-5。由表 6-5 可知，经过不同浓度的盐水盐渍后，盐渍时间、食盐添加量对鱼片含水量基本无影响，但对鱼片的口感和质地有显著影响，并对微生物的含量也有一定的抑制作用。综合考虑盐水浓度和盐渍时间对原料的抑菌作用和感官质量等方面的影响，最终确定盐渍条件为：食盐质量分数为 10％，盐渍时间为 30min。

表 6-5　不同盐渍条件对鱼肉的口感及新鲜度的影响

盐水质量分数/%	浸渍时间/min	含水量/%	挥发性盐基氮 /(mg/100g)	感官评价/分	
				咸淡（满分 10 分）	细腻度（满分 10 分）
0	0	80.37	3.01	5	7
5	10	82.51	21.86	5	10
10	10	84.87	20.72	6	7
15	10	80.54	22.12	8	7
5	15	81.33	18.84	4	7
10	15	80.58	19.37	7	7
15	15	82.55	18.40	8	8
5	20	80.22	15.60	9	7
10	20	83.21	17.63	9	7
15	20	83.19	15.16	7	6
5	25	84.25	12.52	7	7
10	25	82.64	8.10	7	8
15	25	83.58	14.34	6	9

续表

盐水质量分数/%	浸渍时间/min	含水量/%	挥发性盐基氮/(mg/100g)	感官评价/分	
				咸淡(满分10分)	细腻度(满分10分)
5	30	81.47	37.47	7	6
10	30	82.18	1.74	9.5	9
15	30	83.17	2.44	7	6
5	35	82.31	33.28	7	6
10	35	81.18	14.22	8	7
15	35	82.09	50.41	6	7
5	40	82.87	30.58	6	5
10	40	83.10	46.35	6	6
15	40	83.05	28.71	7	5

（2）pH 对鱼肉品质及微生物的影响

不同 pH 条件下调味后鱼肉的口感及细菌总数测定结果见表 6-6。

表 6-6　不同 pH 条件下调味后鱼肉的口感及细菌总数测定结果

调味品	酸用量/mL	调味汁 pH	鱼肉 pH	细菌总数/(cfu/g)	感官评价/分	
					酸味(满分10分)	细腻度(满分10分)
陈醋	0	5.3	5.3	10 000	6	7
	1	4.7	4.8	6 000	7	7
	2	4.3	4.5	4 000	8	8
	3	4.0	4.3	2 000	4	6
质量分数 0.15%柠檬酸	5	4.6	4.7	4 000	5	7

由表 6-6 可知,添加不同浓度的柠檬酸、乙酸到鱼片中,进行感官及微生物的鱼片保藏实验。结果表明,添加柠檬酸鱼片口感清淡,鱼腥味不能很好除去;而采用陈醋调节鱼片 pH 为 4.2～4.5,能显著降低鱼腥味,对制品风味无不良影响,且有良好的抑菌性。

（3）烘干方式对鱼片口感、含水量、水分活度、细菌总数的影响

研究表明,不同热风干燥温度对干燥速度的变化和鱼片主要成分含量的影响较大。按照上述得出的条件处理鱼片。先放于 150℃的烤箱中烤制 5min,再于 40～50℃烘干,得到的罗非鱼片表面紧实饱满,富有诱人的金黄色,且嚼劲好,具有罗非鱼特有的鲜美味道。但 40～50℃条件下烘干方式对罗非鱼的含水量、水分活度会产生影响。用不同的烘干方式处理罗非鱼片,然后测定鱼片的含水量、水分活度,并进行感官评定。

烘干方式对鱼片口感及含水量、水分活度、细菌总数的影响见表 6-7。

表6-7　烘干方式对鱼片口感及含水量、水分活度和细菌总数的影响

编号	烘干过程/h			含水量/%	水分活度	感官评分/分		
	40℃	45℃	50℃			外观(满分10分)	味道(满分10分)	湿度(满分10分)
1	6	2	0	46.73	0.902	7	7	8
2	4	2	0	46.88	0.911	7	8	8
3	2	4	0	44.51	0.902	7	7	7
4	2	2	2	42.56	0.867	8	9	9
5	0	6	0	46.87	0.910	6	8	6
6	0	4	2	45.01	0.888	7	7	8
7	0	2	4	44.89	0.896	5	6	7
8	0	0	4	44.57	0.896	6	8	6

罗非鱼的干燥过程并非恒速进行。如果开始烘制时采用高温,表面水分挥发过快,内部水分不能及时扩散出来,使得成品呈焦黑色,口感干而硬且带有苦焦味;若开始用低温缓慢烘制,加热温度过低,鱼肉水分挥发慢,导致加热时间变长,在结束烘烤时,产品表面部分有焦黑色,略带有烤焦味;采用梯度升温和分段烘干的方法,鱼肉内部的水分可及时扩散到表面,烘干后产品外观没有出现外焦里嫩的现象。表6-7的结果说明,先用40℃烘干2h,放于干燥器中冷却1h后,再用45℃烘2h,继续放于干燥器中冷却1h,再用50℃烘干2h,得到的产品软硬适宜,色泽好,咀嚼感好,含水量为42.56%。

（4）杀菌前的低温处理对鱼片中微生物含量的影响

将烘干好的产品真空包装后分两组,一组直接在85～90℃条件下杀菌30min,另外一组在0～4℃中放置不同的时间后,进行微生物的低温处理,使之耐热性下降后,再于90℃条件下杀菌30min。

杀菌前低温处理对罗非鱼片制品细菌总数的影响见表6-8。由表6-8可知,杀菌前的低温处理有利于提高杀菌的效果。产品在4℃存放48h后再杀菌,残留菌落总数由370cfu/g下降到50cfu/g;将罗非鱼肉调味制品真空包装后在0℃左右环境中放置48h后再杀菌,杀菌效果明显好于直接杀菌。这是因为微生物的耐热性与其培养过程有关,处在较低培养温度的微生物由于其培养过程温度较低,使其耐热能力逐代下降,几代之后的微生物更易被杀灭。

表6-8　杀菌前低温处理对罗非鱼片制品细菌总数的影响

低温处理时间/h	杀菌后菌落总数/(cfu/g)
0	370
12	150
24	130
48	50

（5）不同杀菌方法对鱼片微生物含量的影响

分别对鱼片进行低温杀菌、巴氏杀菌和紫外线杀菌,然后进行微生物测定。不同杀菌

方式对罗非鱼片微生物含量的影响见表 6-9。

表 6-9　不同杀菌方式对罗非鱼片微生物含量的影响

杀菌方法	微生物含量/(cfu/g)
低温杀菌	480
巴氏杀菌	370
紫外线杀菌	1700

由表 6-9 可知,巴氏杀菌后罗非鱼片的微生物含量明显低于紫外线杀菌后罗非鱼片的微生物含量。因此,采用巴氏杀菌,较低的温度便可将微生物抑制在较低水平,并能保持鱼片制品中营养物质风味不变。

(6)调味配方实验

影响即食罗非鱼片风味的主要因素有食盐、味精、白砂糖、酱油、姜粉、辣椒粉等调味料。通过对调味料的不同组成成分并以柠檬酸、乙酸调节 pH 进行调味实验,确定最佳调味液配方为:大蒜 25g,黄酒 40g,精盐 350g,味精 22g,生姜 30g,洋葱 25g,白砂糖 600g,水 2000mL。然后分别对鱼块的味道、色泽和感官进行评分,并测定鱼肉的 pH 及微生物总数,研制出具有特殊风味的即食罗非鱼片。

(7)产品质量指标

1)感官指标:采用最佳生产工艺制作的罗非鱼片表面紧实饱满,富有诱人的金黄色,嚼劲好,具有罗非鱼特有的鲜美味道。

2)理化指标:各项理化指标见表 6-10。

表 6-10　各项理化指标

项目	理化指标
水分/%	45～50
水分活度	0.88～0.90
蛋白质/%	20.5
脂肪/%	6.39
采肉率/%	36

3)微生物指标:即食罗非鱼片细菌总数为 2×10^4 cfu/g;大肠菌群为 20MPN/100g;致病菌未检出。

3. 结论

1)通过对盐渍条件、pH、烘干方式、杀菌方式的研究,得出即食调味罗非鱼片生产工艺中最佳条件:原料前处理需用质量分数 10%的食盐进行盐渍 30min;采用陈醋调节 pH 为 4.2～4.5;鱼肉调味后需经烤制;烘干工艺采用三段式,先用 40℃烘干 2h,放于干燥器中冷却 1h 后,再在 45℃烘干 2h,继续放于干燥器中冷却 1h 后,再用 50℃烘干 2h,可使产品水分含量为 45%～50%,a_w 为 0.88～0.90;产品真空包装后在 0～4℃中放置 24h,再进行巴氏杀菌(80～85℃,30min),不但可提高产品品质,延长保存期,而且可使产品口感更好,软硬适中,可较好地保持罗非鱼肉的鲜味和营养价值,对降低能耗和生产成本也有较大作用,能够充分利用罗非鱼肉,为市场提供美味的休闲即食水产品。

2) 对即食调味罗非鱼片加工工艺中多种栅栏因子进行较详实的研究,使得即食罗非鱼片的含水量和水分活度处于比较低的水平,从而达到延长产品货架期的目的。

三、栅栏技术在中间水分鲢鱼片生产工艺中的应用

栅栏技术是根据食品内不同栅栏因子的协同作用或交互效应使食品的微生物达到稳定性的食品防腐保鲜技术。该技术已广泛应用于肉类制品、即食制品调味品及食用菌保鲜等方面。尤其是在研究中间水分食品中,原料的预处理、加工、杀菌到包装都会直接或间接地运用栅栏技术。中间水分食品因其口感好,产出率高且非冷藏可贮性而备受生产者关注和消费者青睐。运用栅栏技术来优化中间水分鲢鱼片的生产工艺,可以达到事半功倍的效果。李云捷和张迪(2011)探讨了应用栅栏技术与中间水分鲢鱼片的制作,分析了各种常见栅栏因子对制品感官品质及贮藏稳定性的影响,并对其优化确定其最佳保质栅栏模式。

1. 材料与方法

(1) 原料

新鲜鲢鱼:购于武汉市武湖菜市场。

(2) 仪器与试剂

101-2-BS 电热恒温鼓风干燥箱,天津市泰斯特仪器有限公司;DH4000B 恒温培养箱,天津市泰斯特仪器有限公司;SB42L 真空充气包装机,杭州万丰机械制造有限公司;高压灭菌锅,山东诸城永泰机械有限公司。

蛋白胨,BR;牛肉膏,BR;琼脂,BR;葡萄糖,AR;氯化钠,CP;其他调味品及食品添加剂均为市售。

包装袋材料:聚酯/聚乙烯(PET/PE)复合材料,市售。

(3) 中间水分鲢鱼片的工艺流程

原料解冻后,清洗,去头、鳍、尾、内脏,剖片,修片,盐渍,蒸煮(采用不同酸味剂调味,加入适当防腐剂),在 45℃条件下恒温干燥一定时间,低温处理后杀菌,抽真空包装,得成品。

(4) 测定方法

水分含量测定采用常压加热干燥法,a_w 测定采用扩散法,微生物检测方法按 GB 4789.2—1994"食品卫生微生物学检测菌落总数测定"进行。

(5) 感官评定标准

感官评定从外观、口感、质地和风味几个方面进行评定,见表 6-11。

表 6-11　鱼片的感官评分标准

项目	特征	得分
外观色泽(3分)	外观紧实,呈棕黄色	2
	外观饱满,呈黄褐色	2~3
	外观较潮湿,多汁,呈浅黄色或者外观干硬,褐色	0~1

项目	特征	得分
口感、质地(3分)	有咀嚼性,软硬适中	3
	柔软,质地软	1~2
	质地较软或口感、质地硬或口感粗硬	0~1
风味(4分)	风味突出,协调	4
	风味较好,较协调	3~4
	风味一般,可以接受	2~3
	风味一般,稍有异味等	1~2

2. 结果与分析

(1) 干燥时间对制品含水量和水分活度及感官评价的影响

绝大多数细菌只能在 $a_w0.90$ 以上生长活动,金黄色葡萄球菌虽然在 $a_w0.86$ 以上仍能生长,但在缺氧条件下 $a_w0.90$ 时生长就会受到抑制。霉菌与细菌及酵母菌相比,能在较低的水分活度下生长,但若处于高度缺氧环境下,即使处于最适水分活度环境中,霉菌也不能生长。通过对不同干燥时间的制品测定含水量,并进行感官评价,结果见表 6-12。

表 6-12　干燥时间对制品含水量、水分活度及感官评价的影响

干燥时间/h	水分活度	含水量/%	感官评价			
			口感质地	外观色泽	风味	总分
1	0.921	67.73	1	1	3	5
2	0.898	59.60	2	2	3	7
3	0.890	50.10	2	3	3	8
4	0.886	45.80	3	3	3	9
5	0.850	40.53	3	3	3	9
6	0.814	36.60	2	3	3	8
7	0.756	31.70	2	2	3	7

由表 6-12 可见,综合考虑感官品质和微生物稳定性,制品的最适水分活度在 0.886,含水量在 45.80% 左右。且干燥时间在 4h 内,基本处于恒速干燥阶段,干燥效率高、节省能源。

(2) 各栅栏因子对贮藏性及感官评价的影响

1) 有机酸添加量对贮藏性及感官评价的影响。一般情况下,微生物的生长发育受pH 的影响很大,细菌的最适 pH 为 7~8,随 pH 下降,细菌的生长发育受到抑制,有机酸往往显示有较强的杀菌作用。另外,pH 的变化对微生物抗热性影响很大。综合考虑抑菌效果、对产品风味的影响、价格等因素,本实验选用了柠檬酸、冰醋酸、抗坏血酸,以不同浓度添加到制品中,进行感官及微生物保藏实验,结果见表 6-13。

表 6-13　有机酸添加量的影响

有机酸类	用量/%	菌落总数/(cfu/g)	感官评价			
			口感质地	外观色泽	风味	总分
柠檬酸	0.10	1.5×10^4	2	2	3	7
	0.15	1.2×10^4	2	2	3	7
	0.20	1.0×10^4	2	2	3	7
冰醋酸	0.10	3.4×10^3	2	2	2	6
	0.15	1.5×10^3	2	2	2	6
	0.20	6×10^2	2	2	2	6
抗坏血酸	0.10	5.5×10^4	2	2	1	5
	0.15	300	2	2	1	5
	0.20	300	2	2	1	5

由表 6-13 可知,抗坏血酸会使制品产生令人不愉快的酸味,而冰醋酸使风味偏酸,柠檬酸对制品风味无不良影响,且有良好的抑菌性。

2) 复合防腐剂对贮藏性及感官评价的影响。山梨酸钾是一种常见的食品添加剂。其抑菌机制在于它能透过细胞壁,进入微生物体内,抑制脱氢酶系的作用,但其抑菌作用随 pH 的升高而降低,故适用于酸性食品中。目前在水产调味干制品中也广泛应用,添加量一般为 $0.05\% \sim 0.10\%$。Nisin(商品名为尼萨普林)也称乳酸菌肽或乳酸链球菌素,是由乳酸链球菌合成的一种多肽抗菌类物质,是一种高效、安全、无不良反应的天然食品添加剂。其能有效地抑制许多引起食品腐败的革兰氏阳性菌的生长、繁殖,如乳酸杆菌、明串珠菌、小球菌、葡萄球菌、李斯特菌等,特别对耐热、产芽孢的细菌如芽孢杆菌、肉毒梭菌及李斯特菌有强烈的抑制作用。在复合防腐剂总添加量为 0.10% 时,研究了山梨酸钾和尼萨普林以不同比例添加对制品菌落总数的影响,结果如图 6-2 所示。

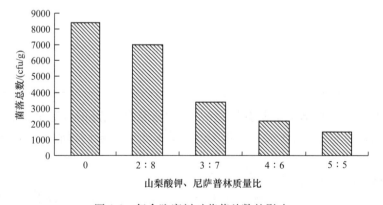

图 6-2　复合防腐剂对菌落总数的影响

由图 6-2 可知,菌落总数随复合防腐剂添加量比例不同而发生变化,且山梨酸钾与 Nisin 为 5:5,即 1:1 时抑菌效果较好。而且实验表明,由于复合防腐剂添加总量较小,对鲢鱼片的感官影响极小。

3）杀菌方式对贮藏性及感官评价的影响。通过实验发现,当杀菌温度低于95℃且时间不超过40min时,杀菌时间长短对制品品质基本无影响（表6-14）。而采用二次杀菌（在95℃水浴中杀菌20min,取出,立即放入冰水混合物中冷却10min,再在95℃水浴中杀菌20min）,不但能保持制品的优良品质,且有很好的杀菌效果。二次杀菌是利用微生物在骤热、骤冷时,其细胞无法适应环境的改变而发生胀破的特性来杀死微生物。相对于传统的巴氏杀菌方法,不但能减少制品组织结构因过度杀菌而造成的损伤,而且杀菌效果更理想。

表6-14　杀菌方式对感官评价及贮藏性的影响

杀菌温度/℃	杀菌时间/min	菌落总数/(cfu/g)	感官评价			
			口感质地	外观色泽	风味	总分
75	20	1.5×10^3	3	2	2	7
	40	1.3×10^3	2	2	2	6
85	20	260	3	2	2	7
	40	190	3	2	1	6
95	20	130	3	3	1	7
	40	110	2	3	1	6
二次杀菌		90	3	3	3	9

4）杀菌前的低温处理对贮藏性的影响。相关研究表明,杀菌前低温处理可以从两方面降低细菌的抗热性,一方面是降低细菌本身的抗热性,另一方面是通过降低杀菌前的初菌数来降低细菌的抗热性。杨宪时等的研究表明,将扇贝调味干制品真空包装后在0～5℃环境中放置48h后再杀菌,杀菌效果明显好于直接杀菌,图6-3表明杀菌前低温处理对微生物有一定的抑制作用。

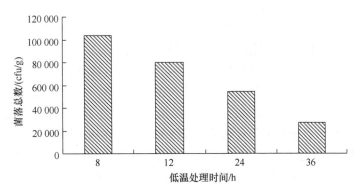

图6-3　杀菌前低温处理时间对菌落总数的影响

5）正交试验设计及结果分析。在上述单因素试验的基础上,选择对制品品质和保藏性影响较大的栅栏因子:杀菌前低温处理时间（A）、柠檬酸添加量（B）、复合防腐剂添加量（C）（山梨酸钾：Nisin）、杀菌方式（D）,按 $L_9(3^4)$ 正交表作正交试验,实验因素水平见表6-15。按照表6-15进行正交试验,结果及分析见表6-16。

表 6-15　L₉(3⁴)实验因素水平

水平	因素			
	A 杀菌前低温处理时间/h	B 柠檬酸添加量/%	C 复合防腐剂添加量/%	D 杀菌方式
1	12	0.10	0.01：0.09	20min 95℃二次杀菌
2	24	0.15	0.03：0.07	95℃ 20min，冰水中 10min，95℃20min
3	36	0.20	0.05：0.05	40min 95℃

表 6-16　L₉(3⁴)正交试验设计及结果分析

编号	A	B	C	D	菌落总数/(cfu/g)	感官评价	总分
1	1	1	1	1	214	软硬适中,略有纤维感,棕黄色,味鲜美	8
2	1	2	2	2	124	软硬适中,棕黄色,味鲜美	9
3	1	3	3	3	45	质地较软,嚼劲稍差,褐色,略有酸味	4
4	2	1	2	3	97	软硬适中,褐色,味鲜美	8
5	2	2	3	1	67	软硬适中,略有纤维感,棕黄色,味鲜美	8
6	2	3	1	2	79	软硬适中,棕黄色,略有酸味	8
7	3	1	3	2	21	软硬适中,褐色,味鲜美	8
8	3	2	1	3	86	质地较软,嚼劲较差,褐色,味鲜美	6
9	3	3	2	1	104	软硬适中,略有纤维感,棕黄色,略有酸味	6
K_1	127.6	110.7	126.3	128.3			
K_2	81.0	92.3	108.3	74.6			
K_3	70.3	76.0	44.3	76.0			
R	57.3	34.7	82.0	53.7			

　　由表 6-16 可知,微生物数量随低温处理时间的延长而减少,且在 12～24h 的抑菌作用明显,在 24～36h 时抑菌作用减缓。柠檬酸对微生物的抑制作用随其浓度的增加而增强,在 0.15%～0.20%阶段的效果尤其明显。在 95℃ 20～40min,菌落总数随杀菌时间的延长而减小。当 Nisin 与山梨酸钾的添加质量比为 1：1 时,表现出较强的协同增效作用。从极差分析可知,各栅栏因子对制品贮藏性的影响程度从大到小依次为 C＞A＞D＞B,正交出最优栅栏组合为 $A_3B_3C_3D_2$,即柠檬酸添加量为 0.20%,复合防腐剂添加量为 0.10%(山梨酸钾：Nisin＝1：1),杀菌前的低温处理时间为 36h,二次杀菌。而最优栅栏组合不在表 6-16 中,故做验证试验。

　　6) 验证试验。按照最佳栅栏组合 $A_3B_3C_3D_2$ 进行验证试验,检测产品的菌落总数为 17cfu/g,产品软硬适中,且呈棕黄色,略有酸味,感官评价得分 9.5 分,综合各项指标均最好。

　　7) 制品贮藏效果。采用最佳栅栏组合结果制得产品进行保藏实验,结果如表 6-17 所示。

表 6-17　制品贮藏结果(室温 20℃)

贮藏时间/天	30	60	90	120	150
菌落总数/(cfu/g)	17	25	38	47	55
感官评价	肌肉紧实,有弹性,外观良好	肌肉紧实,有弹性,外观良好	肌肉紧实,有弹性,外观良好	表面略有潮湿,有弹性,外观良好	表面略有潮湿,质地无明显变化

由表 6-17 可以看出,在设置的联合栅栏因子的共同作用下,中间水分鲢鱼片制品在室温下保藏 5 个月,菌落总数未超过国家标准 1.50×10^3 cfu/g,产品具有优良的品质和食用安全性。

3. 结论

1) 通过正交试验及验证试验,提出加工产品的技术要则和工艺流程,从产品微生物环境和总数量上考虑,对选择的栅栏进行调整和改进。确定出最优的栅栏组合 $A_3B_3C_3D_2$,即柠檬酸添加量为 0.20%,复合防腐剂添加量为 0.10%(山梨酸钾、Nisin 质量比为 1：1),在 45℃干燥 4h,杀菌前的低温处理时间为 36h,二次杀菌。

2) 中间水分鲢鱼片制品的含水量在 45.80% 左右,对应的水分活度在 0.886。保藏实验证明,在室温(20℃)条件下可保存 5 个月以上。

四、利用栅栏技术研制 H-a_w 型即食调味鱼片

近年来,栅栏技术在我国食品加工业中的应用也受到关注,其中在肉制品及果蔬的保藏中研究应用较多,而在水产品中研究应用较少。在传统水产调味干制品的生产中,为了防止产品在贮藏过程中发霉变质,干制品的含水量通常控制在 20%,致使水产品原有的风味、质地特性受到损害。汪涛等(2007)探讨了将栅栏技术应用于新型即食高水分调味中间水分鱼片,通过合理设置若干个强度和缓的栅栏因子,利用其交互作用,使食品的品质及卫生安全性得到进一步的保证。

1. 材料与方法

(1) 材料

原料单冻鲅鱼购自大连市黑石礁农贸市场。调味料:I＋G(食用级,日本味之素公司)、山楂核烟熏液、食盐、白砂糖、味精等。食品添加剂:柠檬酸、山梨酸钾、尼萨普林(Nisin,食用级,江苏昆山 Danisco Cultor 公司)。

化学试剂:氯化钠、无水乙醚、重铬酸钾、氯化钾、溴化钠、碳酸氢钠等,均为分析纯。营养琼脂培养基。包装袋材料为聚酯/聚乙烯(PET/PE)复合材料。

(2) 仪器与设备

PHS-25C 数字式酸度计,101-2-BS 电热恒温鼓风干燥箱,YMH-801 远红外加热食品烘箱,SB42L 真空充气包装机等。

(3) 工艺流程

原料解冻→清洗→去头、鳍、尾、内脏→剖片→修片→盐渍→脱盐→蒸煮(调味)→烘

干→低温烤制→罨蒸 12h→高温烤制。

（4）测定方法

含水量测定采用常压(103±2)℃加热干燥法。水分活度测定采用瑞士 NOVASINA 水分活度测定仪，(25±0.1)℃测定。细菌总数测定按 GB 4789.2—1994"食品卫生微生物学检测菌落总数测定"进行。水分活度测定采用扩散法。

（5）制品保藏实验

将成品放入 0～4℃冰箱中保藏，分别于 2 个月、3 个月、5 个月、8 个月取出进行感官检验及微生物检验。组织 5 名专业人员从外观色泽、外观、口感、组织形态进行评分，采用 −3～3 分的 7 分制评分：3 分最好品质，2 分很好，1 分好，0 分一般，−1 分差，−2 分很差，−3 分极差。微生物检验按 GB 4789.2—1994"食品卫生微生物检测菌落总数测定"进行。

2. 实验结果与讨论

（1）盐渍、脱盐工艺条件的确定

采用 $L_9(3^3)$ 正交试验，以感官质量和细菌总数作为检验指标，确定食盐添加量、盐渍时间和脱盐时间。结果表明，食盐添加量、盐渍时间、脱盐时间对鱼片的含水量基本无影响，对鱼片的口感和质地有显著影响，同时对微生物有一定的抑制作用。综合考虑其对原料的减菌化作用和感官质量等方面的影响，最终确定盐渍、脱盐工艺条件为：食盐添加量 8%，盐渍时间 12h，脱盐时间 2h。

（2）干燥时间对制品含水量的影响及制品最适含水量的确定

关于含水量与制品感官质量及贮藏性的关系，许钟等曾经进行过探讨，结果表明，制品外观、色泽、风味、质地均较理想的含水量为 45%，对应的水分活度为 0.90。实验中发现，当含水量过高时(>50%)，制品的质地较软，咀嚼性差，巴氏杀菌后甚至出现汁液，影响外观。但含水量过低(<40%)，制品原有风味、质地特性逐渐受到损害，商品价值降低。制品含水量在 45% 时，最能体现鲅鱼的鲜美风味，外观、质地等感官质量均为最佳。绝大多数细菌只能在 $a_w 0.90$ 以上生长活动，金黄色葡萄球菌虽然在 $a_w 0.86$ 以上仍能生长，但在缺氧条件下 $a_w 0.90$ 时生长就会受到抑制。霉菌与细菌及酵母菌相比，能在较低的水分活度下生长，但若处于高度缺氧环境下，即使处于最适水分活度环境中，霉菌也不能生长。由图 6-4 可见，若使水分活度小于 0.90，则含水量要低于 58%；且从干燥初期到干燥 4h

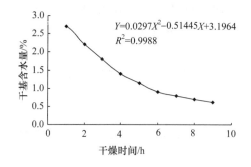
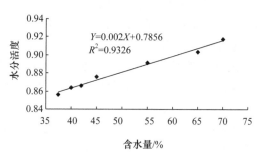

图 6-4 干燥时间对制品含水量的影响及水分活度与含水量的关系

为恒速干燥阶段,而从 4h 到 9h 为降速干燥阶段。综合考虑感官品质和微生物稳定性,制品的最适水分活度为 0.88,含水量为 45.5%。且干燥时间在 4h 内,基本处于恒速干燥阶段,干燥效率高、节省能源。

(3)各栅栏因子对制品品质及贮藏性的影响

1)pH 对制品品质及贮藏性的影响。一般情况下,微生物的生长发育受 pH 的影响很大,细菌的最适 pH 为 7~8,随 pH 下降,细菌的生长发育受到抑制,有机酸往往显示有较强的杀菌作用。另外,pH 的变化对微生物抗热性影响很大。综合考虑抑菌效果、对产品风味的影响、价格等因素,本实验选用了柠檬酸、苹果酸、抗坏血酸和冰醋酸,以不同浓度添加到制品中,进行感官及微生物保藏实验。实验结果表明,添加苹果酸、抗坏血酸会使制品产生令人不愉快的酸味,而冰醋酸对降低制品 pH 影响不显著,柠檬酸的添加量在0.1%~0.15%时对制品风味无不良影响,且有良好的抑菌性。

2)防腐剂对制品品质及贮藏性的影响。由表 6-18 可知,细菌总数随山梨酸钾添加量的增大而减少,细菌总数为样品在 37℃保存 24h 后的测定值。当添加量为 0.005%~0.05%时,随山梨酸钾浓度的增加,细菌总数显著减少;当添加量为 0.05%~0.1%时,其抑菌作用趋于减缓。Nisin 也有很好的抑菌作用,且对制品的风味无不良影响。有研究表明,Nisin 和山梨酸钾具有协同作用。因此,在其后的正交试验中选取尼萨普林、山梨酸钾复合防腐剂作为栅栏因子。

表 6-18　山梨酸钾和 Nisin 添加量对制品细菌总数的影响

添加量/%	山梨酸钾			Nisin
	0.005	0.05	0.1	0.04
细菌总数/(cfu/g)	3.23×10^6	1.21×10^6	5.35×10^5	3.16×10^5

3)杀菌方式对制品品质及贮藏性的影响。通过实验发现,当杀菌温度低于 95℃且时间不超过 40min 时,巴氏杀菌时间长短对制品品质基本无影响。而采用二次杀菌(在95℃水浴中杀菌 20min,取出,立即放入冰水混合物中冷却 10min,再在 95℃水浴中杀菌20min),不但能保持制品的优良品质,且有很好的杀菌效果。二次杀菌是利用微生物在骤热、骤冷时,其细胞无法适应环境的改变而发生胀破的特性来杀死微生物。相对于传统的巴氏杀菌方法,不但能减少制品组织结构因过度杀菌而造成的损伤,而且杀菌效果更理想。

4)杀菌前的低温处理对制品品质及贮藏性的影响。相关研究表明,杀菌前低温处理可以从两方面降低细菌的抗热性,一方面是降低细菌本身的抗热性,另一方面是通过降低杀菌前的初菌数来降低细菌的抗热性。杨宪时等的研究表明,将扇贝调味干制品真空包装后在 0~5℃环境中放置 48h 后再杀菌,杀菌效果明显好于直接杀菌。由表 6-19 可见,杀菌前低温处理对微生物有一定的抑制作用。

表 6-19　杀菌前低温处理对制品细菌总数的影响

低温处理时间/h	8	12	24
细菌总数/(cfu/g)	1.05×10^5	7.9×10^4	5.3×10^4

5) 各保质栅栏因子的综合效应。在上述实验的基础上,选择 $L_9(3^4)$ 正交表作正交试验,着重考察杀菌前低温处理时间(A)、柠檬酸添加量(B)、复合保鲜剂添加量(C)(Nisin+山梨酸钾)、杀菌方式(D)等保质栅栏因子及强度对制品保藏性的影响。

由表 6-20 可知,微生物数量随低温处理时间的延长而减少,且在 12~24h 的抑菌作用明显,在 24~36h 时抑菌作用减缓。柠檬酸对微生物的抑制作用随其浓度的增加而增强,在 0.15%~0.20% 阶段的效果尤其明显。在 95℃ 巴氏杀菌 20~40min,细菌总数随杀菌时间的延长而减小。复合保鲜剂 1 和 2 的抑菌效果相差不大,而当 Nisin 与山梨酸钾的添加比例为 1:1 时,表现出较强的协同增效作用。从极差分析可知,各栅栏因子对制品贮藏性的影响程度从大到小依次为复合保鲜剂(山梨酸钾+Nisin)、杀菌前的低温处理、杀菌方式、添加柠檬酸。最优栅栏组合为 $A_3B_3C_3D_2$。但考虑到对产品品质的影响,柠檬酸添加量修正为 0.15%,杀菌方式采用二次杀菌,修正后的栅栏组合为 $A_3B_2C_3D_3$,即杀菌前低温处理时间为 36h,柠檬酸添加量为 0.15%,复合保鲜剂添加量为 0.1%(山梨酸钾:Nisin=1:1),二次杀菌。

表 6-20　$L_9(3^4)$ 正交试验设计及结果分析

序号	A/h	B/%	C	D	细菌总数/(cfu/g)	感官质量
1	12	0.10	0.01+0.09	95℃,20min	214	软硬适中,略有纤维感,棕黄色,味鲜美
2	12	0.15	0.03+0.07	95℃,40min	124	质地较软,嚼劲较差,褐色,味鲜美
3	12	0.20	0.05+0.05	二次杀菌	45	软硬适中,棕黄色,略有酸味
4	24	0.10	0.03+0.07	二次杀菌	97	软硬适中,棕黄色,味鲜美
5	24	0.15	0.05+0.05	95℃,20min	67	软硬较为适中,略有纤维感,棕黄色,味鲜美
6	24	0.20	0.01+0.09	95℃,40min	79	质地较软,嚼劲稍差,褐色,略有酸味
7	36	0.10	0.05+0.05	95℃,40min	21	质地较软,嚼劲稍差,褐色,味鲜美
8	36	0.15	0.01+0.09	二次杀菌	86	软硬较适中,棕黄色,味鲜美
9	36	0.20	0.03+0.07	95℃,20min	104	软硬较适中,略有纤维感,棕黄色,略有酸味
Ⅰ	383	332	379	385		
Ⅱ	243	177	325	224		
Ⅲ	211	228	133	228		
K_1	127.6	110.7	126.3	128.3		
K_2	81.0	92.3	108.3	74.6		
K_3	70.3	76.0	44.3	76.0		
R	57.3	34.7	82	53.7		

6) 制品贮藏效果。由表 6-21 可以看出,在设置的联合保质栅栏的共同作用下,该 H-a_w 型即食调味鲅鱼片制品在 0~4℃ 冷藏条件下可保藏 8 个月以上,产品具有优良的品质和食用安全性。

表 6-21　制品贮藏结果(0~4℃)

贮藏时间/月	2	3	5	8
细菌总数/(cfu/g)	10	10	35	20
感官质量	肌肉紧实,有弹性,外观良好	肌肉紧实,有弹性,外观良好	表面较潮湿,质地无明显变化	质地较软,肉色微微发白,风味无明显变化

3. 结论

H-a_w 型即食调味鲅鱼片制品的加工工艺流程为:原料解冻→清洗→去头、鳍、尾、内脏→剖片→修片→盐渍(8%、12h)→脱盐(2h)→蒸煮(调味)→烘干(45℃,4h)→低温烤制(80℃,1h)→罨蒸(12h)→高温烤制(200℃,5min)→真空封口(0.9MPa)→二次杀菌。

通过正交试验,确定出最优的栅栏组合为 $A_3B_2C_3D_3$,即柠檬酸添加量为 0.15%(pH6.53),复合保鲜剂添加量为 0.1%(山梨酸钾:Nisin=1:1),杀菌前的低温处理时间为 36h,二次杀菌(在 95℃ 水浴中杀菌 20min,取出,立即放入冰水混合物中冷却 10min,再在 95℃ 水浴中杀菌 20min)。

H-a_w 型即食调味鲅鱼片制品的适宜含水量为 45.5%,对应的水分活度为 0.88。保藏实验证明,在 0~4℃ 条件下可保存 8 个月以上。

第二节　虾贝类产品加工与栅栏技术

一、栅栏技术在即食南美白对虾食品制作中的应用

南美白对虾(*Litopenaeus vannamei*)是世界养殖虾类产量最高的三大种类之一。它营养丰富、味道鲜美,蛋白质含量高于 90%(相对于干基质量分数)、脂肪含量仅为 1% 左右(相对于干基质量分数),并富含多种矿物质。林进等(2010)运用栅栏技术原理,通过加工工艺和配方,设置控制水分活度、浸泡乙醇、调节 pH、降低氧化还原值、热杀菌等保质栅栏因子,优化栅栏因子的强度,利用其交互作用,开发新一代高水分即食南美白对虾食品,使食品的品质及卫生安全性得到保证,提高产品的竞争力和企业的经济效益。以下是林进等的开发研究。

1. 材料与方法

(1) 材料

南美白对虾购自无锡市北桥水产品批发市场,挑选对虾时尽量挑选个体适中、无伤、体表光滑、无烂眼、烂尾、体长 8~12cm、每尾 7~13g、50 尾/500g 的对虾;相关的调味料都是市售产品;复合包装袋由江阴豪盛包装厂提供。

(2) 设备

电热恒温培养箱(DHP29082 型),上海森信实验仪器有限公司;DGG29070A 型电热恒温鼓风干燥箱,上海森信实验仪器有限公司;XSW2CJ22A 标准型净化工作台,吴江市

绿化空调净化有限公司；D28941 型真空包装机，MULTIVAC 公司生产；HygroLab2/3 四通道台式水分活度仪，瑞士 Rotronic 公司；TA1xTzi 型物性测试仪，StableMicroSystem 公司；TC2PⅡG 型全自动色差计，北京光学仪器厂；DELTA320pH 计，METTLER-TOLEDO 公司；835250 氨基酸自动分析仪，日本日立公司。

（3）测定方法

1）水分及水分活度测定：105℃直接干燥法测定水分；使用瑞士 HygroLab 2/3 四通道台式水分活度仪测定样品水分活度（a_w）。取切碎后的南美白对虾样品 2～3g，铺平于水分活度盒中，平衡后读数。

2）质构测定：采用柱形 P015 塑料探头对虾仁第三、四腹节进行全质构（TPA）分析。测试时选取的参数值见表 6-22。该探头可以测试果胶、人造黄油、肉类等样品的硬度、弹性等感官指标。

表 6-22　南美白对虾全质构测试的相关参数

测试前速度	测试速度	测试后速度	变形	时间	探头
2mm/s	3mm/s	5mm/s	距离 50%	5s	P 塑料

最终选择硬度、弹性和咀嚼度作为评价样品质构的指标。硬度是指样品达到一定变形所必需的力；弹性是指样品本身在第一次挤压过程中变形后的"弹回"程度，弹性值是第二次挤压的测量高度最大值同第一次挤压的测量最大值的比；咀嚼度是模拟表示将样品咀嚼成吞咽时的稳定状态所需要的能量，咀嚼度值越小则口感越好。

3）色差测定：启动色差计，对虾仁两边的第三、四腹节各照射 1 次，3 只虾仁的平均值表示测定值。L 表示亮度值，a 表示红度值，b 表示黄度值。

4）pH 测定：取碾碎的南美白对虾样品 5g，加入 20g 去离子水，振荡 30min，过滤后用 pH 计测定。

5）感官评定：由 6 名经过训练的评定员组成感官评价小组，按"色泽-组织质构-滋味"的顺序对样品进行感官评定，评分结果以样品平均分显示（样品平均分＝总评分/评价员数）。总体接受性的评分是由色泽、组织质构和滋味评分相加得到。感官评定方法采用 7 分制评分实验法（−3～3 分）。与冷藏样品进行比较，以分数的高低反映南美白对虾的质量评定结果，3 为最好品质，0 为可接受界限，当半数或以上评价员评价结果为 0 或负值时，即感官拒绝点。

6）VA、VE 测定：高效液相法测定 VA、VE 含量。

样品处理：精确称取 4～5g 样品于 250mL 圆底烧瓶中，加入 1g VC、0.12g 2,6-二叔丁基对甲酚（BHT）混合后，加入 50% KOH，70mL 无水乙醇，置于 95℃ 水浴中回流 40min，皂化完全后，用无水乙醚萃取多次，水洗至中性，有机相挥干后用甲醇定容后进样。

准确称取 VA 乙酸酯油标样，处理方法同样品处理，准确称取 VE 标样用无水乙醇进行定容。Agilent 1100 高效液相色谱仪；紫外检测器；416mm×25mm 硅胶柱；柱温 30℃；

流速 019mL/min;检测波长 325nm(测 VA),292nm(测 VE);洗脱液为正己烷:异丙醇;进样量 30μL。

7) 氨基酸测定:氨基酸自动分析仪法。将 0.25～0.5g 去头、壳、肠腺的虾仁磨碎置于水解管中,加入 8mL 6mol/L 的 HCl 溶液,真空封口,在 110℃条件下水解 24h,冷却后过滤、定容、蒸干,再加入 0.02mol/L 的 HCl 溶液在空气中放置 30min,上机按 GB/T 18246—2000 分析测定氨基酸含量。

色谱条件:410mm×125mm C18 柱;柱温 40℃;流速 110mL/min;检测波长 338nm,262nm(Pro,Hypro);流动相 A:20mmol 乙酸钠液,V(20mmol/L 乙酸钠液):V(甲醇):V(乙腈)=1:2:2。

8) 菌落总数测定方法。菌落总数:按 GB/T 4789.12—2008 进行测定。

(4) 即食南美白对虾食品制备工艺流程

鲜活南美白对虾→去头、肠腺→清洗→沸水热烫 90s→去壳→淋洗→沥干→70%食用乙醇浸泡 3min→淋洗→沥干→调味 1h 再调酸→沥干→热风干燥 2.5h(60℃)→称量后用复合包装袋真空包装(20g/袋)→热杀菌(100℃,20min)→冰水冷却,25℃保藏。

(5) 保藏实验

抽样分别测定了工艺优化后的即食南美白对虾产品在 25℃条件下保藏 1 周、2 周、3 周、4 周、8 周和 12 周后的微生物菌落总数和感官评定值的变化,考察其微生物和感官品质的变化,对产品的安全性作出评估。

2. 结果与讨论

(1) a_w 的选定

在恒定温度(25℃)条件下,测得 60℃热风脱水的南美白对虾虾仁样品的含水量(湿基,水分/总重)与水分活度的关系图,即南美白对虾的水分吸附等温线(图 6-5)。样品制备:预处理去头、肠腺→热烫→去壳→干燥→真空包装。

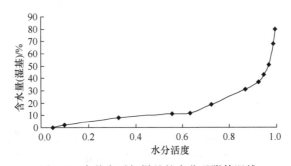

图 6-5　南美白对虾样品的水分吸附等温线

由图 6-5 可以看到,南美白对虾样品的水分活度随其含水量的下降而下降。当含水量从 75%下降到 45%左右时,其水分活度仅仅从 1.0 下降到 0.95,变化很小,而此后,样品的水分活度随其含水量的下降而迅速下降。

上述结果表明,水分活度与含水量有关,但含水量并不是决定水分活度的决定性因素。因为干制品中所含的水分有结合水与游离(自由)水。由图 6-6 中水分活度和质构的关系分析,样品硬度随 a_w 的下降而增大;样品的咀嚼度随 a_w 的下降而略为增大;样品的弹性随 a_w 的下降而减小。当对虾的 $a_w<0.97$ 时,从质构分析可知硬度和咀嚼度增加较快,弹性下降较快;当对虾的 $a_w<0.92$ 时,硬度、咀嚼度和弹性变化趋缓。

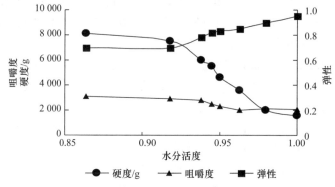

图 6-6 南美白对虾水分活度和质构的关系

对虾的 a_w 与其色泽、组织质构、滋味都有密切关系。从表 6-23 可以看出,样品的 a_w 越高,滋味评分也就越高;a_w 高时,其肌肉组织的含水量高,吃起来比较鲜嫩有弹性,但含水量高时焙烤出来的色泽不佳,而且真空包装下杀菌后组织的过多水分溢出,影响外观。制品 a_w 低时,虽然比不上高 a_w 制品那样嫩滑柔软,但虾仁更具嚼劲,且经焙烤后表现出令人愉快的风味和鲜红诱人的色泽。但是 a_w 过低,个体会明显缩小,商品价值降低。样品的 $a_w=0.948$ 时,感官评定总体接受性分数最高。a_w 在 0.94~0.95 时,样品的感官品质最好。结合图 6-6 中水分活度和质构的关系分析,样品的硬度要在 8000g 以下,弹性在 0.7 以上,咀嚼度在 3000 左右,a_w 在 0.95 左右时,样品的质构较合乎期望。

表 6-23 不同水分活度南美白对虾样品的感官评定值

感官评定项目	a_w				
	0.965	0.948	0.941	0.917	0.864
色泽	0.3	1.2	1.5	1.2	−1.3
组织结构	2.1	2.3	1.8	0.3	−2.1
滋味	2.2	1.8	1.6	1.0	−0.6
总体接受性	4.6	5.3	4.9	2.5	−4.0

(2)乙醇浸泡条件的选定

乙醇的杀菌作用是它能迅速使菌体蛋白质凝固、变形、脱水和沉淀,并能溶解细菌体表的脂肪而渗入菌体内部。50%~80%的乙醇杀菌力最强,常用 70%乙醇来消毒。浸泡时对虾和乙醇溶液比[质量(g):体积(mL)]为 1,浸泡 3min 具有一定的杀菌效果,特别是杀灭对虾中较为耐热的 G^+。乙醇具有较好的挥发性,在后期的工艺中可以挥发掉。

(3)pH 的选择

几乎所有水产品的 pH 都呈中性或弱酸性,为低酸性食品。水产品的腐败变质与 pH 有很大的关系。pH<6.0 时对蜡状芽孢杆菌起抑制作用,并且据报道,当 pH 从 6.6 下降到 5.5 时,金黄色葡萄球菌致死温度从 65℃下降到 60℃,蜡状芽孢杆菌等芽孢杆菌的致

死温度从 100℃下降到 60℃。

　　一般水产品 pH 调节到 6.0 以下贮藏性得到增强,但 pH 过低时制品的口感不佳。乙酸不但能降低 pH,还起到调味作用,但过多乙酸有可能使制品产生刺激味道。柠檬酸口感较好,无其他不良刺激味道,且具有护色和抑制细菌生长的作用。选择合适的 pH,不仅不会影响虾的风味,而且能达到一定抑菌效果。乙酸和柠檬酸结合不仅可以调味,还可以调节产品的 pH。柠檬酸添加量与制品风味及抑菌效果如表 6-24 所示。结果表明,柠檬酸对微生物的抑制作用随其浓度的增加而增强,当乙酸中柠檬酸添加量在 1.0% 和 1.5% 时对制品风味基本无不良影响,且有良好的抑菌性,但是抑菌的差别不明显,故选择滋味上感官评定更好的柠檬酸添加量。对虾调酸时用添加 1% 柠檬酸的白醋浸泡,对虾和酸液比[质量(g)：体积(mL)]为 1,调酸时间为 1min。

表 6-24　柠檬酸添加量与制品风味及制品保藏性的关系

有机酸	pH	对数菌落总数	滋味感官评定值
乙酸	5.95	3.41	0.5
乙酸+0.5%柠檬酸	5.93	2.23	1.1
乙酸+1.0%柠檬酸	5.89	3.02	2.2
乙酸+1.5%柠檬酸	5.82	2.96	1.8

（4）杀菌条件的确定

　　样品经过预处理,干燥后真空包装进行 90℃杀菌 40min;100℃杀菌 20min;105℃杀菌 10～55min。3 种杀菌工艺的杀菌效果是根据接种法杀灭 4log 大肠杆菌和样品 37℃加速实验的胀袋时间相近,从而在杀菌效果接近的前提下根据色差、质构、VA、VE 和氨基酸分析选定最终的杀菌工艺。3 种杀菌工艺样品的色差值见图 6-7,3 种杀菌工艺的色差值差别不大,90℃杀菌的样品的 L 值相对较大,a 值和 b 值相对较小。3 种杀菌工艺样品的质构见图 6-8,随着杀菌温度的增大,咀嚼度随之增大,样品的口感会下降;90℃杀菌的样品的咀嚼度最小,但是弹性太小,可能是由于长时间的热处理,许多蛋白质会发生变性、分解;100℃杀菌的样品的硬度最小,弹性最大,咀嚼度较小;105℃杀菌的样品的硬度最大,咀嚼度最大。从希望得到样品的硬度较小,弹性较大和咀嚼度较小来综合考虑,100℃杀菌的样品的质构是最优的。

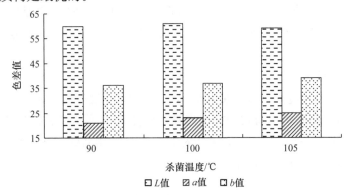

图 6-7　南美白对虾杀菌温度和色差值的关系

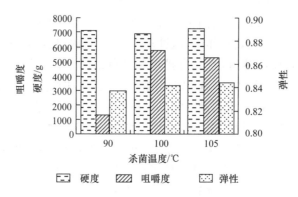

图 6-8　南美白对虾杀菌温度和质构的关系

3 种杀菌工艺样品的 VA、VE 含量见表 6-25。105℃杀菌的样品的 VA、VE 含量最低;90℃杀菌的样品的 VE 含量最高;100℃杀菌的样品的 VA 含量最高。

表 6-25　南美白对虾对 3 种杀菌工艺样品的 VA、VE 含量的影响

杀菌温度/℃	VA 含量/(mg/kg)	VE 含量/(mg/kg)
90	7.25	28.90
100	8.14	18.79
105	1.59	13.98

比较这 3 种杀菌工艺样品的相关氨基酸含量,必需氨基酸占总量比例最高的是 100℃杀菌的样品;鲜味氨基酸占总量比例最高的是 90℃杀菌的样品。产品的氨基酸总量比 100℃杀菌的样品的氨基酸总量低,可能是由于产品经过调味和乙醇浸泡等过程造成了蛋白质的损失,使得部分氨基酸含量降低。例如,产品中的 Pro 含量下降最为严重,调味的过程中会去除很多的胶原蛋白,而胶原蛋白含有丰富的 Pro 和 Gly。还有一个原因可能是在乙醇浸泡和调味调酸等加工中,对虾吸收了一些水分和糖醇类物质(糖醇类物质使对虾 a_w 降低,使得产品在 a_w0.94~0.95 时的水分含量较高)。产品的必需氨基酸(除了甲硫氨酸)与 EAA 比较,两者的比例较适宜,氨基酸组成优良。综上,比较 3 种杀菌工艺得到的样品的色差值、质构、VA、VE 和氨基酸分析,选定 100℃热杀菌 20min。

(5) 包装袋的确定

南美白对虾产品经过 3 种包装袋真空(>0.9MPa)包装好以后进行 25℃保藏。真空包装即降低氧化还原值,可以有效地抑制需氧菌的生长。不同包装材料的南美白对虾样品的含水量变化见表 6-26,不同包装材料的南美白对虾样品的质构变化见表 6-27,不同包装材料的南美白对虾样品的色差值变化见表 6-28。

表 6-26 不同包装材料的南美白对虾样品的含水量变化

包装材料类型	时间/w				
	0	2	4	6	8
透明 pouch 袋	51.31±0.26	48.44±0.42	46.21±0.05	45.86±0.23	44.99±0.30
7 层复合袋	51.07±0.08	49.46±0.36	48.89±0.34	47.79±0.47	47.03±0.24
铝箔蒸煮袋	50.08±0.29	48.21±0.31	49.36±0.18	49.71±0.41	49.45±0.11

表 6-27 不同包装材料的南美白对虾样品的质构变化

包装材料类型	质构值	时间/w				
		0	2	4	6	8
透明 pouch 袋	硬度/g	6156.216	6945.648	6987.307	7189.76	7471.138
	弹性	0.851	0.785	0.732	0.724	0.731
	咀嚼度	3559.160	3412.768	2952.210	2912.673	2863.802
7 层复合袋	硬度/g	6223.172	6854.879	6963.819	7062.18	7126.477
	弹性	0.855	0.793	0.781	0.744	0.768
	咀嚼度	3398.237	3208.344	3098.738	2936.369	2884.582
铝箔蒸煮袋	硬度/g	6198.723	6635.627	6748.947	6796.362	6965.58
	弹性	0.843	0.797	0.783	0.764	0.763
	咀嚼度	3346.686	3183.245	2978.340	2871.231	2787.364

表 6-28 不同包装材料的南美白对虾样品的色差值变化

包装材料类型	色差值	时间/w				
		0	2	4	6	8
透明 pouch 袋	L 值	63.18	58.67	57.15	56.34	56.16
	a 值	20.62	16.91	17.85	18.73	17.95
	b 值	31.73	28.93	28.53	28.97	29.18
7 层复合袋	L 值	63.65	61.26	60.78	59.29	58.93
	a 值	20.93	18.97	19.25	18.86	18.24
	b 值	32.18	30.20	29.45	28.57	28.96
铝箔蒸煮袋	L 值	62.75	60.32	59.83	58.81	58.97
	a 值	21.76	19.32	19.54	19.75	18.98
	b 值	32.68	29.89	30.24	29.47	29.45

由表 6-26 可知,铝箔蒸煮袋的阻水性最好;7 层复合袋的阻水性较好;透明 pouch 袋的阻水性较差。水分的蒸发可导致样品保藏过程中质构的相应变化。

由表 6-27 可知,样品保藏前期的质构变化均较明显,样品硬度变化较小的是 7 层复合袋和铝箔蒸煮袋,弹性变化较小的是 7 层复合袋和铝箔蒸煮袋,且在样品保藏后期都较稳定,咀嚼度的变化 3 种材料区别不大。

由表 6-28 可知,透明 pouch 袋的样品 L 值下降较大,3 种包装袋样品的 a 值和 b 值都有所减小,3 种包装袋样品的 a 值和 b 值降幅差异不是很明显。包装材料的隔光性对于样品保藏过程中色差值的变化可能有一定的关系,铝箔蒸煮袋的隔光性是最好的。

所以综合考虑包装材料对样品品质的保护作用,选择铝箔蒸煮袋进行包装产品具有突出的优势。

（6）保藏实验

微生物菌落总数是评价样品安全性的一个重要指标,即食南美白对虾产品 25℃保藏期菌落总数的变化见图 6-9。

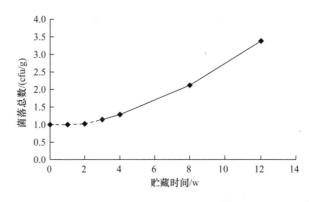

图 6-9　保藏期南美白对虾菌落总数的变化

经系列栅栏因子处理的南美白对虾即食产品,25℃保藏前期是一个滞缓期,第 2 周仍未检测出细菌,到第 3 周才检测出细菌,一直到第 4 周细菌生长较缓慢,到了第 8 周和第 12 周细菌生长较快。这表明应用栅栏技术和所选择的栅栏因子是合理的,此工艺已经杀死较多原始细菌,但是并不能全部杀死微生物,不过产品在相对较合适的 a_w、一定的 pH、真空、避光的保藏环境可以抑制其增殖,在此环境的保藏过程中有些亚死状态的细菌没有恢复生长以致死亡,也有一些经过自我修复慢慢复活生长。即食南美白对虾腐败菌中存在芽孢杆菌,100℃热杀菌处理 20min,也只能杀死其营养体,热处理使芽孢半致死,在常温的贮藏过程中,芽孢会慢慢发芽生长,导致产品品质降低。

由图 6-10 可以看出,在整个 25℃保藏过程中,产品的色泽、组织结构和滋味的感官评分出现下滑的趋势,但是都在可接受界限（0 分）以上,且基本上评分都还在 1 分以上,完全可以被大多数人接受。

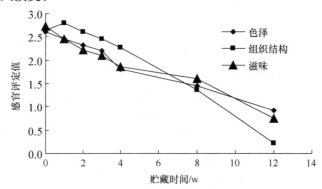

图 6-10　保藏期南美白对虾感官评定值的变化

3. 结论

通过实验，合理设置了高水分型即食南美白对虾生产工艺中的栅栏因子，生产的调理食品不仅品质提高，保存期延长，且硬度较小，弹性较大，色泽诱人，并开发出一系列的口味；不仅保持了南美白对虾特有的鲜味和营养价值，而且降低能耗和生产成本，为人们提供美味的休闲即食海产品。

二、栅栏技术优化即食调味珍珠贝肉工艺的研究

合浦珠母贝（*Pinctada fucata*）是中国海水珍珠养殖最广、数量最大的主要贝类，全国收珠后的珍珠贝肉资源量非常丰富，其中广东、海南和广西3省采珠后珍珠贝肉约有4000t。目前，珍珠贝肉的利用率低，部分用于鲜食，大部分用作饲料，其潜在价值未得到充分利用。珍珠贝肉营养丰富，粗蛋白含量为74.9%，氨基酸评分为82分，是优质蛋白质；呈味氨基酸在氨基酸组成中比例较高，味道鲜美；无机质含量丰富，锌和硒等微量元素含量较高；游离氨基酸中具有生理活性的牛磺酸占74%。因此，珍珠贝肉的开发具有很大潜力，可产生良好的经济效益和社会效益。吴燕燕等（2008）探讨了以合浦珠母贝采珠后大量的珍珠贝肉为原料，利用栅栏效应，通过合理设置若干个强度和缓的栅栏因子，利用其交互作用，杀灭微生物，把珍珠贝肉制成高水分型即食调味食品，提高珍珠贝肉利用率的同时，使珍珠贝肉制品的品质及卫生安全性得到进一步的保证。

1. 材料与方法

（1）材料

合浦珠母贝肉由中国水产科学研究院南海水产研究所海南热带研究中心提供；辅料有味精、食盐、白砂糖、I+G、白酒、柠檬酸、山梨酸钾、苯甲酸钠等；包装材料为聚酯/聚乙烯（PET/PE）耐蒸煮复合材料。

（2）主要仪器设备

Novasina水分活度测定仪、Sar_lofius普及型pH计、HG53卤素水分含量测定仪、DZ-400/2L多功能真空包装机、DHG-9145A型电热恒温鼓风干燥器等。

（3）分析检测方法

含水量测定：按GB 5009.3—2003"食品中水分的测定方法"，用HG53卤素水分含量测定仪检测。a_w测定：采用扩散法，将3g左右样品剪碎，放入a_w测定仪测定。pH测定：称取混匀试样10g于烧杯中，加入90mL蒸馏水，搅拌均匀，放置30min，并不断振摇，然后过滤。滤液用酸度计测定，直接读取pH。微生物检验：按GB 4789.2—2003"食品卫生微生物学检测菌落总数测定"进行。

（4）高水分型即食调味珍珠贝肉制备工艺流程

合浦珠母贝肉→解冻→前处理→调味→烫煮→烘干→包装→杀菌→成品。

（5）感官检验

由5位专业人员组成感官评价小组，对产品的外观、色泽、口感、质地和风味等进行全面评价，评价标准采用10分制评分。

外观、色泽满分 3 分:外观紧实,呈黄褐色,3 分;外观饱满,呈黄褐色,2 分;外观较潮湿,多汁,呈浅黄色,1 分;外观干硬,褐色,0 分。

口感、质地满分 3 分:有咀嚼性,软硬适中,3 分;柔软,质地软,2 分;鲜嫩柔软、质地较软,或口感较硬,质地硬,1 分;口感粗硬,0 分。

风味满分 4 分:风味突出,协调,4 分;风味较好,较协调,3 分;风味一般,可以接受,2 分;风味一般,稍有异味等,1 分。

(6) 保藏实验

制品放入 (37 ± 2) ℃的培养箱中,恒温培养 7 天,按照食品卫生微生物学检验罐头食品的检验方法,抽样检验。

2. 结果与讨论

(1) 前处理工艺的研究

分别用清水或用 3% 的食盐溶液处理解冻后的珍珠贝肉,分析微生物变化和贝肉外观发现,只用清水冲洗贝肉,贝肉仍有黏液,菌落总数为 5.0×10^5 cfu/g,而用贝肉质量的 3% 的食盐处理贝肉,再用清水冲洗,贝肉表面没有黏液,菌落总数由清水洗的 5.0×10^5 cfu/g 下降到 9.4×10^3 cfu/g,说明盐洗对贝肉的加工有着积极的影响,所以珍珠贝肉前处理用 3% 的食盐进行清洗。

(2) pH 对产品品质及微生物的影响

微生物的生长发育受 pH 影响很大,一般细菌的最适 pH 在 7~8,随着 pH 下降,细菌的生长发育受到抑制。另外,pH 的变化对微生物抗热性的影响很大,其中细菌在 pH 下降时,提高杀菌效果比霉菌、酵母更为明显,尤其是抗热性的球菌和芽孢杆菌(Bacillus sp.)更为突出。据研究,当 pH 从 6.6 下降到 5.5 时,金黄色葡萄球菌(Staphylococcus aureus)致死温度从 65℃下降到 60℃,蜡状芽孢杆菌(Bacillus cereus)等芽孢杆菌的致死温度从 100℃下降到 60℃。此研究选用柠檬酸、乙酸、维生素 C,分别用不同浓度添加到贝肉中,进行风味和微生物分析,结果见表 6-29。

表 6-29　有机酸添加量对品质和微生物的影响

有机酸种类	用量/%	pH	菌落总数/(cfu/g)	风味
柠檬酸	0.10	5.97	1.5×10^4	鲜美
	0.15	5.67	1.2×10^4	鲜美
	0.20	5.44	3.4×10^3	偏酸
乙酸	0.10	5.46	1.5×10^3	偏酸
	0.20	5.12	6×10^2	偏酸
维生素 C	0.10	5.94	5.5×10^4	不愉快酸味
	0.20	5.42	300	不愉快酸味
	0.50	5.27	300	不愉快酸味

由表 6-29 可见,几种酸的加入都有明显的抑菌效果,柠檬酸和乙酸对贝肉没有不良风味,但乙酸的酸味较浓,柠檬酸酸味柔和,其加入使贝肉风味更为鲜美。维生素 C 虽然抑

菌效果较好,但在贝肉中产生不愉快酸味,且价格较贵。所以选择柠檬酸来调节贝肉的 pH。

（3）烫煮对烘干时间和微生物的影响

将珍珠贝肉调味后直接烘干和烫煮后在 55℃烘干,结果见表 6-30。如果不经过烫煮就直接烘干,烘干的时间较长,当烘干到含水量为 64.30%时,需要 4h,而烫煮后再进行烘干,所需时间较短,只要 2.0h,含水量就下降到 41.82%。而且经过烫煮可以杀灭部分微生物,烫煮后烘干 2.0h,菌落总数只有 100cfu/g。实验也表明,如果贝肉先经烫煮后再调味,虽然也能有效杀灭部分微生物,但最终产品风味没有先经调味再烫煮好,这是因为在烫煮过程中,调味料中的香味物质更易浸透到贝肉中。所以工艺采用调味后烫煮,再进行烘干工序。

表 6-30　烫煮对烘干时间和微生物的影响

方式	烘干时间/h	含水量/%	水分活度	菌落总数/(cfu/g)
不经烫煮直接烘干	1	80.38	0.980	80 000
	2	75.26	0.974	20 000
	3	69.01	0.962	16 000
	4	64.30	0.892	3 000
烫煮后烘干	1	58.60	0.903	1 000
	2	41.82	0.883	100

（4）含水量、a_w 与产品品质及微生物的关系

由图 6-11 和图 6-12 可知,当珍珠贝肉调味后直接在 60℃条件下烘干,水分下降过程较为匀速,当 a_w 为 0.90 时,产品的含水量为 63%。当 a_w 为 0.85 时,产品的含水量在 45%左右。从表 6-31 可知,当产品含水量过高时（大于 60%）,制品口感柔软,质地软,多汁,色泽较浅,外观较饱满,感官分值高,但菌落总数也较高。在产品含水量在 50%左右时,产品口感软硬适中,外观紧实,色泽为黄褐色,此时菌落总数也较少,最能体现珍珠贝肉的质地、外观和口感。而随着含水量进一步减少,达到传统干制品的含水量 20%时,则口感较硬,色泽为深褐色,产品的品质较差。这与杨宪时等研究结果相符。绝大多数细菌只能在 a_w 0.90 以上生长,金黄色葡萄球菌虽然能在 a_w 0.86 以上生长,但在缺氧的条件下 a_w 0.90 时,生长就会受到抑制。霉菌与细菌及酵母菌相比,能在较低的 a_w 下生长,但若处于高度缺氧环境下,即使处于最适 a_w 环境中,霉菌也不能生长。综合考虑珍珠贝肉产品品质和综合感官评价,确定产品的含水量控制在 45%~50%,对应的 a_w 为 0.88~0.90。

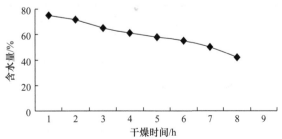

图 6-11　干燥时间对含水量的影响

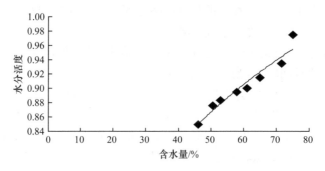

图 6-12　水分活度与含水量的关系

表 6-31　不同水分活度对产品品质和微生物的影响

烘干时间/h	水分活度	含水量/%	菌落总数/(cfu/g)	感官综合评价			
				口感质地	外观	色泽风味	感官总分
1	0.978	75.58	80 000	1	1	3	5
2	0.931	73.24	20 000	1	1	3	5
3	0.921	67.73	16 000	1	2	3	6
4	0.903	63.56	3 000	2	2	3	7
5	0.898	59.60	1 000	2	2	3	7
6	0.890	55.10	500	2	3	3	8
7	0.886	52.20	150	3	3	3	9
8	0.850	46.80	<100	3	3	3	9

（5）烘干温度和时间对含水量、产品品质及微生物的影响

烘干工艺中的烘干温度、时间选择对制品的影响很大。表 6-31 和表 6-32 的结果表明,采用梯度升温,分段烘干,不仅烘干时间缩短,而且一段温度烘干后,放置 1h 再进行二段烘干,使得贝肉内部的水分得以扩散到表面,这样烘干后产品外观不会出现外硬里软的现象。采用 60℃烘干 0.75h,再用 70℃烘 0.5h,产品软硬适中,色泽好,咀嚼感好,此时含水量为 47.18%,菌落总数仅为 200cfu/g,是理想的烘干条件。

表 6-32　不同烘干条件对产品感官品质的影响

组号	烘干温度/℃	烘干时间/h	含水量/%	水分活度	菌落总数/(cfu/g)	感官综合评价			
						口感	色泽	风味	总分
1	55、60、70	0.5、0.5、0.5	41.82	0.883	300	1	3	4	8
2	55、70	1.5、0.5	41.11	0.897	200	0	3	3	6
3	60、70	0.75、0.5	47.18	0.890	200	3	3	4	10
4	60、70	1、0.5	38.94	0.896	100	1	0	3	4

（6）杀菌前的低温处理对微生物的影响

将烘干好的产品真空包装后分两组，一组直接在 90℃ 杀菌 30min，另外一组在 0～4℃ 中放置 24h 后再于 90℃ 杀菌 30min，杀菌效果见表 6-33。低温处理有利于提高杀菌的效果，产品在 4℃ 存放 24h 后再杀菌，残留菌落总数由 1000cfu/g 下降到 100cfu/g。杨宪时的研究表明，将扇贝调味制品真空包装后在 0℃ 左右环境中放置 48h 后再杀菌，杀菌效果明显好于直接杀菌。这是因为微生物数量与抗热性有很大关系，菌苗越多，抗热性越强，杀菌前低温处理可以降低细菌本身的抗热性，同时通过降低杀菌前的初菌数来降低细菌的抗热性。

表 6-33　低温处理对产品杀菌效果的影响

试样	杀菌前菌落总数	杀菌后菌落总数
无处理	4.5×10^5	1000
4℃存放 24h	2.8×10^5	100

（7）杀菌条件对产品品质和微生物的影响

将含水量 45% 左右的珍珠贝肉制品，在 0～4℃ 中放置 24h 后，试用不同的温度和时间进行杀菌实验，对产品的微生物、品质的影响见表 6-34。随着温度的升高，微生物的数量迅速下降，产品包装基本未受影响，但在 90℃ 进行杀菌处理时，产品出现汁液，香味也减弱。而采用紫外照射 30min，产品风味正常，包装平整，菌落总数小于 200cfu/g，但通过进一步的保藏实验发现，采用紫外照射的产品，在（37±2）℃ 的条件下，第 4 天就出现发黏变质，细菌总数达到 4.6×10^4 cfu/g。第 5 天细菌总数为不可数。而采用 80～85℃，30min 的热杀菌未出现胀袋、气味变坏等情况，且由保温后的菌落总数可以看出都在标准允许范围内，产品具有的优良品质和食用安全性没有改变。所以确定最佳杀菌条件为80～85℃，处理 30min。

表 6-34　杀菌条件对产品品质和微生物的影响

杀菌温度/℃	杀菌时间/min	产品及包装外观	菌落总数/(cfu/g)
76～78	30	包装平整，风味正常	1500
	40	包装平整，风味正常	1300
80～85	30	包装平整，风味正常	＜300
	40	包装平整，香味减少	＜200
90	30	包装完整，香味减弱，出现汁液	＜200
	40	包装轻微变曲，风味欠佳，出现汁液	＜200
紫外辐照	30	包装平整，风味正常	＜200

（8）包装方式对制品保藏性的影响

将含水量在 45% 左右的调味珍珠贝肉分别进行真空包装和普通包装，包装后再分别进行巴氏杀菌（80～85℃，30min），将产品进行（37±2）℃ 的保温贮藏实验。结果见表 6-35，采用真空包装，制品处于真空缺氧状态，从而抑制需氧微生物的生长，通过保藏实验证明，经真空包装的珍珠贝肉产品保质时间长。

表 6-35 真空包装和普通包装保质效果比较

项目	水分活度	菌落总数/(cfu/g)						
		1 天	2 天	3 天	4 天	5 天	6 天	7 天
真空包装	0.887	<10	<10	<10	<10	<10	<10	<10
普通包装	0.893	<10	120	1500	不可数			

3. 结论

通过实验,准确设置了高水分型即食调味珍珠贝肉生产工艺中的栅栏因子:原料前处理需用 3% 的食盐进行清洗;采用 0.15% 柠檬酸溶液调节 pH 为 5.6~5.7;贝肉调味后需经烫煮;烘干工艺采用二段式,先用 60℃ 烘干 0.75h,再用 70℃ 烘 0.5h,控制产品含水量 45%~50%,a_w 为 0.88~0.90;产品真空包装,包装后在 0~4℃ 中放置 24h,再进行巴氏杀菌(80~85℃,30min)。这样处理后的产品,不仅提高了品质,延长了保存期,产品含水量在 45%~50%,口感好,软硬适中,保持珍珠贝肉特有的鲜味和营养价值,而且降低了能耗和生产成本,充分利用珍珠开珠后大量珍珠贝肉,为人们提供美味的休闲即食海产品。

三、栅栏技术在调味对虾制品中的应用

对虾是目前世界上流通性最大的农产品,美国、日本、欧盟等国家每年的进口量均在 40 万 t 以上,对虾也是我国第一大出口农产品。2004 年美国对输美白虾初加工制品征收高额反倾销关税,促使我国出口对虾制品向深加工方向转变,虾制品的出口比例不断提高。虾系列产品属即食或稍作处理即可食用的食品,因此进口国对虾制品的微生物指标提出了很高的要求。李莹等(2008)将栅栏技术应用于调味对虾制品的研发中,通过合理设置若干个强度和缓的栅栏因子,利用其交互作用,使食品的品质及卫生安全性得到保证,提高产品的竞争力和企业的经济效益。

1. 材料与方法

(1)实验材料

南美白对虾:规格 16 只/500g,由常熟市佳峰食品有限责任公司提供。食品添加剂:乳酸钠、乳酸链球菌素(Nisin,浙江银象生物工程有限公司提供)。包装材料:聚酯/聚乙烯(PET/PE)复合材料。

(2)仪器

ZD-2 型 pH 计,瑞士 NOVASINA 水分活度测定仪,SW-CJ-1c 型超净工作台,SB42L 型真空充气包装机,JJ500 型精密电子天平,101A-3 型电热鼓风干燥箱。

(3)工艺流程

虾初加工(修剪、清洗)→盐渍(8%,12h)→脱盐(2h)→水煮(调味)→烘干(45℃)→低温烤制(80℃,1h)→真空包装(0.9MPa)→杀菌→冷却→成品。

（4）测定方法

含水量测定，常压 105℃加热干燥法；水分活度测定，扩散法 M1（测定温度：25℃）；细菌总数测定，GB 4789.2—1994 食品卫生微生物学检测菌落总数测定；感官评价评定小组由 5 名有感官评定经验的评价员组成，对制品的外观、风味、质地评分，采用－3～3 分的 7 分制评分，3 分最好品质，2 分很好，1 分好，0 分一般，－1 分差，－2 分很差，－3 分极差。

2. 结果与讨论

（1）a_w 与水分含量和制品品质、贮藏性的关系

食品的水分活度、水分含量与其质构、口感、风味、色泽、外观都有密切关系。制品的 a_w 高时，其肌肉组织的含水量高，质地比较鲜嫩有弹性，但焙烤出来的色泽不佳，杀菌后甚至出现汁液，影响外观。制品 a_w 低时，制品原有风味、质地特性逐渐受到损害，商品价值降低。制品 a_w 在 0.90～0.96 时，最能体现虾的鲜美风味，外观、质地等感官质量均为最佳（表 6-36）。

表 6-36　不同 a_w 对制品感官特性的影响

a_w	风味	外观	质地	感官总分
0.98	0	－1	2	1
0.96	1	0	1	2
0.94	2	1	2	5
0.92	2	1	1	4
0.90	1	1	0	2
0.88	0	0	－1	－1

绝大多数细菌只能在 a_w0.90 以上生长活动，金黄色葡萄球菌虽然在 a_w0.86 以上仍能生长，但在缺氧条件 a_w0.90 时生长就会受到抑制。综合考虑感官品质和微生物稳定性，采用真空包装，控制制品的水分活度在 0.90。

（2）pH 对制品保藏性的影响

水产品的 pH 呈中性或弱酸性，为低酸性食品。绝大多数细菌生长的适应 pH 为 7～8，所以水产品中细菌生长繁殖的可能性较大。随 pH 下降，细菌的生长发育越发受到抑制，当 pH 调节到 6.0 以下贮藏性得到增强，但是 pH 过低时制品的风味不佳。通常乙酸、柠檬酸、苹果酸都可作为食品调节 pH 的添加剂。乙酸不仅能降低 pH，还起到调味料作用。但过多乙酸有可能对制品产生刺激味道，苹果酸也会使制品产生令人不愉快的酸味，故选择柠檬酸作为调节制品 pH 的添加剂，其他条件不变，柠檬酸添加量与制品风味及抑菌效果如表 6-37 所示。结果表明，柠檬酸对微生物的抑制作用随其浓度的增加而增强，当柠檬酸添加量在 0.1%～0.2% 时对制品风味基本无不良影响，且有良好的抑菌性。

表 6-37　柠檬酸添加量与制品风味及制品保藏性的关系

柠檬酸添加量/%	感官总分	细菌总数/(cfu/g)
0.05	−1	$4.21×10^6$
0.10	1	$8.83×10^5$
0.15	2	$7.63×10^5$
0.20	0	$5.93×10^5$
0.25	−2	$2.39×10^4$

（3）防腐剂对制品保藏性的影响

乳酸链球菌素（Nisin）是某种乳酸链球菌产生的一种多肽物质，由 34 个肽链氨基酸残基组成，是一种高效、无毒、安全、营养的天然食品添加剂，而且能被人体消化吸收。它能有效地抑杀引起食品腐败的许多革兰氏阳性菌，对细菌芽孢的萌发有一定的抑制作用。国标规定在干制品和肉制品中，Nisin 的添加量≤0.05%。选择 0.01%～0.04% 的添加量，测定制品的细菌总数。由表 6-38 可知，细菌总数随 Nisin 添加量的增大而减少，当添加量为 0.04% 时，细菌总数显著减少，且对制品的风味无不良影响。

表 6-38　Nisin 添加量对制品细菌总数的影响

添加量/%	细菌总数/(cfu/g)
0.01	$4.56×10^6$
0.02	$1.01×10^6$
0.03	$5.19×10^5$
0.04	$3.11×10^5$

乳酸钠是由 L（＋）乳酸和 NaOH 反应制得的，L（＋）乳酸是由糖自然发酵而制得的。由表 6-39 可以得出，细菌总数随乳酸钠添加量的增大而减少，当添加量为 1.0%～2.0% 时，细菌总数显著减少。据文献报道，乳酸钠对人体无害，乳酸钠与 Nisin 在食品保鲜中有协同增效作用。

表 6-39　乳酸钠添加量对制品细菌总数的影响

添加量/%	细菌总数/(cfu/g)
0.5	$6.91×10^5$
1.0	$7.63×10^4$
2.0	$4.31×10^4$
3.0	$2.23×10^4$

（4）杀菌方式对制品保藏性的影响

巴氏杀菌是目前使用广泛的杀菌方式，杀菌后制品品质良好，但通常保质期较短。近年来，利用微波杀菌保鲜食品成为研究的热门内容。本实验选择微波杀菌、巴氏杀菌及 90℃加热 40min 三种杀菌方式，研究其对制品保藏性的影响。从表 6-40 可知，90℃加热 40min 及微波杀菌对制品有较好的杀菌效果。

表 6-40 杀菌方式对制品保藏性的影响

杀菌方式	细菌总数/(cfu/g)
巴氏杀菌	3.16×10^5
90℃,40min	5.38×10^4
微波杀菌(5min)	6.13×10^4

(5) 各保质栅栏因子的综合效应

在上述实验的基础上,选择 $L_9(3^4)$ 正交表作正交试验(表 6-41),考察杀菌方式(A)、防腐剂(B)、水分活度(C)、柠檬酸添加量(D)等保质栅栏因子及强度对制品保藏性的影响。

表 6-41 $L_9(3^4)$ 正交试验因素及水平的选取

水平	A	B	C	D/%
1	巴氏杀菌	0.02% Nisin+1%乳酸钠	0.88	0.10
2	95℃,40min	2%乳酸钠	0.90	0.15
3	微波杀菌(5min)	0.04% Nisin	0.92	0.20

从极差分析(表 6-42)可知,各栅栏因子对制品贮藏性的影响程度从大到小依次为水分活度、杀菌方式、防腐剂、柠檬酸添加量。最优栅栏组合为 $A_2B_1C_3D_3$,即 a_w 为 0.92,柠檬酸添加量为 0.2%,复合保鲜剂为 0.02% Nisin 和 1%乳酸钠,95℃杀菌 40min。

表 6-42 $L_9(3^4)$ 正交试验方案及结果

实验号	A	B	C	D	细菌总数对数
1	1	1	1	1	3.66
2	1	2	2	2	3.53
3	1	3	3	3	5.15
4	2	1	2	3	5.64
5	2	2	3	1	5.06
6	2	3	1	2	4.02
7	3	1	3	2	5.39
8	3	2	1	3	3.88
9	3	3	2	1	4.11
k_1	4.11	4.90	3.85	4.28	
k_2	4.91	4.16	4.43	4.31	
k_3	4.46	4.43	5.20	4.89	
R	0.80	0.74	1.35	0.61	

(6) 即食调味对虾制品贮藏效果

保藏实验(表 6-43)表明,在优化的保质栅栏因子的共同作用下,即食调味对虾制品在 4℃冷藏条件下可保藏 9 个月以上,产品具有优良的品质和食用安全性。

表 6-43　制品贮藏结果(4℃)

贮藏时间/月	细菌总数/(cfu/g)	感官总分
3	8	6
5	8	6
7	17	4
9	21	3

3. 结论

通过单因素试验及正交试验,确定出最优的栅栏组合为 $a_w0.92$,柠檬酸添加量 0.2%,复合保鲜剂为 0.02% Nisin 和 1% 乳酸钠,95℃杀菌40min。保藏实验证明,4℃条件下即食调味对虾制品可保存9个月以上。

第七章 调味品等食品加工与包装中栅栏技术的应用

第一节 调味品加工与栅栏技术

一、栅栏技术在海鲜调味料开发中的应用

近年来,人们对食品的要求越来越高,不仅要求色、香、味俱全,还要求具有天然、营养、保健等特点,使天然调味料的需求量越来越大。海鲜调味料(也称水产天然调味料)是以水产品为原料,采用抽出、分解、加热、发酵、酶解等手段生产出的调味料,因含有丰富的氨基酸、多肽、糖、有机酸、核苷酸等呈味成分和牛磺酸等保健成分,特别受到人们的青睐。海鲜调味料开发生产中,如何保证良好的风味并达到理想的货架期成为研究的焦点。栅栏技术是根据食品内不同栅栏因子的交互作用使食品的微生物达到稳定性的食品防腐保鲜技术,目前已广泛应用于食品工业中。任增超等(2011)就栅栏技术在海鲜调味料开发中的应用及未来发展前景进行了分析阐述,以期为海鲜调味料的工业化生产提供理论依据。

1. 海鲜调味料中栅栏因子及栅栏效益分析

影响食品保藏的因素即栅栏因子,栅栏因子单独或相互作用,形成特有的防止食品腐败变质的栅栏,决定着食品中微生物的稳定性,抑制引起食品氧化变质的酶类物质的活性,即栅栏效应。研究表明,各个栅栏因子之间具有协同作用(即"魔方"原理),利用这种协同作用可以设计并调整出最佳的栅栏因子组合。当两个或两个以上的栅栏因子共同作用时,其作用效果强于这些因子单独作用的叠加。对于某个单独的栅栏因子来说,其作用强度的轻微调整即可对食品的保存期产生显著的影响(即"天平"原理)。因此,在海鲜调味料的加工、调配及新产品开发中,利用栅栏效应,保证感官、风味、营养及货架期。

2. 栅栏技术在海鲜调味料中的应用

栅栏技术对保证海鲜调味料的口味、营养、质量及货架期发挥着重要作用,从原料的选择、加工、包装、贮存到运输等每个环节都要直接或间接地应用栅栏原理,以期达到预期的目的。

(1)海鲜调味料的生产工艺流程

海鲜原料(鱼、虾、贝)等→清洗,斩碎→匀浆→酶解→过滤→浓缩→美拉德反应→辅料调配→匀浆→干燥→灭菌→检验→包装→成品。

(2)海鲜调味料加工中的主要栅栏因子

目前,食品防腐上最常用的栅栏因子,都是通过加工工艺或添加剂方式设置的,总计已在40个以上,这些因子均可用来保证食品微生物稳定性及改善产品的质量。现将海鲜

调味料加工中几种主要的栅栏因子及其相互作用简要分析如下(图7-1)。

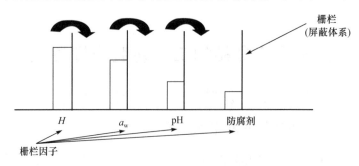

图 7-1　栅栏效应分析

1) 热加工:高温热处理是最安全和最可靠的保藏方法之一。加热处理不仅可以防止微生物引起的食品腐败,也可以防止酶引起的变色和变味。从食品保藏的角度,热加工是指两个温度范畴:即杀菌和灭菌。杀菌是指将调味料中心温度加热到 $65 \sim 75℃$ 的热处理操作。在此温度下,几乎全部酶类和微生物均被灭活或杀死,但细菌的芽孢仍然存活。因此,杀菌处理应与产后的冷藏相结合,同时要避免二次污染。灭菌是指调味料的中心温度超过 $100℃$ 的热处理操作。其目的在于杀死细菌的芽孢,以确保产品在流通温度下有较长的保质期。但经灭菌处理后,仍存有一些耐高温的芽孢,只是量少并处于抑制状态。在偶然的情况下,经一定时间,仍有芽孢增殖腐败变质的可能。因此,应对灭菌之后的保存条件予以重视。

海鲜调味料由于高温杀菌而易引起风味的变化,因此,一般在调味料风味定型前通过 $100℃$、10min 灭酶处理进行高温短时杀菌,并结合美拉德反应杀灭微生物起到防腐的目的;在风味定型后可以采用辐照技术,一般就可以达到理想的杀菌防腐效果。

2) 水分活度:水分活度是指食品中水的蒸汽压与相同温度下纯水的蒸汽压之比。当环境中的水分活度值较低时,微生物需要消耗更多的能量才能从基质中吸取水分。基质中的水分活度降低至一定程度,微生物就不能生长。一般地,除嗜盐性细菌(其生长最低 a_w 为 0.75)、某些球菌(如金黄色葡萄球菌, a_w 为 0.86)以外,大部分细菌生长的最低 a_w 均大于 0.94,且最适 a_w 均在 0.995 以上;酵母菌为中性菌,最低生长 a_w 在 $0.88 \sim 0.94$,霉菌生长的最低 a_w 为 $0.74 \sim 0.94$, a_w 在 0.64 以下任何霉菌都不能生长。实验证明,海鲜调味料的 a_w 低于 0.76 为安全,当低于 0.74 时不需要添加防腐剂。

3) pH:酸碱度对微生物的活动影响极大,任何微生物生长繁殖都需一定的 pH 条件,过高或过低的 pH 环境都会抑制微生物的生长。大多数细菌的最适 pH 为 $6.5 \sim 7.5$,放线菌最适 pH 为 $7.5 \sim 8.0$,酵母菌和霉菌则适合 pH$5.0 \sim 6.0$ 的酸性环境(伍玉洁等,2006)。但当 pH 为 $5.0 \sim 6.0$ 时,海鲜调味料才可以保持良好的风味。因此根据风味的要求,pH 不可能降低到 4.5 以下,改变 pH 对保藏的意义不大。

4) 防腐剂:随着国家相关部门及消费者对食品安全的日益重视,食品生产商对各类添加剂的使用要求也日趋严格,海鲜调味料中不能含有防腐剂已成为部分食品生产商的基本要求。如何在不含防腐剂的情况下,保证产品的安全已成为一个重要的研究课题。研究表明,当海鲜调味料的水分活度低于 0.74 并结合低温冷藏等栅栏因子时,不需要添加任何防腐剂。另外,美拉德反应对防腐具有一定的贡献,但因反应程度、反应产物不同所起到的防腐效果也不同,因此应区别对待。

5) 包装:随着食品包装技术的不断发展,人们已将一些具有栅栏功能的成分添加到包装材料中去,使其发挥栅栏功能,如脱氧(Fe 系脱氧剂、连二亚硫酸盐系脱氧剂等)、防腐剂与抗氧化剂、吸湿剂等。对海鲜调味料而言,气调包装不能抑制一些微生物的生长,因此很少采用;无菌包装生产时要求对包装容器进行规范灭菌处理。

3. 栅栏技术在海鲜调味料中的应用前景

随着生活水平的提高,人们对调味料的需求由单一的调味型向营养、方便、安全、天然的复合型转变,而海鲜调味料以其独特的风味和营养保健功能正逐渐受到重视,研究发展及市场都具有广阔的前景。将栅栏技术运用于海鲜调味料开发中,通过调整栅栏因子的种类及协同作用,不仅可以延长货架期,而且能够改善风味和营养,生产出适应不同地区饮食文化和习惯的天然调味料。然而单一的栅栏技术已无法满足市场开发新产品的需求,将栅栏技术与关键危害点控制技术(HACCP)和微生物预报技术(PM)结合已经成为必然。利用 HACCP,可以有针对性地选择和调整栅栏因子,微生物预报技术则是在不进行微生物检测分析条件下快速对产品货架期进行分析预测。

综上所述,栅栏技术已广泛应用于海鲜调味料的开发,它与现代高新技术的结合将成为未来天然海鲜调味料开发的发展方向。

二、栅栏技术在膏状肉类香精防腐中的应用

随着国家相关部门及消费者对食品安全的日益重视,食品生产商对食品添加剂的使用要求也日趋严格,香精中不能含有防腐剂已成为部分食品生产商的基本要求。如何在不含防腐剂的情况下,保证产品的安全已成为一个重要的研究课题。袁霖和郭新竹(2005)的研究引入了栅栏技术,以期为膏状肉类香精产品的研发与生产提供指导性建议。

1. 产品主要栅栏分析

膏状肉类香精产品可能用到的栅栏主要有:加工温度,现有产品加工温度主要取决于风味的要求,但已满足一般的灭菌要求;保藏温度,低温可抑制微生物的生长;pH,产品的 pH 一般在 5.0 以上,6.0 左右,由于风味要求,不可能降低至临界点 4.5 以下,对保藏的作用不大;辐照,是低温杀菌的方法之一,必要时采取;防腐剂,乙醇、丙二醇、美拉德反应物等对防腐都有一定贡献,但因每种产品这些物质含量不同,应区别考虑;包装,气调包装不能抑制一些微生物的生长(目前不适用),无菌包装生产时要求对包装容器进行规范灭菌处理(一直使用);水分活度,水分活度表征了食品中的水分含量,作为微生物化学反应和微生物生长的可用价值,是决定食品腐败变质和保质期的重要参数,对食品的生产和保藏有直接的指导作用。

综上所述,对于膏状肉类香精产品而言,水分活度、包装、保藏温度、辐照、防腐剂可作为栅栏应用,其中水分活度是一个重要的栅栏因子,包装、保藏温度、辐照、防腐剂可作为辅助栅栏使用。以丙二醇、70%以上乙醇为溶剂的产品不需考虑防腐问题,本部分主要针

对以水为介质的膏状肉类产品,对水分活度进行分析、实验,并最后推荐产品配方防腐设计解决方案。

2. 膏状肉类香精水分活度的研究

(1) 原料对水分活度的影响

测定常用原料的浓度-水分活度的关系,发现食盐对产品 a_w 的影响最大,其他原料(糖、氨基酸、蛋白质等)对产品 a_w 影响较小,如图 7-2 和图 7-3 所示。

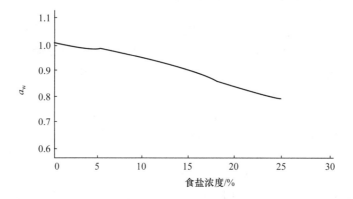

图 7-2　食盐浓度-a_w 关系

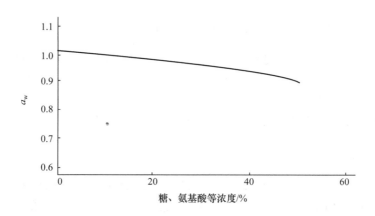

图 7-3　其他原料浓度-a_w 关系

需要注意的是,糖、氨基酸、蛋白质等对 a_w 的影响也略有不同。例如,葡萄糖、木糖对 a_w 影响大于蔗糖,更大于糊精。图 7-3 是一混合组分浓度与水分活度的关系,因组成成分的差异,该曲线会稍有偏差。

(2) 产品安全的 a_w

a_w 在 0.6 以上时都会有微生物生长,而 $a_w < 0.6$ 对膏类产品来说是难以做到的。所谓安全 a_w 只是相对的,良好的生产、贮运条件可允许产品有较高的 a_w。

(3) 膏状肉类香精水分活度的分析

结合产品以往的保藏经验,在现有的生产、贮运条件下,认为反应型产品 $a_w < 0.76$ 为

安全,酶解物 a_w＜0.74 不需要添加防腐剂。

（4）膏状肉类香精水分活度的栅栏设计

由前述知,各种原料对 a_w 的降低都有一定的作用,食盐是最有效降低 a_w 的原料,其他物质也有一定降低水分活度的能力,所以增加盐浓度或增加固形物浓度均可降低 a_w,三者有一定联系。

一般来说,盐浓度确定时,改变固形物含量可以改变 a_w,反之亦然。但因各种原料对降低水分活度的贡献有差异,表 7-1 中数据仅供参考,准确的 a_w 需测定。

表 7-1 盐浓度、固形物含量对 a_w 的影响

食盐浓度/%	固形物含量/%	
	a_w＜0.76	a_w＜0.74
15	＞50	＞55
12	＞55	＞62
9	＞60	＞68

3. 结论

膏状肉类香精体系中水分活度、包装、保藏温度、辐照、防腐剂均应作为栅栏应用。水分活度 a_w 为主要栅栏因子,在充分运行 HACCP 体系的情况下,反应型产品以 a_w＜0.76 为安全,酶解物 a_w＜0.74 不需要添加防腐剂。应加强无菌包装工序的监控,并尽可能降低保藏与运输过程的温度。在必要情况下,可选择天然防腐剂,如溶菌酶、Nisin 等或进行辐照处理,但应以满足客户要求,且不影响产品风味为前提。

第二节 食品包装、乳品加工与栅栏技术

一、栅栏技术在食品包装中的应用

食品包装在食品工业中无疑具有很大的作用。特别是塑料薄膜、复合薄膜成为食品包装材料后,食品包装在保护食品、促销、防伪防盗及方便等各方面发挥的作用更大。在这些作用中,最重要的是保护作用,其中食品防腐尤其重要。在栅栏技术的应用中会发现:其实栅栏技术是离不开食品包装的,栅栏技术与食品包装的融合也决定了食品包装的发展趋势。为保护食品,仅仅对食品施以栅栏技术,而不用包装协助,是达不到预期效果的。随着包装技术的进步,食品包装直接发挥的栅栏作用也越来越大。以下是严奉伟等对栅栏技术在食品包装中的应用与发展趋势进行的总结研究。

1. 食品包装的阻隔作用

O_2、CO_2、紫外线、水蒸气等可以在很大程度上影响许多食品的稳定性。为延长保存（质）期、保证食品的卫生安全性及营养与风味等,必须采取措施来控制包装内这些成分的量,也即控制氧化还原电势、a_w 等。控制措施能否实施主要依赖于食品包装材料的阻隔

性;虽然玻璃及金属容器的阻隔性能最优,但在食品中广泛采用的还是塑料与复合薄膜。需阻隔的物质往往同时有几种,有时可能把某一种成分当作重点,因而有防湿包装、真空与真空充氮包装、气调包装、食品表面涂膜等形式。

(1) 真空与真空充氮包装

这类包装把阻隔 O_2 进入食品作为首要目标,需与抽真空设备共同使用,用于含易氧化成分较多的食品的包装。包装时先用抽真空设备抽除容器内的空气,然后封合。保质期限与食品的成分决定需要维持的真空度,真空度的高低决定所用包装材料的阻隔性能。包装材料阻隔性能主要由气体渗透系数(Pg)与材料厚度决定。现在在食品包装上主要采用复合薄膜,厚度一般在 $60\sim96\mu m$。其内层是热封层,厚 $50\sim80\mu m$,要求热封性能良好,一般采用 PE;外层是密封层,厚 $10\sim16\mu m$,除了要有良好的气体阻隔性外,还需具备可印刷性,并有一定的强度。随要求不同可使用 PET、PA、EVAL、PVA、PVDC 及镀硅塑料膜,其中后三者阻气性能最优。例如,鲜笋及笋制品可采用 PET($20\mu m$)/LDPE($50\mu m$),油焖笋则加一层 PVDC。

真空及充氮包装如今运用在很多食品上。例如,腌腊肉制品、酱腌菜、豆制品、熟食制品、方便食品、软罐头等采用真空包装;油炸食品、膨化食品、果蔬脆片、脱水蔬菜、奶粉、咖啡、巧克力、蛋糕、月饼、茶叶、果仁、瓜子仁、肉桂等采用真空充氮包装。

真空充氮包装与真空包装的区别仅在于包装时抽真空后充入惰性气体 N_2,使内外气压平衡,适用于真空下易碎的食品、棱角可能刺破包装的食品、真空下内缩影响外观的食品。

(2) 防湿包装

防湿包装用于对湿度敏感食品的包装,以阻隔水蒸气为主要目的。包装设计与选材的原理与真空包装一样。材料的阻湿性能主要与透湿系数(PV)和厚度有关。由于阻气性好的材料一般阻湿性也好,所用材料与真空包装基本一样。有些食品也在内包装内放置阻湿剂包,或在食品内添加保湿剂。

(3) 气调包装

气调包装首先应用于果蔬贮藏,现已扩展到粮油产品、畜禽及水产品等其他加工食品。气调包装主要调节控制包装内的 O_2 和 CO_2 浓度稳定在一个狭小范围内。其作用除了防止微生物生长繁殖与氧化外,还可降低有生命产品的呼吸强度、延缓成熟衰老、抑制害虫活动等。月饼、蛋糕等产品以抑制微生物与防氧化为主,所用材料与真空包装一样。粮油、果蔬以抑制呼吸作用为主,包装材料的气密性可以很低,有时甚至必须采取措施来扩大塑料薄膜的透气性。例如,贮藏粮食时,每天空气透入率可达密闭容积的 0.5%,贮藏果蔬时,MA 形式要在塑料薄膜中嵌入一定面积的硅橡胶窗以扩大内外 O_2 和 CO_2 的交换。有些食品还必须维持较高的 O_2 浓度,如零售鲜肉的理想气体组合是 $70\%\sim80\%$ $O_2+20\%\sim30\%$ CO_2。气调包装内的气压一般维持一个大气压,随研究的深入现在也开始在减压或加压下使用。

气调的效果有时十分明显,如大米与面粉采用 100% CO_2 贮存,可保存三年不变质。正因如此,全世界对气调贮存的研究都很活跃。国际上对许多产品都有推荐的理想的气调贮藏条件。

（4）食品表面涂膜

涂膜的目的主要也是为阻隔内外气体和水分的交换。成膜可采用浸渍、涂布、喷洒、覆盖等方式，它所应用的范围较广，果蔬中尤为集中，所用材料以天然产品为主，大多数膜可食。膜的主体成分日本采用多糖类与蛋白质，英国采用多糖、蔗糖酯，前苏联采用聚乙烯醇，而我国种类较多，单甘酯、聚乙烯醇、石蜡、虫胶、魔芋精粉、几丁质、CMC、淀粉、明胶、黄原胶、海藻酸钾都有应用。有些膜还有特殊作用。例如，肌醇六磷酸可抗氧化，螯合果蔬表面的 Fe^{2+}、Zn^{2+} 等，从而抑制其内部一些不适宜反应的发生；涂在水果表面的蜡质膜可使外观鲜艳亮丽，大大提高其商品价值。

（5）阻隔紫外线

紫外线可引发自由基。在无自由基猝灭剂时，自由基将引发链式反应，使脂类等成分迅速氧化，产生有害物与异味，故含脂高的食品的包装必须能阻挡波长 550mm 以下的光线。最有效的材料是无针孔的 Al 膜，这类食品的包装在内部复合有一层 $7\mu m$ 左右的 Al。

2. 包装包含的栅栏功能成分

用来作食品包装的材料很少具有防腐性或抗氧化性，或能吸收 C_2H_4、O_2、水蒸气及氧化 C_2H_4。但现在能把具有这些功能的有机或无机物质复合或添加到包装材料中去，使用这类材料做成的食品包装发挥这样的栅栏功能。

（1）包含脱氧剂

食品组织中溶解的 O_2 用抽真空的办法难以除去时（如某些果蔬与含骨食品），或食品要求极低的 O_2 浓度，仅仅用高阻隔性材料阻挡外界 O_2 已无法满足要求，这时可在食品包装内放置经包装的脱氧剂，或把脱氧剂复合在薄膜中间，外层依然是气密层，而内层则要求透气性较好。脱氧剂的种类较多，有通过与 O_2 反应而去掉 O_2 的化学脱氧，如 Fe 系脱氧剂、连二亚硫酸盐系脱氧剂等；有通过吸附而使 O_2 不能发挥作用的物理脱氧剂，如活性炭等；现在甚至能把一些催化剂包含在食品包装里，由它催化 O_2 与某些物质反应来消耗 O_2，如 Pt、Pd 等可催化 H_2 与 O_2 反应生成 H_2O，在包装里带一点 Pt 或 Pd，在包装内充入少量 H_2，可用在对水分要求极严格的贵重食品包装上。有些情况下使用脱氧剂还可降低产品成本。

（2）包含防腐剂与抗氧化剂

把一些特殊性质的防腐剂包含在食品包装里，可以使其缓慢释放，作用发挥得更为持久。例如，日本新近开发的粮食防腐包装袋，以聚烯烃树脂为主要材料，再添加 0.01%～0.05%香草醛加工成膜袋，香草醛缓慢挥发，而能长期抑制霉菌。富马酸二甲酯与香草醛类似，2～500ppm 时可抑制 10 种以上的霉菌和 10 种以上的细菌。在必须抵御外界危害的情况下，食品包装包含防腐剂优越性更大。采用合适的方法完全可以阻止防腐剂向食品内迁移。例如，日本已成功地开发出了防虫、鼠、蚂蚁的食品包装袋。在食品表面涂膜时，从一开始就在涂膜内添加了各种抗氧化剂与防腐剂，我国学者还把具有防腐作用的中草药包埋在涂膜中，有些地方收到了较理想的效果。

（3）包含吸湿剂与 C_2H_4 吸收剂

所依据的原理与使用的方式与脱氧剂一样，只不过所选用的吸湿材料与吸收 C_2H_4 材料不同而已。吸湿所用材料有无水氯化钙、硅石粉、硅胶、活性炭等；C_2H_4 吸收剂有 $KMnO_4$、活性炭、分子筛等。

（4）适应栅栏技术的要求

冷冻与高温处理是食品加工中广泛采用的措施。现代技术条件下，对食品进行的高温或低温处理的烈度较以前大为提高。食品包装在能适应这种加工的前提下，应能发挥出足够的阻气或阻湿等性能，最好还能抵御高温或低温对食品品质带来的负面影响。目前，很多食品包装适应了栅栏技术的新要求，因而为这类技术真正在食品工业中得到应用提供了保证。例如，以冷藏方式保存食品，低温速冻效果最为理想，但贝肉贮藏时易干耗，解冻后易破碎、糊化、汁液流失多等。只有采用可以克服这些缺点的涂膜包被贝肉，低温速冻的优越性才能体现。加工罐头时，杀菌必不可少。杀菌方式以高温短时对食品品质损害最轻，但高温短时要求传热非常迅速，软罐头复合包装袋能适应这一要求，从而保证了高温短时杀菌技术的实施。

3. 栅栏技术确定的食品包装发展趋势

所有食品都不同程度地存在防腐要求。随着防腐的理论与手段——栅栏技术研究的不断深入，食品包装必须对此作出反应，这决定了食品包装的一些发展趋势。

（1）食品包装材料的性能越来越优异

人们总希望食品的保质期越来越长，保存期间食品品质下降越低越好。栅栏技术的进步会使这种可能越来越大。另外，还能生产出保存条件很严苛的新食品。这都要求食品包装材料的性能，不论是阻气性、阻湿性、直接发挥的栅栏作用，还是对栅栏技术的适应性，都变得更强。事实上，现在经常有性能更加优异的食品包装材料被开发出来。

（2）食品包装将更多更强地发挥栅栏作用

栅栏理论的研究成果表明：有时在多个栅栏因子起作用时，一个因子的稍微增强可极大地提高整个栅栏作用。因而在提高这一因子时，可以较大幅度地降低其他因子的强度。通过加强食品包装的栅栏作用，有时可大大降低加工过程中栅栏技术的烈度，如降低杀菌程度、冷藏温度、减少防腐剂添加量等，这对提高食品品质、降低生产成本都很有利。目前，人们对这一领域的研究还很不深入，但已有的成果令人鼓舞。例如，德国以前完全靠杀菌来取得保质期的一种香肠，适当调节 pH 与 a_w，杀菌只达到 $F=0.4$ 时，就可达到原来的保质期限；用一种高黏度的食品涂膜保存肉类，在 $40℃$ 条件下鲜肉可以保鲜 $4\sim5$ 天。

（3）食品包装在改造或开发食品中将越来越重要

传统食品往往存在一些缺陷，改造时可能难以解决保存期问题；而一些精致独到的新兴产品，可能对保存要求也很严。这都要求食品包装栅栏作用。例如，蜜饯与酱菜是传统食品，但它们含盐或糖太高不利人的健康，而降低盐或糖的含量，产品防腐能力也下降，多年来无法解决这一问题。最近有人用高阻隔性、耐压强度高、耐高温的复合薄膜，经抽真空后再在 $90℃$ 条件下杀菌，成功地解决了这一问题。果蔬脆片也要用特殊材料进行真空充氮包装方能保证其松脆的口感与形状的完整。

二、栅栏技术在乳品工业中的应用

大部分食品品质劣化多由微生物引起,而食品的微生物稳定性和卫生安全性取决于产品内部不同抑菌防腐因子的交互作用。杨文俊等(2007)在分析栅栏技术基本原理的基础上,就重要栅栏因子(温度、pH、辐照因子、压力因子、气调技术、包装材料、益生菌等)在乳品工业中的应用进行了探讨。以下是杨文俊等的研究总结。

1. 温度因子在乳品工业中的应用

与地球生物圈中的各种生物一样,微生物的生长、代谢、繁殖与温度具有直接相关性,又由于哺乳动物的乳汁是各种微生物的完全培养基,因此在乳品工业中对温度的控制就显得至关重要。无论是在乳牛养殖,原料乳的收购、运输、暂存,还是在加工线上的预热、杀菌、灌装及后续工艺上的包装、贮藏,以及销售环节的运输、贮存(即乳从生产到消费的每一个环节),人们对温度的控制始终贯穿于各个环节之中。原料乳的贮藏和运输一般在5℃条件下进行。此外,巴氏杀菌和UHT杀菌是栅栏技术在乳品工业中成功应用的典型实例。

2. pH控制在乳品工业中的应用

作为乳品质量的一个重要衡量指标,pH控制在乳品的加工中尤为重要。由于牛乳是一个较为复杂的包含真溶液、高分子溶液、胶体悬浮液、乳浊液及其过渡状态的分散体系,其pH的变化直接关系到整个体系的稳定性。正常新鲜乳的pH为6.4～6.8,一般酸败乳或初乳的pH在6.4以下,乳房炎乳或低酸度乳的pH在6.8以上。由于滴定酸度可以反映出乳中乳酸的产生程度,在生产时常采用滴定酸度来反映乳的新鲜程度。在乳品加工中,针对不同的产品,对原料乳的要求也不同:发酵酸乳、UHT乳、巴氏杀菌乳等产品的原料乳的滴定酸度要求为16°T以下;中性含乳饮料原料乳滴定酸度为16～18°T;炼乳和奶粉的原料乳滴定酸度为20～22°T。

针对牛乳原料的特性,在乳品加工工艺中对其设立一系列pH的特殊控制,如在Mozzarella干酪加工过程中,要求原料乳的初滴定酸度小于18°T,预酸化至20°T,凝乳后pH达到6.3时开始排乳清,堆酿至pH达5.25开始加盐。总之,牛乳加工过程中的pH控制都是以最终产品的质量为目标。

3. 照射因子在乳品工业中的应用

食品辐照是指利用射线照射食品(包括原材料),延迟新鲜食物某些生理过程(发芽和成熟)的发展,或对食品进行杀虫、消毒、杀菌、防霉等处理,达到延长保藏时间,稳定、提高食品质量目的的操作过程。辐射线主要包括紫外线、X射线和γ射线等,其中紫外线穿透力弱,只有表面杀菌作用,而X射线和γ射线(比紫外线波长更短)是高能电磁波,能激发被辐照物质的分子,使之引起电离作用,进而影响生物的各种生命活动。

紫外线依据不同的波长范围,被分割为A、B、C三种波段,其中的C波段紫外线波长为 240～260nm，是最有效的杀菌波段，波段中波长最强点是 253.7nm。现代紫外线消毒技术是基于现代防疫学、光学、生物学和物理化学的基础上，利用特殊设计的高效率、高强度和长寿命的 C 波段紫外线发生装置，产生的强 C 波段紫外线照射流水（空气或固体表面），当水（空气或固体表面）中的各种细菌、病毒、寄生虫、水藻及其他病原体受到一定剂量的 C 波段紫外线辐射后，其细胞的部分氨基酸和核酸吸收紫外线，产生光化学作用，引起细胞内成分，特别是核酸、原浆蛋白、酯的化学变化，使细胞质变性，同时空气受紫外线照射后产生微量臭氧，共同杀菌，从而导致微生物的死亡，达到不使用任何化学药物的情况下消毒和净化的目的。

辐照因子以其物理化作用于食品加工过程中，而可以最大限度保持食品原有的营养成分受到广大科技工作者的青睐，但由于辐照食品的安全性受到广大消费者的质疑，因此其在现代食品加工中的应用还十分有限。在现有的乳品加工业，辐照技术大多只是应用在乳品仓库、车间的消毒卫生控制方面。但随着辐照食品的安全性得到消费群体的认可，辐照技术必然应用于乳品的许多加工和贮藏过程中。例如，对原料乳的保存；乳品加工中的冷杀菌处理；乳品包装材料的灭菌；乳品成品的贮藏等方面。

4. 压力因子在乳品工业中的应用

食品高压加工技术被认为是未来最具潜力、最有希望的食品保鲜加工方法。高压食品的加工处理技术就是将食品在 100MPa 以上的压力，在常温或较低温（<60℃）下，达到杀菌效果，而食品的保存期、味道、风味和营养价值不受或很少受影响的一种加工方法。高压食品与传统的烹调食品相比具有很多优越性，其主要作用是延长食品味道鲜美的时间、延长食品的保藏时间、防止微生物对食品的污染、使食品中的有害蛋白质失活、开发新的 21 世纪高质量食品。现在乳品加工中，压力因子多和温度因子联合控制使用，如在巴氏杀菌鲜牛乳生产线上常采用 70℃，1.5～1.8MPa 来均质，在发酵酸乳的生产线上常采用 25℃，2.0MPa 左右压力来均质。

超高压食品加工是将食品原料充填到塑料或其他柔软容器中密封，再投入到 1000～6000 个大气压力的高压装置中加压处理，导致微生物的蛋白质变性，酶失去活性，最终导致细菌死亡。处理后发现，可溶性固形物、氨基酸、维生素 C、蛋白质均无减少，食品的色泽、香味不受影响。

现有的乳品加工或多或少都对乳的成分造成一定程度的破坏，如果使用高压或超高压技术来加工乳品，将可以避免这种情况的发生。但这种方法作为工业应用，在设备设计及制造上将会遇到很大的困难。首先，大产量的高压泵系统（每小时超过 1t）制造费用会非常昂贵，防泄漏问题将非常重要并难以解决。另外，定性的研究虽已进行不少，定量的研究尚有大量工作要做。随着高压材料技术的发展，高压技术定会在乳品工业中广泛使用。科技界预言，高压食品处理将是食品加工界的一次重大革命，被列为当前七大技术热点和 21 世纪的十大尖端科技。

5. 气调技术在乳品工业中的应用

气调技术大多是应用在对果蔬产品的贮藏方面，但随着气调技术的不断发展和完善，气调技术也被利用在乳品加工和贮藏方面。在乳品加工过程中,利用填充碳酸气来制得充气酸乳,在奶油冻的生产方面加入充气机来制得充气甜食,在奶粉的包装上采用抽真空技术延长产品的货架期,在干酪的成熟过程中采用气调技术改善其成熟环境和成熟时间,在干酪制品包装上采用活性气调(50%的 N_2 和 50% 的 CO_2,75% 的 N_2 和 25% 的 CO_2)包装技术延长干酪制品的保质期,还可以利用气调技术延长牛乳酒的货架期。这些气调技术在乳品工业中的应用还只是冰山一角,相信随着科技的发展和气调技术的不断完善,气调技术在乳品工业中的应用将愈来愈广。

6. 包装材料在乳品工业中的应用

随着材料科学的发展,特别是新材料的不断涌现,包装行业的材料出现了功能材料的说法。

包装材料在乳品工业中的应用发展到现在已经上升到一个新的起点,它不仅仅是为延长产品的保质期和货架期,这只是其基本功能。现在的包装材料,已经兼具更多的功能:产品的信息标识牌,企业的文化宣传牌,企业的技术指导牌和消费者消费理念引导牌等功能。

最初的塑料包装材料由于不能降解,随着产品种类的增多,产品消费后形成全球性的"白色垃圾"。随着社会进步,人们对环保意识的加强,包装材料在消费之后的垃圾处理越来越受到人们的关注,于是可降解材料的纸包装出现并投入使用;由于纸包装材料的使用要耗费大量的森林资源,而森林资源的破坏和浪费,造成全球性气候和人类生存环境的恶化,于是节约型、安全型的可食高分子蛋白质包装材料就出现了。另外,分解性包装材料、保鲜性包装材料、选择吸收性包装材料、阻隔性包装材料、耐热性包装材料、无菌和抗菌性包装材料和导电性包装材料及纳米性包装材料等多种功能性包装材料不断创新,并逐步在食品工业中投入推广使用。现代乳品作为现代食品中的"白色石油",正在作为时代食品的主流,在可食包装上不断尝试前进。包装材料的革命不仅仅是乳品工业的部分改变,而是现代乳品企业集体智慧的凝聚体现,代表着一个企业的志向和科技水平。总之,国内外新开发的包装材料的发展趋势均是朝着高性能、无毒无害、绿色环保、物美价廉、方便使用等绿色包装方向发展。另外,目前研制的智能性功能包装材料,是通过用光电、温敏、湿敏等功能材料与包装材料复合制成的。它可以识别和指示包装空间的温度、湿度、压力及密封的程度、时间等一些重要参数,更为发展智能包装材料提供了广阔的前景。

7. 益生菌在乳品工业中的应用

乳制品中发酵乳以其丰富的蛋白质、有益健康且易消化而成为几千年来人们"众所推崇"的食品。随着人们保健意识的增强,发酵乳由于生产过程中使用益生菌(Probiotics)而扩大其范畴。现代乳品界公认的益生菌主要是指双歧杆菌、干酪乳杆菌等天然菌株,随着现代消费对保健功能的追求,在乳品加工过程中常采用益生菌菌株来开发相关的发酵乳制品。例如,在酸奶中添加 LABS、LP、LGG 等菌株来制得保健酸奶,添加双歧杆菌来制得双歧功能性酸奶,在干酪制作过程中采用干酪乳杆菌、瑞士乳杆菌来制备具有保健功能的干酪食品,开发具有多种特殊功能的开菲尔产品,以及利用天然菌株或驯化菌株制备功能保健奶酒等具有特殊功能、花样繁多的乳制品食品。

总之,各种栅栏因子的复合交互应用,必将是今后食品贮藏加工的主基调,将会为食品的质量和安全体系提供坚强的技术理论保障。

三、栅栏技术应用缺陷及对策研究

栅栏技术在食品加工中的应用越来越受到企业关注,使用栅栏技术控制食源性危害不同于传统的控制方法。因此,传统企业食品安全管理体系中使用的监视和测量控制措施应予以更新和调整。吴希铭在"栅栏技术在我国食品企业中存在的缺陷及对策研究"一文中,分析了某利乐包装浓缩汤汁产品中使用栅栏技术实施食品安全控制的成效,并在此基础上提出了一些改善建议。

1. 栅栏技术应用分析

栅栏技术协同理论认为:在复杂大系统内,各子系统的协同行为可以产生出超越各要素自身的单独作用,从而形成整个系统的统一作用和联合作用。在食品安全领域,为了阻止残留的腐败菌和致病菌的生长繁殖,可以使用一系列的防范方法。使用栅栏技术的优势在于:某种栅栏因子的组合应用可以大大降低另一种栅栏因子的使用强度,比运用单一而高强度的因子更有效,多因子协同作用可最大限度地减少对最终产品品质的破坏,保持食品原有的风味,甚至更好地保持食品的色、香、味,并使产品组织具有良好的鲜嫩度和弹性,还可以延长产品的保存期。同时,使用栅栏技术后可以突破使用单因素措施时标准强制规定的限值或控制强度。

以栅栏技术控制微生物危害为例:某水产品加工企业生产一种烟熏干鲍鱼,最终产品的 pH 约为 6.0,属于低酸产品;水分活度为 0.8,接近于肉毒梭状芽孢杆菌生长的临界值 0.86。按常理,该类产品应作为高风险类别产品来控制。按相关规程针对肉毒梭菌车间环境温度必须达到如表 7-2 所示控制要求。

表 7-2　烟熏干鲍鱼栅栏控制要求

序号	栅栏控制要求
1	加工车间的温度不应高于 21℃(加热工序除外)。产品经冷冻后进行包装时,包装间的温度应控制在 10℃以内
2	加工过程中,应控制产品的内部温度和暴露时间。例如,若在加工过程中产品的内部温度在 21℃以上,则加工产品的累计暴露时间不应超过 2h
3	应将烟熏作为关键控制点,控制烟熏温度不超过限定温度,以通过控制部分腐败菌的生长来抑制肉毒梭菌的生长繁殖

事实上该企业既未有效控制车间温度的措施,也未将烟熏作为关键控制点,然而产品仍然在安全受控之中,这得益于以下栅栏因子的共同作用。

1) 产品在加工前的烧煮处理。烧煮温度和时间虽然达不到商业无菌的强度,但已能减少初始带菌数。

2) 中产品 3 个月左右的腌制处理。通过日晒、风干等措施,中产品的 a_w 降至 0.7 左右。较低的水分活度同样给肉毒梭菌的生长和产毒带来障碍。

3) 终产品使用开口包装形式同时冷藏在 0～3℃环境。有氧的环境使得肉毒梭菌的芽孢无法产毒,同时位于临界的保存温度也限制了 E 型肉毒梭菌的生长(注:E 型肉毒梭菌及非蛋白分解 B 型、F 型肉毒梭菌的产毒最低温度为 3.3℃)。

可见,综合运用各栅栏因子能够在保证产品安全的同时,突破单因素控制措施的限制,在一定程度上可以保存产品特有品质、节约能源或劳动力成本。这种技术已在水产品加工中占有较为重要的位置。在美国、印度及欧洲一些国家已经获得较大的发展。

笔者在近期卫生备案评审工作中发现,越来越多的食品生产企业引入了栅栏技术来控制食品中腐败菌和致病菌的生长繁殖。但是工艺参数大部分是引进国外母公司的经验,并且企业的质量卫生控制体系对其缺乏配套的验证和监控措施。特别是制订关键参数的理论依据难寻,可靠性也难验证。因此,有必要针对栅栏技术的特殊性开发新的评估工具。

2. 栅栏技术应用实例

(1) 产品描述

某次检查过程中遇到某产品浓汤,需要说明的是该系列产品在国内的市场占有量在 1/4 以上,因此具有一定典型性。该产品特性描述见表 7-3。

表 7-3　浓汤产品特性描述

项目	数值
pH	4.7
a_w	0.73
含盐量/%	18
Pres.	山梨酸钾 0.08%
包装形式	利乐包装
贮存方式	常温贮存,保质期 12 个月

其主要生产工艺如下(注:为保护企业商业机密,已使用相应的临界参数代替上述工艺参数,并删减部分敏感数据):原料验收→配料→加热搅拌→均质→巴氏杀菌(CCP1)→过滤(CCP2)→贮存→金属探测(CCP3)→灌装密封→冷却→包装→收缩→装箱→入库贮存。

其关键点工艺参数设置见表 7-4。

表 7-4　浓汤产品关键工艺

工艺流程	工艺描述	关键技术参数
CCP1	杀灭大部分致病菌	加热至 85℃,保温 3min
CCP2	除去产品中可能的外来物	每班前检查滤网的完整性和清洁。筛网孔径 2.5mm
CCP3	除去产品中的物理危害	以铁 φ1.2mm,非铁 φ1.5mm,不锈钢 φ2.5mm,标准测试片进行灵敏度测试

（2）栅栏因子分析

该产品加工过程中虽然使用巴氏杀菌工艺,但其杀菌强度不足以杀灭所有腐败菌和致病菌。在其货架期内,其产品保质主要依靠栅栏因子协同作用来实现。

对于其使用的栅栏因子及控制要素分析见表 7-5。

表 7-5　栅栏因子及其控制要素分析

栅栏因子名称	对象	方法	其他说明
酸化(pH4.7)	抑制致病菌生长	使用酸度调节剂	pH4.6 是酸性食品和低酸食品的分界线
水分活度(0.73)	金黄色葡萄球菌	配料(加盐)、加热	0.6~0.85 属中间水分食品,位于临界值附近
高温处理 (85℃,3min)	李斯特菌,立克次氏体	连续巴氏杀菌系统	使用高温瞬时杀菌无法杀灭肉毒梭状芽孢杆菌,但在酸化环境下,该菌生长得到有效控制
使用化学抑制剂 (山梨酸钾 0.08%)	大部分微生物	添加适当量的山梨酸钾	使用化学抑制剂使微生物蛋白质变性,抑制酶或破坏微生物细胞壁和细胞膜达到控制效果

（3）企业当前质量安全体系控制成效

针对浓汤产品的 4 个栅栏因子,由表 7-5 可见,企业质量安全体系仅对高温处理因子实施有效控制。而该因子单独作用的强度不足以保证这类产品顺利渡过货架期。为保障每一项因子得到有效控制,需要针对其特点开发配套的控制程序。

（4）完善对策

以上述浓汤产品使用的栅栏因子为例,增加了相应的监控程序以完善对栅栏因子控制的有效性。具体的做法是将酸化、水分活度控制、化学抑制剂增加为关键点予以控制,同时保留巴氏杀菌处理关键点。具体见表 7-6。

表 7-6　浓汤产品关键点控制表

关键控制点名称	控制参数	控制方法	说明
酸化	产品酸度 pH<4.7	使用 pH 计在配料完成后测平衡 pH	pH 应定期校准
水分活度	通过加盐量和产品浓缩量控制产品水分活度<0.73	盐的加入操作使用专人配料,专人复核制度;使用快速水分活度仪测量过滤后产品的 a_w	盐的投入量可直接影响水分活度的数值。因此,在其他工艺参数得到确定的前提下,可以找出加盐量与 a_w 之间的对应关系
巴氏杀菌处理	巴氏杀菌设备的温度和时间同时满足 $T>85℃,t>3min$	人工核对设备的温度监控装置及传送控制运行的有效性	使用自动温度记录装置记录巴氏杀菌过程参数,负责人定期审核数据;人工验证控制系统仪表的有效性
使用化学抑制剂	山梨酸钾添加量在 0.08% 的一个允差范围内,应不小于 0.08%	山梨酸钾的加入操作使用专人配料、专人复核制度	过少的投入量可能造成产品腐败,而过多的投入会对人体造成损害。因此,建议设立专门的操作限制予以控制

在表7-6中仅简要地列举了可行的监控方案,具体执行仍需要制订详细的验证、纠偏处理及记录程序。

3. 监管建议

（1）引入 HACCP 体系

使用栅栏技术控制的关键点较传统方式要多,并且一项栅栏因子的失控,将导致整个控制体系的失效,因此控制风险较常规方式要高。HACCP 体系的导入可有效节约管理成本,提高监控的有效性,同时,可以使得选择、调整栅栏因子时有据可依,可预防、消除或降低对产品质量造成的危险。

因此,使用栅栏技术的企业宜同时引入 HACCP 体系,并考虑将栅栏因子作为关键点控制的可能性。

特别需要强调的是,对于每一个栅栏因子都应设置监控程序。在 HACCP 体系的计划表中,若某栅栏因子不适合作为关键点,也应针对该点制订专门的前提方案(prerequisite program,PRP)或者操作性前提方案(operational prerequisite program,OPP)。

（2）使用可即时测量的关键值

针对栅栏因子设置的关键值应尽可能采取通过各类仪器、仪表可测量并即时获得数据。这里包含两层含义。

1）尽可能避免使用主观信息作为关键值。主观信息包括对产品、加工过程、处置的视觉检验方式获取的数据。这类数据本身并不适宜作为栅栏因子的关键值,可考虑将其转换为可通过仪器测量的客观信息。例如,对于食品添加剂山梨酸钾的加入量作为栅栏因子进行控制,可考虑通过计算机通信的方式记录台秤数据,以替代人工目测记录。若关键值必须基于主观信息,则需要编写对应的作业指导书,并对操作者提供有效的培训支持。

2）数据应可即时获取。对于一些栅栏因子,可以通过仪器实验的方式获取数值。然而,检测流程可能耗费一个或者数个工作日。对于这样的关键点设置是无法保证有效的监视频次及适当时间范围内获取有效结果的。对于这类情况建议:使用快速检测设备代替原有设备;通过间接测量其他可即时获取的参数、并经转换为等效数据。

（3）进一步完善验证程序

目前,我国食品生产企业使用的栅栏技术控制参数大部分直接照搬国外企业(绝大部分由国外的母公司提供)。工艺引进后未加有效验证或者根本未经验证。

生产企业应考虑到地域不同、原辅料不同造成产品的初始数据不同。例如,产品的原始带菌数、pH、含水量等数据会因原辅料产地的差异而不同,因而会影响栅栏技术参数设置的有效性。

在此,建议进一步完善验证程序,具体建议如下。

1）可通过产品保质期实验的方式进行。建议在原有参数的基础上,加以保质期实验验证。通过梯度实验的方式,确定最佳的配合参数。一般运用栅栏技术应确保产品在两个保质期不发生明显品质变化。

2）结合预测微生物学的相关方法。栅栏技术与预测微生物技术（predictive microbiology）相结合，将产品的成分、制作工艺、保存和运输方式等信息输入电脑数据库，通过计算机协助人员了解诸多外部因素的相互作用机制，选择合适的栅栏因子，从而帮助和指导管理者更有效地针对薄弱环节进行管理。

3）充分考虑季节因素。以上实验应充分考虑到季节不同对环境温度的影响。实验应在最严酷的环境下进行，确保设计参数能够满足最恶劣的条件。

4）严格执行内审等各类验证活动。应按照组织体系文件要求的时间间隔实施内部审核和各类验证活动。这些情况可能包括：产品的供应商发生变化；产品的工艺和配方发生变化；加工设备或者监控仪器更新；经企业实验室检验，产品质量出现不稳定因素；发生客户投诉或者市场收集到信息表明产品有质量问题等。

参 考 文 献

别春彦.2006.量化栅栏技术和创建生长/非生长界面模型对食品保藏的意义.食品工业科技,3：200-203.

曹文红.2008.HACCP在出口冻罗非鱼片生产中的应用.四川食品与发酵,44(3)：19-23.

车芙蓉,李江阔,岳喜庆.2000.肉制品加工中关键控制点确定及栅栏技术应用的研究.食品科学,12：54-55.

车云波,李杨,张玲.2010.栅栏技术在肉制品加工中的应用.养殖技术顾问,18：114-115.

陈丽娇,郑明锋.2004.应用栅栏技术确定带鱼软罐头杀菌工艺的研究.农业工程学报,(2)：196-198.

陈明造,高适兰.1992.中国香肠制品微生物特性研究.Fleischwirtschaft,72：1152-1154.

陈世彪.2007.栅栏技术延长牦牛肉干货架期的应用研究.四川畜牧兽医,5：30-32.

陈学红,秦卫东,马利华,等.2010.狗肉制品栅栏保藏技术的研究.食品科技,35(10)：158-161.

陈学红,秦卫东,马利华,等.2014.加工工艺条件对果蔬汁的品质影响研究.食品工业科技,(1)：355-362.

成波,刘成国.2007.栅栏技术在传统肉制品中的应用.肉类加工,5：10-13.

成坚,曾庆孝.2000.栅栏技术在低糖果脯生产中的应用.仲恺农业技术学院学报,13(9)：67-71.

达仁.2006.栅栏包装技术的应用及特点.农产品加工,11：45-50.

董国庆,李莉,李喜宏,等.2010.干豆腐的综合保鲜技术研究.粮油加工,9：105-107.

付晓.2011.栅栏技术及其在我国食品加工中的应用进展.食品研究与开发,32(5)：179-182.

付晓,王卫,张佳敏,等.2011.栅栏技术及其在我国食品加工中的应进展.食品研究与开发,32(5)：179-182.

高翔,王蕊.2004.栅栏技术在鲜切菜生产中的应用.四川食品与发酵,5：35-39.

古应龙,杨宪时.2006.南美白对虾温和加工即食制品栅栏因子的优化设置.食品科技,6：68-72.

关楠,马海乐.2006.栅栏技术在食品保藏中的应用.食品研究与开发,8(5)：160-163.

关志苗.1996.水分活度及其在水产食品保藏上的意义.水产科学,15(2)：35-37.

黄光荣,蒋家新,蔡波,等.2001.软罐头榨菜中的腐败微生物分离及生物学特性初步测定.浙江科技学院学报,14(4)：21-23.

蒋家新,黄光荣,蔡波,等.2003.栅栏技术在软包装榨菜中的应用研究.食品科学,24(3)：22-24.

康怀彬,徐幸莲,张敏,等.2006.烧鸡综合保鲜技术研究.食品科学,27：556-558.

莱斯特,王卫.1996a.栅栏技术在食品开发中的应用(上).肉类研究,33(2)：42-44.

莱斯特,王卫.1996b.栅栏技术在食品开发中的应用(下).肉类研究,51(1)：31-33.

莱斯特,朱雪卿.1996.水分活性与食品保藏.肉类研究,3：48-49.

兰凤英,南庆贤,靳烨.2001.壳聚糖对中式香肠抗氧化性能的影响.肉类工业,增刊1：124-126.

雷鸣,卢晓黎,胡联章.2002.牦牛脯常温保藏技术研究.肉类工业,1：34-35.

李红军.2000.栅栏技术在香肠制品中的应用.山东食品科技,3：40-41.

李佳,张富新.2006.连翘在中式香肠中抗菌及抗氧化性能的研究.中国农学通讯报,22(4)：112-115.

李佳,张富新,张拥军.2007.百里香提取物在中式香肠中的抗菌及抗氧化性能的研究.中国食品学报,7(3)：107-111.

李建华.2006.栅栏包装技术的应用及特点.农产品加工,98(11)：45-47.

李江阔,张鹏,岳喜庆,等.2008.乳酸链球菌素研究现状及在畜产品加工中的应用.保鲜与加工,8(1): 5-8.

李魁伟.1996.出口冻分割野畜肉加工中栅栏技术的应用.肉类研究,2:14-21.

李莹,黄开红,周剑忠,等.2012.栅栏技术结合 HACCP 体系延长"叫化鸡"货架期的研究.江西农业学报,1:37-41.

李莹,周剑忠,黄开红,等.2008.栅栏技术在调味对虾制品中的应用.江西农业学报,20(9):115-117.

李云捷,张迪.2011.栅栏技术在半干鲢鱼片生产工艺中的应用.食品研究与开发,9(32):201-204.

李云捷,段春红,汪琳.2011.栅栏技术在苹果果脯保藏应用中的研究.安徽农业科学,39(20): 12552-12554.

李宗军.2005.应用多靶栅栏技术控制羊肉生产与贮藏过程中的微生物.肉类研究,3:30-32.

梁永正.1996.食品防腐保鲜技术应用.中国畜产与食品,4:30-33.

林进,杨瑞金,张文斌,等.2010.栅栏技术在即食南美白对虾食品制作中的应用.食品与发酵工业,36: 45-51.

刘冠勇.2000.肉与肉制品加工中的栅栏技术.肉类研究,1:33-32.

刘冠勇.2001.畜产品综合保藏技术——栅栏技术.中国禽业导刊,19(19):8-9.

刘冠勇.2007.栅栏技术与香肠加工.肉类工业,8:4-5.

刘冠勇,罗欣.2000.栅栏技术在香肠制品中的应用.山东食品科技,3:16-17.

刘琳.2009.栅栏技术在肉类保藏中的应用.肉类研究,6:66-70.

刘言宁.2005.冷藏南美白对虾调理食品的研制.无锡:江南大学食品学院硕士学位论文:15-23.

龙昊.2011.栅栏技术在中式香肠加工中的研究进展.肉类研究,25(2):45-48.

楼鼎鼎,梁燕,张英,等.2004.竹叶抗氧化物在中式香肠中的应用研究.食品科学,25(11):189-191.

马凤琴,徐广泽.1993.中国肉食制品加工大全.北京:北京理工大学出版社.

马汉军.1992.中式火腿加工改进探讨.肉类研究,3:12-14.

马俪珍,蒋福虎,刘会平.1997.肉品现代保藏技术的研究进展.肉类研究,4:41-45.

马俪珍,李军虎,陈晓英.1995.栅栏技术用于羊肉脯的保藏效果.中国畜产与食品,9:68-70.

马宗华,王文韬.2004.栅栏技术在肉制品中的应用.肉类工业,5:19-21.

潘超,朱斌,苗孙壮.2009.栅栏技术及其在肉品保鲜中的应用.肉类工业,10:17-19.

齐占峰.2004.食品防腐栅栏技术在肉制品生产中的应用.肉类工业,7:23-27.

乔华林.1999.预测微生物学与栅栏技术和 HACCP 的关系.肉品卫生,(1):11-13.

乔美花.1999.栅栏技术与肉的保鲜.肉品卫生,(9):9-13.

任增超,王炎冰,杨淑平,等.2011.栅栏技术在海鲜调味料开发中的应用.中国调味品,3(36):71-74.

单成俊,周剑忠,刘懋成,等.2009.HACCP 在传统食品叫化鸡加工中的应用.江西农业学报,21(10): 140-142.

生庆海.1998.HACCP 系统及其在肉制品加工中的应用.肉品卫生,6:22-23.

石玉新,马艳丽,齐树亭,等.2005.柠檬酸对三种常见水产病原菌的抑菌作用.饲料工业,26(6):57-59.

宋欢,蔡君,晏家瑛,等.2010.栅栏技术在果蔬保鲜中的应用.食品工业科技,31:408-412.

宋振,王英,张欣茜,等.2011.天然栅栏保鲜技术对冷鲜羊肉保鲜效果的研究.农产品加工(学刊),3: 27-30.

苏瑛.2009.优质肉鸡屠宰加工流程中 HACCP 体系及栅栏技术的应用.中国家禽,19(31):62-65.

孙卫青,马丽珍.2004.低温羊肉火腿综合保鲜技术的研究:货架期的应用研究.食品科学,9:36-39.

汤凤霞,乔长晟.2002.天然生物食品防腐剂的研究与应用.世界农业,2:34-36.

汪涛,马妍,金桥.2007.利用栅栏技术研制 H-Aw 型即食调味鱼片.沈阳农业大学学报,38(2):223-228.

汪艳群,陈芳,李武祎,等.2007.低糖脆梅加工中栅栏技术的研究.食品与发酵工业,5(33):80-83.

王磊,刘俊荣,岳福鹏,等.2008.栅栏因子对低值鱼蛋白组织化模拟食品感官质量的影响.大连水产学院学报,23(2):149-152.

王光华.1989.板鸭产品特性研究.Mitbl BAFF-Kulmbach,28:330-334.

王卫.1993.新型肉干制品莎夫牛柳的加工.食品工业科技,3:31-34.

王卫.1995.兔肉制品微生物感染实验.中国畜产与食品,10:205-206.

王卫.1996.传统腌腊肉制品特性及加工改进研究.肉类研究,4:32-35.

王卫.1997a.腌腊肉制品产品特性及加工研究.中国畜产与食品,5:23-27.

王卫.1997b.栅栏技术在肉食品开发中的应用.食品科学,18(3):9-13.

王卫.1997c.栅栏技术在食品开发中的应用.食品科学,6:8-11.

王卫.2003.迷你萨拉米发酵香肠加工及其产品特性分析.食品科技,(12):36-38.

王卫.2000.重组法和传统法加工肉干制品产品特性的比较.肉类研究,4:23-26.

王卫.2004a.中式口味发酵香肠的开发研究.食品科技,(10):23-25.

王卫.2004b.迷你萨拉米发酵香肠栅栏效应及其加工控制研究.食品科学,12:124-126.

王卫,何容.2003.不同类型发酵香肠产品特性及其栅栏效应的比较.食品科技,(1):32-34.

王卫,莱斯特.1995.传统肉制品加工中栅栏技术的应用.肉类研究,3:8-11.

王卫,莱斯特.1997.食品开发中栅栏技术的应用.食品科学,3:20-25.

王卫,潘华.1992.HACCP在肉制品加工中的应用.肉类研究,3:27-30.

王卫,彭其德.2002.现代肉制品加工实用技术手册.北京:中国科技文献出版社.

文俊,宗学醴,母智深.2007.栅栏技术在乳品工业中的应用.中国乳品工业,35(2):50-53.

吴浩.2012.栅栏技术在麻糬生产综合防腐中的应用.现代食品科技,6(28):672-675.

吴燕燕,李来好,杨贤庆,等.2008.栅栏技术优化即食调味珍珠贝肉工艺的研究.南方水产,6(4):56-62.

伍玉洁,杨瑞金,刘言宁.2006.水分活度对干制虾仁产品的货架寿命和质构的影响.水产科学,25(4):175-178.

谢乐生,杨瑞金,朱振乐.2007.熟制对虾虾仁超高压杀菌主要参数探讨.水产学报,31(4):525-531.

谢启容.1994.栅栏技术用于重组肉干的保藏效果.肉类研究,1:35-37.

徐吉祥,钟桂兴,彭珊珊.2009.栅栏技术在食用菌保鲜贮藏中的应用.农产品加工(创新版),5:65-67.

许钟,杨宪时.1998.调味扇贝半干制品适宜水分含量的研究.水产学报,22(2):190-192.

严奉伟.1998.栅栏技术在食品包装中的应用和发展趋势.食品科技,4:11-13.

颜威,王维民,林文思,等.2012.栅栏技术优化即食调味罗非鱼片工艺的研究.农产品加工学(学刊),4:73-76.

杨瑞.2000.乳酸链球菌素在即食腊肉制品保藏应用中的研究.食品工业科技,2:21-23.

杨文俊,宗学醒,母智深.2007.栅栏技术在乳品工业中的应用.中国乳品工业,2:117-119.

杨宪时.1998.调味扇贝半干制品适宜水分含量的研究.水产学报,22(2):190-192.

杨宪时,许钟.2000.高水分扇贝调味干制品保质栅栏的模式及强度.水产学报,24(1):67-71.

杨宪时,许钟,郭全友.2003.提高扇贝制品安全水分含量的初步研究.中国水产科,10(3):258-261.

叶盛权,郭祀远,吴晖.2008.罗非鱼片干燥技术的研究.食品工业科技,29(9):205-207.

余坚勇,李碧晴,王刚.2002.栅栏技术原理在蔬菜罐头中的应用.粮油加工与食品机械,10:44-45.

袁林,郭兴竹.2005.栅栏技术在膏状肉类香精防腐中的应用.食品工业科技,26(6):179-180.

曾凯宏,阚建全.2001.栅栏技术及其在肉制品中的应用研究.保鲜与加工,1(3):28-29.

曾少葵,杨萍,洪鹏志.2002.栅栏效应理论在高水分波纹巴非蛤肉软罐头开发中的应用.食品与发酵工业,28(3):28-30.

詹磊. 2010. 蜂胶对广式香肠氧化安全性的影响. 广州:暨南大学硕士学位论文.

张长贵,董加宝,王祯旭. 2006. 栅栏技术及其在软包装低盐化盐渍菜生产中的应用. 中国食品添加剂,3:
133-136.

张桂,赵国群. 2010. 利用食品栅栏技术进行番茄保鲜的研究. 食品科技,35(10):66-68.

张桂,赵国群,王平. 2010. 食品栅栏技术在草莓保鲜中的应用研究. 食品科技,35(5):54-56.

张娟,娄永江. 2006. 冰温技术及其在食品保鲜中的应用. 食品研究与开发,2(3):150-152.

张平. 2005. 玉米醇溶蛋白在草莓贮藏保鲜中的应用. 保鲜与加工,4:35-37.

赵静. 2006. 栅栏技术延长牦牛肉肠货架期的应用研究. 肉类研究,2:28-33.

赵静,莫海花,李红征. 2006. 栅栏技术延长牦牛腱子制品货架期的应用研究. 食品研究与开发,127(7):
193-195.

赵友兴,郁志芳,李宁. 2000. 栅栏技术在鲜切果蔬质量控制中的应用. 食品科技,5:20-22.

赵志峰,雷鸣,卢晓黎,等. 2002. 栅栏技术及其在食品加工中的应用. 食品工业科技,23(8):93-95.

赵志峰,雷鸣,卢晓黎. 2004. 栅栏技术在肉类调理食品中的应用研究. 食品科学,6:107-110.

赵志华,王燕妮. 2008. 高品质冷却鸡肉的生产及控制技术研究. 肉类工业,4:24-27.

Adrie J. 2005. Food safety and transparency in food chains and networks:relationships and challenges.
Food Control,9(6):481-486.

Alzamora S. M. 1995. Minimally processed fruits by combined methods. In:Seow C. C. In Food Preserva-
tion by Moisture Control. Lancaster:Technomics Publishing Co:463-492.

Cheng M. Z. ,Gao S. L. 1992. Studies on the microbial flora of Chinese-style sausage. Fleischwirtschaft,
72(8):1126-1128.

Clevelan D. J. 2001. Safe natural antimicrobials for food preservation. International of Food Microbial,71:
1-20.

Downey W. K. 1987. Hurdle effect and energy saving. In:Seminar C. Food Quality and Nutrition. Lon-
don:Applied Science Publishers:553-557.

Fischer S. ,Palmer M. 1995. Fermented Meat Production and Consumption in the European Union,in Fer-
mented Meats. Glasgow:Blckie:217-233.

Fox M. ,Loncin M. 1982. Investigations into the microbiological stability of water-rich foods processed by
a combination of methods. Lebensmittel-wissenschaft und Technologie,27:214-218.

Galhotra A. ,Goel N. K. ,Pathak R. ,et al. 2007. Surveillance of cold chain system during intensified pulse
polio programme-2006 in Chandigarh. Indian Journal of Pediatrics,74(8):751-753.

Gao P. ,Garriga M. ,Guerrero L. ,et al. 1997. Wirkung von natriumlactat und kalium-hydrogensulfit auf
nicht gesäuerte Rohwürste mit kleinem Kaliber. Fleischwirtschaft,80(1):50-53.

Gao S. L. ,Cheng M. Z. 1991. Studies on the microbial flora of Chinese-style sausage. Fleischwirtschaft,71
(12):1425-1426.

Gould G. W. 1985. Use of Superficial Edible Layer to Protect Intermediate Moisture Foods,Application to
the Protection of Tropical Fruit Dehydrated by Osmosis. London:Elsevier Applied Science Publishers.

Gould G. W. 1995. Interference with homeostasis-food. In:Whittenbury R. ,Gould G. W. ,Banks J. G. ,et
al. Homeostatic Mechanisms in Micro-organisms. Bath:Bath University Press:220-228.

Hammer G. F. ,Wirth F. 1984. Wasseraktivitaet-aw-Verminderung bei Leberwurst. Mitteilungs-blatt der
Bundesanstalt fuer Fleischforschung,Kulmbach,84:5890-5893.

Hechelmann H. ,Kasprowiak R. S. ,Berggramann A. ,et al. 1991. Stable fleischerzeugnisse mit frisch-
product charakter fuer die truppe,BMVg FBWM 91-11. Bonn:Dokumentions- und Fachintormation-

szentrum der Bundeswehr.

Hechelmann H. ,Leistner L. . 1984. Mikrobiologiische stabilitaet autoklavierter darmware. Mitteilungsblatt der Bundesanstalt fuer Fleischforschung. Kulmbach,84:5894-5899.

Incze K. 1987. The technology and microbiology of hungarian salami and current status. Fleischwirtschaft,67(3):445-447.

Jakobsen M. ,Jensen H. C. 1975. Combined effect of water activity and pH on the growth of butyric anaerobes in canned pears. Lebensmittel-Wissenschaft und Technologie,8:158-160.

Kanatt S. R. ,Chawla S. P. ,Chander R. 2002. Shelf-stable and safe intermediate-moisture meat products using hurdle technology. J Food Prot,65(10):1628-1631.

Kang D. H. ,Koohmaraie M. ,Dorsa W. J. 2001. Development of a multiple-step process for the microbial decontamination of beef trim. J Food Prot,64(1):63-71.

Knauf H. 1995. Starterkultur für die herstellung von Rohwurst und Rohpökelwaren. Die Fleischrei,6: 4-14.

Koch H. 1992. Die Fabrikation Feiner Fleisch-und Wurstwaren:Deutscher Fachverlag.

Lücke F. K. 1984. Mikrobiologiische stabilitaet im offenen kessel erhitzter wurstekonserven. Mitteilungsblatt der Bundesanstalt fuer Fleischforschung. Kulmbach,84:5900-5905.

Lücke F. K. 2001. Fermented sausages. In:Brian J. B. Microbiology of Fermented Foods. Gaithersburg: Aspen Publishers,Inc:326-357.

Leistner L. ,Gorris L. G. 1995. Food preservation by hurdle technology. Trends Food Sci Technol,6: 41-46.

Leistner L. 1976. The stability of intermediate moisture foods with respect to micro-organisms. In:Davies R. ,Birch G. G. Intermediate Moisture Foods. London:Applied Science Publishers:120-137.

Leistner L. 1978. Hurdle effect and energy saving. In:Downey W. K. Food Quality and Nutrition. London: Applied Science Publishers,Ltd:553-557.

Leistner L. 1985a. Hurdle technology applied to meat products of the shelf stable product and intermediate moisture food types. In:Simatos D. ,Multon J. L. Properties of Water in Foods in Relation to Quality and Stability. Dordrecht:Martinus Nijhoff Publishers:309-329.

Leistner L. 1985b. Water Ralations of Foods. New York:Academic Press.

Leistner L. 1986a. Allgemeines uber rohschinken. Fleischwirtschaft,66:496-510.

Leistner L. 1986b. Hurdle effect and energy saving. In:Downey W. K. Food Quality and Nutrition. London:London Appl Sci Publ:553-557.

Leistner L. 1987a. Hurdle technology applied to meat products of the shelf-stable product and intermediate moisture food types. In:Simatds D. Properties of Water in Foods. Dordrecht:Martinus Nijhoff publishers.

Leistner L. 1987b. Shelf-stabile products and intermediate moisture foods based on meat. In:Rockland L. B. ,Beuchat L. R. Water Activity Theory and Applications to Food. New York:Marcel Dekker: 295-327.

Leistner L. 1988a. IMF-fleischerzeugnisse in entwicklunslaender. Proc. 34th Int,congr Meat Sci and Technol,Part B:470-475.

Leistner L. 1988b. Shelf-stabile products and intermediate moisture foods based on meat. Proc 34h Int Congr Meat Sci And Technol,Part B:470-472.

Leistner L. 1989. Hurdle technology for shelf-stable foods South African food. Rev Dec,1989/Jan:27-31.

Leistner L. 1990. Hurdle technology in traditional products. Proc 36th Int Congr Meat Sci and Technol, Vol. Ⅱ:842-855.

Leistner L. 1991. Untersuchungen uber die aw-wert von Rohwurst. Fleischwirtschaft,71:923-927.

Leistner L. 1992a. Combinde methods for food preservation. *In*: Handbook of Food Preservation. New Zealand:Horticulture and Food Research Institute.

Leistner L. 1992b. Food preservation by combined methods. Food Res Internat,25:151-158.

Leistner L. 1993a. Linlage of hurdle-technology with HACCP. Chicago:Proc. 45th Annual Reciprocal Meat Conference,American Meat Science As-sociation,National Livestock and Meat Board:1-3.

Leistner L. 1993b. Prospects of the preservation and processing of meat. Fleischwirtschaft,70:1102-1110.

Leistner L. 1994a. Food design by hurdle technology and HACCP. Kulmbach:Adalbert Raps Fondation.

Leistner L. 1994b. Further developments in the utilization of hurdle tech-nology for food preservation. Journal of Food Engineering,22(1-4):421-432.

Leistner L. 1994c. Introduction to hurdle technology. *In*:Leistner L. ,Gouldlgm L. G. M. Food Preservation by Combined Processes. Brussels:Final Report of FLAIR Concerted Action No Subgroup B. European Commission,DGⅡ.

Leistner L. 1994d. Starter and protective cultures for foods in Europe,microbes for better living. MICON-94 & 35th AMI Conference:9-12.

Leistner L. 1994e. User guide to food design. *In*:Final Report of FLAIR-Concerted Action No. 7. Comm. EC. DGⅫ:25-28.

Leistner L. 1995. Food preservation by hurdle technology. Trends Food Sci,6(2):41-46.

Leistner L. 1996. Food protection by hurdle technology. Bull Jpn Soc Res Food Prot,2:22-26.

Leistner L. 1997. Microbiol stability and safety of healthy meat,poultry and fish products. *In*:Pearson A. M. ,Dutson T. R. Production and Processing of Healthy Meat,Poultry and Fish Products. London: Blackie Academic and Professional:347-360.

Leistner L. 2000a. Basic aspects of food preservation by hurdle technology. International Journal of Food Microbiology,55:181-186.

Leistner L. 2000b. Minimally processed,ready-to-eat,and ambient stable meat products. *In*:Man C. M. D. ,Jones A. A. Shelf-Life Evaluation of Foods. Gaitherburg:Aspen Publishers,Inc.

Leistner L. 2000c. Use of combined preservative factors in foods of developing countries. *In*:Lund B. m. , Baird-Parker T. C. The Microbiological Safety and Quality of Food. Vol 1. Gaithersburg:Aspen Publishers,Inc.

Leistner L. ,Gould L. G. 2001. Hurdle technology,combination treatments for food stability,safety and quality. New York:Kluwer Academic/Plenum Publishers.

Leistner L. ,Hechelmann H. 1988. Microbiology and technology of Chinese meat products. Mitbl BAFF-Kulmbach,27:310-318.

Leistner L. , Roedel K. 1993. The significance of water activity for micro-organisms in meats. Fleischwirtschaft,73:1131-1142.

Leistner L. ,Rodel W. 1975. Water Relations of Foods. New York:Academic Press.

Leistner L. ,Roedel W. 1993. Inhibition of micro-organisms in food by water activity. Fleischwirtschaft, 73:214-218.

Leistner L. , Wirth F. 1990. Bedeutung und messung der aw-wert von fleisch und fleischwaren. Fleischwirtschaft,70:954-958.

Lericic R. 1984. Maillard reaction products. In Final Report of FLAIR-Concerted Action No. 7. Comm. EC,DGⅫ:75-78.

Luecke F. K. 1984. Mikrobiologiische stabilitaet im offenen kessel erhitzter wurstekonserven. Mitteilungsblatt der Bundesanstalt fuer Fleischforschung,Kulmbach,84:5900-5905.

Lund T. C. ,Baird P. ,Goule G. 2000. Combined Preservative Factors in Foods. Gaitherburg:Aspen Publishers,Inc.

McClure P. J. 1993. A predictive model for the combined effect of pH,sodium chloride and storage termp. on growth of *Brochothrix therm*. Int Journal of Food Microbiology,19:161-178.

McMeekin T. A. 1993. Predictive Microbiology:Theory and Application. Taunton:Research Studies Press.

Meyer H. ,Leitstner L. 1988. Gegenwartiger stand der mycotoxin-forschung. Meat Sci And Technol,Part A:370-445.

Moiser G. 1988. Fachkunde Fürfeisch. Braunschweig:Westmann Verlag Gmbh.

Ono K. 1994. Packaging design and innovation. Singapore:Material for a Third Country Training Programme in the Field of Food Packaging.

Paik H. D. ,Kim H. J. ,Nam K. J. 2005. Effect of nisin on the storage of sousvide processed Korean seasoned beef. Food Control,13(3):509-511.

Pierson M. D. ,Corlett Jr. D. 1995. HACCP:Principles and Applications. Wadsworth:Van Nostrand Reingold.

Pinkertan F. 1987. Goat meat sausage making. Dairy Goat Journal,65(12):42-43.

Rao K. J. 1993. Application of hurdle technology in development of long life paneer-based convenience food. Karnal:Ph. D. Theses. National Dairy Research Institute.

Raoult-Wack A. L. 1992. Recent advances in drying through immersion in concentrated solutions. *In*:Drying of Lolids. New york:International,Science Publishers.

Rädel W. Einleitung von fleischerzeugnissen in leicht verderbliche,verderbliche und lagerfahige produkte auf grund des pH-wortes. Berlin:Thesis Freie Universität.

Rädel W. ,Krispien K. 1994. Microbiology of meat and products in high-and intermediate moisture ranges. Fleischwirtschaft,74:1154-1158.

Rädel W. ,Leistner L. 1999. Messung der aw-wert von Flemish und Fleischwaren mit einem Taupunkthygrometer. Fleischwirtschaft,79:1100-1106.

Rädel W. ,Scheuer R. ,Wagner H. 1989. Neues verfahren zur bestimmung der wasseraktivitaet bei fleischerzeugnissen. Fleischwirtschaft,69:1369-1399.

Robins M. 1994. Food structure and the growth of pathogenic bacteria. Food Technology International Euroge. Paper Accepted of Publication.

Roenner U. 1994. Food preservation by ultrahigh pressure. *In*:Food Preservation by Combined Processes. Brussels:Final Report of FLAIR Concerted Action No. 7,European Commission DG XII.

Sarkis J. A. 2003. Strategic decision framework for green supply chain management. Journal of Cleaner Production,11(4):397-409.

Savic Z. , Sheng K. , Savic I. 1988. Chinese-style sausages:A special class of meat product. Fleischwirtschaft,68(4):612-617.

Shabani A. ,Saen R. F. ,Torabipour S. M. R. 2011. A new benchmarking approach in cold chain. Applied Mathematical Modeling,36(1):212-224.

Shin H. K. , Cin S. Y. , Leistner L. 1991. Rezepture and techlonogie einiger chinesischer Fleischerzeugnisse. Mitbl BAFF Kulmbach,22:30-34.

Stanley D. W. 1991. Biological membrane deterioration and associated quality losses in food tissues. Critical Reviews in Food Science and Nutrition,30:487-553.

Stecchini M. L. 1991. Effect of Maillard reaction products on the growth of selected food-poisoning microorganisms. Letters in Applied Microbiology,13:93-96.

Taendler K. ,Roedel W. 1985. Herstellung und haltbarkeit von duennkaliberigen Dauerwuersten. II. Haltbarkeit,Fleischwirtschaft,63:150-162.

Tapia de Daza M. S. 1996. Combination of preservation factors applied to minimal processing of foods. Crit Rev Food Sci & Nutr,36:629-659.

Torres E. A. F. S. ,Shimokomaki M. ,Franco B. D. G. M. ,et al. 1994. Parametersdetermining the quality of charqui,an intermediate moisture meat product. Meat Science,38:229-234.

Victoria de-la-Fuente M. ,Ros L. 2010. Cold supply chain processes in a fruit-and-vegetable collaborative network. Advances in Information and Communication Technology,322:3-10.

Wang W. 1991. Processing and improving traditional mutton products under modern technological conditions. Proc Kulmbach:37th ICMST,held September:990-994.

Wang W. ,Leistner L. 1992. Shafu:a novel dried meat product of China based on hurdle-technology. Fleischwirtschaft,73:854-856.

Wang W. ,Leistner L. 1994. Traditionelle fleischerzeugnisse von China und deren optimierung durch hurden technologie. Fleischwirtschaft,74(12) :1135-1145.

Wirth F. ,Leistner L. ,Rädel W. 1990. Richtwerte der fleschtechnologie. Auflage:Deutscher Fachverlag.

后　记

栅栏效应是食品防腐保质的根本所在,栅栏技术的研究和应用对推进食品工业技术进步,提高产品质量和保障产品安全性具有重要意义。栅栏技术在我国食品加工的研究和应用探索已走过了近30年的历程,这些研究和应用探索主要包括以下几个方面。

（1）在肉制品加工中的应用

将栅栏技术应用于我国肉制品的研究与应用起步较早,Leistner等对中国传统肉制品依据于栅栏因子的产品特性进行了长期研究。王卫等以肉干、酱卤、腌腊等肉制品加工中对决定产品感官和可贮性的主要特性指标进行的大量研究为基础,通过栅栏因子的设计和调控,为传统产品加工技术提升、质量改进和新产品开发进行了富有成效的探索。例如,在肉干等制品的开发中,通过对a_w、pH、F等栅栏因子及其互作效应的研究,使产品在尽可能保持特有风味的同时,感官质量和货架期均优于传统肉干。马俪珍等研究了a_w、Eh(真空包装、添加脱氧剂)和微波杀菌等栅栏因子对羊肉脯的保藏效果的影响。孙卫青等采用多种栅栏因子科学合理的组合(原料减菌化处理、Pres.、H、t),使低温羊肉火腿的货架期达6个月。赵志峰等研究了将a_w、紫外线杀菌、H和t作为栅栏因子,作用于新型调理食品土豆烧排骨的加工保藏过程,其研究结果能杀灭有害菌且不会对产品的风味和口感造成不良影响。赵静等将栅栏技术与HACCP结合应用于牦牛肉制品等的加工中,通过微波杀菌、H、t等栅栏有效延长了产品的货架期。李宗军在冷却羊肉的生产过程中,通过原料减菌化处理、Pres.、Eh、t等栅栏因子,使冷却分割羊肉的货架期达到30天。李莹等将栅栏技术与HACCP体系结合用于"叫化鸡"的现代化加工,通过危害分析确定关键控制点及栅栏因子,正交试验得出最优栅栏因子组合,明显延长了"叫化鸡"保质期。宋振等研究了栅栏保鲜技术对羊肉贮藏性能的影响,结果表明,所设置的两层栅栏保鲜技术结合保鲜剂涂膜和OPP/PETA/PE包装袋真空包装贮藏效果最佳。

（2）在果蔬加工中的应用

孙来华等对樱桃番茄设置a_w、pH、Pres.、Eh和紫外线处理等栅栏因子,使产品的保质期达到了规定的标准。张桂等研究了温度、防腐剂及包装等多种栅栏因子对草莓保鲜效果的影响,并成功使草莓保鲜达24天。李云捷等以温度、pH、水分活度、防腐剂、包装5个因素作为栅栏因子,探讨了栅栏技术在苹果果脯保藏中的应用。高翔等也概述了通过控制温度、pH、a_w、气体成分、Eh、Pres.、压力、辐照、臭氧和包装等栅栏因子,有效控制鲜切菜在贮藏过程中的变质问题。蒋家新等研究了Pres.、pH和a_w三种栅栏因子对引起软包装榨菜胀袋的微生物的抑制情况。汪艳群等在低糖脆梅的加工中,研究发现ClO_2浓度、ClO_2浸泡时间、山梨酸钾添加量和650W微波处理时间4个因子对杀菌效果均有极显著的影响,其中以微波处理时间为最主要影响因素,栅栏因子结合应用的效果优于单个因子。余元善等研究了在低糖、中间水分型凉果生产中调控a_w、pH、Pres.、起始微生物和包装等栅栏因子控制凉果货架期内微生物的稳定性。余坚勇等将栅栏技术原理应用于蔬菜罐头生产工艺,大大降低了杀菌强度和酸化程度,产品在口感、脆度、感官接受性等方面有很大提高。赵友兴等讨论了栅栏技术在鲜切果蔬质量控制中的应用,并通过原料选择和处理,控制微生物、褐变、包装等栅栏因子提高了产品货架期。张长贵等讨论了通过控制 a_w、pH、食盐浓度、温度、Pres.、气体成分及 Eh 等栅栏因子,利用其交互作用来控制低盐化盐渍蔬菜在贮藏过程中的腐败变质,从而达到延长产品货架期的目的。

(3) 在水产品中的应用

汪涛等在新型即食高水分调味中间水分鱼片的研发中,采用多种栅栏因子科学合理的组合(pH、Pres.、t、H),使制品在 4℃冷藏条件下可保藏 8 个月以上,并较好地保持其优良品质。古应龙通过对 4 个主要的栅栏因子(a_w、H、Pres. 和 pH)的研究,提高了南美白对虾即食加工制品的品质和贮藏性。裴迪红等对一种生食水产品焓蟹的原料蟹用臭氧水减少其初始菌,并用饱和盐水腌制后进行气调包装,使微生物和常见致病菌得到了有效的控制,产品符合最新国家卫生标准,且口感舒爽,在 −20℃条件下贮藏其保质期达 7 个月。吴燕燕等运用栅栏效应理论,确定了高水分型即食调味珍珠贝肉食品的栅栏模式(原料减菌化处理、pH、a_w、H、t)。李莹等研究了 a_w、pH、Pres. 及杀菌方式等栅栏因子对调味虾制品感官品质及贮藏稳定性的影响,确定出最优的保质栅栏组合使产品在 4℃条件下可保存 9 个月以上。林进等利用栅栏技术对南美白对虾即食食品的加工工艺,设置控制水分活度、浸泡乙醇、调节 pH、降低氧化还原值、热杀菌等保质栅栏因子,25℃贮藏条件下将即食南美白对虾食品货架期延长至 3 个月以上。

(4) 在乳品、食用菌等加工中的应用

杨文俊等研究认为,巴氏杀菌和 UHT 杀菌是依据于 H 栅栏因子的栅栏技术在乳品工业中成功应用的典型实例。此外,牛乳是一个较为复杂的包含真溶液、高分子溶液、胶体悬浮液、乳浊液及其过渡状态的分散体系,其 pH 的变化直接关系到整个体系的稳定性,所以 pH 是乳品质量的另一个重要衡量指标。在乳品加工过程中还常采用益生菌菌株来开发相关的发酵乳制品。其他一些栅栏因子(如辐照、压力、气调和包装等)在乳品工业中的应用及各种栅栏因子的复合交互应用都还需要进行大量的研究。在栅栏技术应用于食用菌方面,徐吉祥等探讨了如何从原料选择到包装等各方面将栅栏技术应用到食用菌的保鲜贮藏中,结果显示食用菌一般含水量高,营养丰富,质地柔嫩,生理生化活动强烈,通过调控栅栏因子对食用菌进行保鲜,可最大限度地保存它的营养价值。

(5) 在食品添加剂和包装等中的应用

随着国家相关部门及消费者对食品安全的日益重视,食品生产商对食品添加剂的使用要求也日趋严格,如何在尽可能少使用甚至不使用 Pres. 因子的情况下,保证产品的安全已成为一个重要的研究课题。袁霖等研究出在膏状肉类香精防腐中,a_w、包装、t、辐照和 Pres. 均应作为栅栏因子应用,a_w 为主要栅栏因子。严奉伟研究指出,食品包装本身就是构建 Eh 栅栏因子一个非常重要的方式,但是包装材料很少具有防腐性、抗氧化性或能吸收 C_2H_4、O_2、水蒸气等,因此可把具有这些功能的有机物或无机物作为栅栏因子添加到包装材料中去,做成可发挥该栅栏功效的包装,再在包装过程中调节温度、压强等栅栏因子以增强其栅栏功效。在必须抵御外界危害的情况下，食品包装中包含防腐剂具有优越性，而且采用合适的方法完全可以阻止防腐剂向食品内迁移。将这些栅栏因子用于食品包装可达到良好的防腐、保藏功效。袁霖等将 a_w、包装、t、辐照、Pres. 作为栅栏因子应用于膏状香精中，结果表明在充分运行 HACCP 体系的情况下，$a_w<0.76$ 或酶解物 <0.74（可不添加防腐剂）就可保证产品质量和货架期。

（6）在其他制品中的应用

水产制品贮存最常用的方法是干制。但经过干制，水产品原有的特性往往发生不可逆的变化而遭受损害，特别是贝类干制品，质地粗硬，不能很好地体现贝类鲜美的风味。提高干制品的含水量，改善干制品的质地，是水产加工界多年努力的方向。扬宪时等对扇贝调味干制品防腐保质栅栏进行了深入研究，并运用栅栏效应原理，通过加工工艺和配方，设置控制 a_w、pH、Eh、t、H 等保质栅栏因子，优化栅栏因子的强度，研究开发的新一代高水分扇贝调味干制品软烤扇贝，在含水量 $45\%\sim50\%$ 仍常温可贮半年以上，较好地保持鲜品的原有色泽和外观。与一般扇贝干制品相比，高水分扇贝调味干制品成品率提高 $32\%\sim65\%$，生产成本大幅度下降，不仅深受消费者青睐，生产者也获得了可观的经济效益。任增超等探讨了将 a_w、pH、Pres.、包装等栅栏因子应用在海鲜调味料开发中，通过调整栅栏因子的种类及协同作用，不仅延长了货架期，还能够改善风味和营养。乔华林等探讨了预测微生物和栅栏因子及 HACCP 之间的关系，运用栅栏技术加强某些微生物生长阻碍因子，保证所开发食品的生物学安全性。

作为发展中国家，我国食品工业总体技术水平尚处在发展进程，栅栏技术的应用也尚处于探索阶段。但我国肉类产业总体技术和管理水平的提升，已经为栅栏技术的广泛应用奠定了基础。

在本书编辑中，参考引用了上述研究和应用探索的主要成果，为此特别对这些专家一一表示感谢，并在此申明：这些研究成果知识产权归属为其原研究者。为了维护这些专家的著作权，在编入本书的章节中时给予了明示，而直接引用的主要论文及其作者见附表1。在本书编辑、图表制作等中，得到成都大学李萍、张佳敏、白婷、张崟、刘文龙、邹强、王新惠、李俊霞等老师的协助，一并致谢！

附表 1　本书直接引用的有关栅栏技术的研究论文

序号	论文名称	作者	发表期刊	发表时间
1	栅栏技术在食品包装中的应用与发展趋势	严奉伟	食品科技	1998.07
2	预测微生物学与栅栏技术和 HACCP 的关系	乔华林	肉品卫生	1999.01
3	栅栏技术在低糖果脯生产中的应用	成坚、曾庆孝	仲恺农业技术学院学报	2000.09
4	栅栏技术在鲜切果蔬质量控制中的应用	赵友兴、郁志芳、李宁	食品科技	2000.09
5	肉制品加工中关键控制点确定及栅栏技术应用的研究	车芙蓉、李江阔、岳喜庆	食品科学	2000.12

续表

序号	论文名称	作者	发表期刊	发表时间
6	栅栏技术原理在蔬菜罐头中的应用	余坚勇、李碧晴、王刚	粮油加工与食品机械	2002.10
7	栅栏技术在软包装榨菜中的应用研究	蒋家新、黄光荣、蔡波、童玲芳	食品科学	2003.03
8	栅栏技术在鲜切菜生产中的应用	高翔、王蕊	四川食品与发酵	2004.05
9	应用栅栏技术确定带鱼软罐头杀菌工艺的研究	陈丽娇、郑明锋	农业工程学报	2004.03
10	栅栏技术在肉类调理食品中的应用研究	赵志峰、雷鸣、卢晓黎	食品科学	2004.06
11	应用多靶栅栏技术控制羊肉生产与贮藏过程中的微生物	李宗军	肉类研究	2005.03
12	栅栏技术在膏状肉类香精防腐中的应用	袁林、郭兴竹	食品工业科技	2005.06
13	栅栏技术及其在软包装低盐化盐渍菜生产中的应用	张长贵、童家宝、王祯旭	中国食品添加剂	2006.03
14	栅栏技术延长牦牛腱子制品货架期的应用研究	赵静、莫海花、李红征	食品研究与开发	2006.07
15	利用栅栏技术研制 H-Aw 型即食调味鱼片	汪涛、马妍、金桥	沈阳农业大学学报	2007.02
16	低糖脆梅加工中栅栏技术的研究	汪艳群、陈芳、李武祥	食品与发酵工业	2007.05
17	栅栏技术优化即食调味珍珠贝肉工艺的研究	吴燕燕、李来好、杨贤庆、李有宁、陈胜军	南方水产	2008.12
18	栅栏技术在调味对虾制品中的应用	李莹、周剑忠、黄开红、黄自苏、王英、单成俊、张丽霞	江西农业学报	2008.09
19	栅栏技术在食用菌保鲜贮藏中的应用	徐吉祥、钟桂兴、彭珊珊	农产品加工	2009.05
20	优质肉鸡屠宰加工 HACCP 体系及栅栏技术的应用	苏瑛	中国家禽	2009.10
21	食品栅栏技术在草莓保鲜中的应用研究	张桂、赵国群、王平	食品科技	2010.05
22	栅栏技术在即食南美白对虾食品制作中的应用	林进、杨瑞金、张文斌、华霄	食品与发酵工业	2010.05
23	天然栅栏保鲜技术对冷鲜羊肉保鲜效果的研究	宋振、王英、张欣茜、朱正兰	农产品加工学（学刊）	2011.05

序号	论文名称	作者	发表期刊	发表时间
24	栅栏技术在海鲜调味料开发中的应用	任增超、王炎冰、杨淑平、郑进荣	中国调味品	2011.03
25	栅栏技术在苹果果脯保藏应用中的研究	李云捷、段春红、汪琳	安徽农业科学	2011.07
26	栅栏技术在中间水分鲢鱼片生产工艺中的应用	李云捷、张迪	食品研究与开发	2011.09
27	栅栏技术结合HACCP体系延长"叫化鸡"货架期的研究	李莹、黄开红、周剑忠、刘懋成、梅芳、胡银河	江西农业学报	2012.01
28	栅栏技术优化即食调味罗非鱼片工艺的研究	颜威、王维民、林文思、黄志锦、谌素华	农产品加工学（学刊）	2012.04